图灵程序
设计丛书

图解云计算架构

基础设施和API

[日]平山毅 中岛伦明 中井悦司 等 / 著

[日]平山毅 / 审校

胡屹 / 译

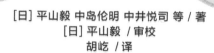

人民邮电出版社

北 京

图书在版编目（CIP）数据

图解云计算架构：基础设施和API / （日）平山毅等
著；胡屹译. -- 北京：人民邮电出版社，2020.9（2024.5重印）
（图灵程序设计丛书）
ISBN 978-7-115-54620-3

Ⅰ.①图… Ⅱ.①平… ②胡… Ⅲ.①云计算—架构
—图解 Ⅳ.①TP393.027

中国版本图书馆CIP数据核字(2020)第142844号

内 容 提 要

　　本书主要讲解了构建基于IaaS的云计算架构时所必备的基础知识。云计算架构的最大特征是可以通过API来控制基础设施，因此可以完成在传统环境中无法完成的构建和应用。本书内容以API为中心展开，首先说明了云计算的概念、通用组件及API的机制等基础知识，然后逐一讲解了服务器、存储和网络等组件，以及这些组件是如何通过API控制的，最后介绍了多重云的配置要点和不可变基础设施等云原生架构的管理方法。

　　本书适合对云计算架构的机制和运行原理感兴趣，或者将要从事云计算架构构建的读者阅读。

◆ 著　　　　　[日]平山毅　中岛伦明　中井悦司　等
　　审　　校　　[日]平山毅
　　译　　　　　胡　屹
　　责任编辑　　高宇涵
　　责任印制　　周昇亮

◆ 人民邮电出版社出版发行　　北京市丰台区成寿寺路11号
　　邮编　100164　　电子邮件　315@ptpress.com.cn
　　网址　https://www.ptpress.com.cn
　　固安县铭成印刷有限公司印刷

◆ 开本：880×1230　1/32
　　印张：11.75
　　字数：361千字　　　　　　　　　2020年9月第1版
　　印数：3 001 – 3 500册　　　　　2024年5月河北第8次印刷
　　著作权合同登记号　图字：01-2016-6548号

定价：79.00元
读者服务热线：(010)84084456-6009　印装质量热线：(010)81055316
反盗版热线：(010)81055315
广告经营许可证：京东市监广登字20170147号

本书内容

近年来，"以云为本"一词在系统开发领域变得广为人知，采用云计算架构的 IT 系统案例也层出不穷。

本书以基于 IaaS（Infrastructure as a Service，基础设施即服务）的云计算架构为中心，讲解从事云计算架构的工程师必知必会的知识，包括各种云的通用功能和内部结构，以及基于云计算的架构设计等。

云计算架构的最大特征是可以通过 API（Application Programming Interface，应用编程接口）来控制基础设施，这颠覆了传统环境的搭建和运维方法。本书从基础知识入手，介绍各种云服务的概要及其提供的组件（服务），以及作为其中重要一环的 API 的机制。然后，逐一讲解服务器、存储和网络等组件的架构，以及通过云 API 控制这些组件的方式和云服务的内部结构。最后，本书还会深入讲解环境管理、API、认证和 DNS（Domain Name System，域名系统），并阐明充分利用了这些技术的云计算所体现的特有思想，同时还将涉及基础设施即代码和不可变基础设施这两种云原生架构的管理方法。

本书适合想了解云计算架构的机制和工作原理，日后计划利用云进行系统构建，或者想学习不依赖于特定云服务的云计算本质的工程师阅读。

本书主页

http://www.ituring.com.cn/book/1853

※ 与本书内容相关的网址，均可在本书主页下方的"相关文章"处查询。

※ 本书中的 URL 等信息可能会在未予通知的情况下发生变更。

※ 本书出版之际，我们力求内容的准确性，但是翔泳社、作者、人民邮电出版社和译者均不对内容做任何保证，对于由本书内容和示例造成的一切后果，不承担任何责任。

※ 本书中的示例代码和脚本，以及执行结果页面都是基于特定环境的参考示例。

本书中记载的资源组件都是写作（2015 年下半年）时的规格。云的功能在不断扩大。本书内容只是提供一种思路，并不能担保资源结构及运行方法的准确性。功能详情及最新规格等内容还请参考供应商提供的手册等。

※ Amazon Web Services，即 AWS，是美国及其他国家的亚马逊公司或其关联公司的商标。

※ OpenStack 是美国 OpenStack Foundation 的注册商标。

※ 本书中使用的其他公司名、商品名都是各公司的商标和注册商标。

本书汇总了工程师在搭建基于 IaaS 的云计算架构时需要掌握的知识。书中并没有介绍特定云服务的功能，而是提供了许多基础知识，旨在帮助各位读者理解云基础设施中组件和 API 的概念及运作原理，进而跻身云时代的全栈云架构师。

近年来，越来越多的企业在其核心系统的线上环境中开始采用云计算架构，大型 IT 供应商也纷纷将战略目标转向了云计算。只有少数工程师为另辟蹊径而使用云的时代已经结束了。云甚至成了一种大众化的技术。这一现象在真正意义上证明了 IT 技术正在因云服务而逐渐成为社会基础设施的一部分。

刚接到写作邀请时，笔者确实感到无从下笔。因为云服务的卖点在于可以随时随地轻松使用，即便用户不了解背后的机制，也能用它搭建出系统。云服务的内部结构基本上是看不到的，用户也无须关注其内部结构就能从自身需求出发使用它。与传统环境相比，在云上搭建和管理基础设施时，根本的变化在于用户能够使用 API 来控制基础设施，并能够将基础设施抽象化。这就实现了传统环境无法实现的搭建过程与运维方法。因此，笔者决定以 API 为本书的主要内容进行讲解。

可以说，API 就是云计算的本质。但遗憾的是，真正了解 API 的架构工程师和应用程序工程师恐怕只占少数。API 被隐藏在了管理控制台和命令行工具之后，用户无须关注它就能使用云，这就导致了用户就算不甚了解 API，也照样可以使用云的现状。

为了让不了解 API 的架构工程师和不了解架构的应用程序工程师了解云基础设施和 API 的本质，本书特地从设计应用程序的角度来讲解云计算架构。相信通过阅读本书，读者可以认识到云基础设施和 API 是消除传统架构工程师和应用程序工程师之间壁垒的重要技术。

本书首先介绍云计算的概念及通用组件，然后详细讲解 API 的机制。云计算通常会被视为虚拟化技术的延伸，但它其实也是互联网技术的延伸。因为要想使用云，就必须掌握互联网技术，它是极为重要的基础知识。笔者认为，互联网技术正是一种典型的，在普及以后即便人们不了解其内部结构也能轻松使用的技术。而云技术恰恰与之有着异曲同工之妙。

本书中间几章讲解了如何使用 API 控制云中的基础设施组件，如服务器、存储和网络等。最后，在这些知识的基础上，本书介绍了如何通过大规模全球云系统中的不可变基础设施来配置混合系统，并根据笔者的经验，介绍来自一线的配置和管理方法。本书内容丰富，几位作者均是各企业或组织中的云计算专家，每个人都根据各自的经验提出了独到的见解。

采用云计算架构的系统的特点是易于搭建，但由于经过抽象处理，所以很难想象出其结构。本书秉承"图解"系列图书的特点，使用了大量图表，侧重于描绘出云计算架构的全貌。此外，为了让读者能够广泛应用所学知识，本书特地以作为现行标准的云服务为主题，并基于 API 较为简易、能够探究其内部结构的开源云服务 OpenStack 进行讲解。因此，从本书中学到的知识也可用于 Amazon Web Services。

虽然各种云服务层出不穷，但无论哪一种都一定会提供 API 参考手册。相信各位读完本书后，只要一看 API 参考手册，就能了解各种云服务能够实现的功能。若各位能通过 API 窥探到不依赖于特定云服务的"云计算的本质"，那将是笔者的荣幸。

作者代表　平山毅

资源相关术语

本书以 OpenStack 和 Amazon Web Services（AWS）为例讲解云计算架构，但这两种云服务的组件和资源在名称上多少有些差异，所以笔者总结出下表，以供参考。

组件名	资源名	OpenStack	Amazon Web Services
租户	-	租户	账户
区域	-	区域	区域
可用区	-	可用区	可用区
控制台	-	Horizon	管理控制台
服务器	-	Nova	EC2（Elastic Compute Cloud）
	服务器	服务器	实例
	类型	套餐	实例类型
	镜像	镜像	映像（AMI）
块存储	-	Cinder	EBS（Elastic Block Store）
	磁盘	卷	卷
	快照	快照	快照
网络	-	Neutron	VPC（Virtual Private Cloud）
	整个虚拟网络环境	-	VPC
	交换机	网络	-
	子网	子网	子网
	路由器	路由器	网关、路由表
	端口	端口	ENI
	安全组	安全组	安全组
	网络访问控制	FWaaS	NACL
	公有 IP 地址	浮动 IP	弹性 IP
编配	-	Heat	CloudFormation
	单位	栈	栈
	模板	模板	模板

（续）

组件名	资　源　名	OpenStack	Amazon Web Services
认证	-	Keystone	IAM（Identity Access Management）
	用户	用户	用户
	组	组	组
	角色	角色	-
	IAM 角色	-	IAM 角色
对象存储	-	Swift	S3（Simple Storage Service）
	容器	容器	存储桶
	文件	对象	对象

目　录

第 3 章　API 是如何控制云的　　47

第 4 章　IT 基础设施的发展和 API 的概念　　103

第 5 章　操作服务器资源的机制　　121

第 6 章　块存储资源的控制机制　　139

第 7 章　网络资源管理的机制　　163

第8章 编配（基础设施即代码） 201

第 11 章　多重云　　295

第 12 章　不可变基础设施　　331

第 1 章

API 在云计算中的作用

本书将从"如何使用 API 完成操作"的角度讲解云计算的机制。本章先从云计算诞生的背景讲起，以便大家理解 API 在云计算中的作用。

1.1 云计算的现状

云计算是一个统称，可按照其提供的服务内容分为几大类。本书主要讲解的是其中被称为 IaaS 的一类云服务。下面我们就先从云计算诞生的背景开始梳理 IaaS 云服务的定位。

1.1.1 云计算的诞生

有观点认为，"云计算"一词最早诞生于 2006 年。时任美国 Google 公司 CEO 的埃里克·施密特在一次演讲上首次使用了该词。随后，在互联网上提供的各式服务都被冠以了"云服务"的名字。那时，人们只是将"云"这个词用作一种市场营销策略，根本没有人能够说得清云计算到底是什么（当时还经常有 IT 工程师会为"云计算的定义"争得面红耳赤）。

然而，重新回顾云服务的历史就不难发现，云计算所实现的不外乎"IT 资源能够即需即用的环境"。说得更通俗一些，云服务就是"IT 资源的自动售货机"（图 1.1）。实现云计算固然需要各种各样的技术要素，但值得注意的是，云计算的本质并不等同于其在技术层面上的运行机制。

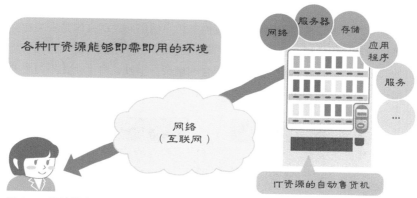

图 1.1 云计算实现了什么

1.1.2 公有云和私有云的区别

目前市面上存在的各种云服务可以从"谁在使用服务"和"提供了什么服务"这两个角度进行分类（图 1.2）。如果还拿刚才提到的"自动售货机"来打比方，这就相当于根据"谁会使用自动售货机"和"销售的商品是什么"进行分类。

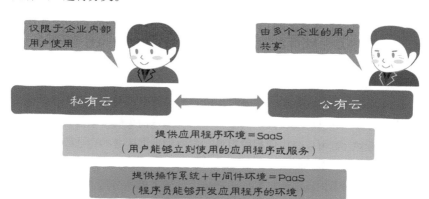

图 1.2 将云服务按用户和服务内容分类

首先，我们从"用户"的角度来对比二者（图1.3）。"私有云"是某个企业专用的云环境，仅限于该企业内部用户使用。这就好像是安装在办公室里的自动售货机，仅供办公室内的人使用。企业不但要提供自动售货机的安装场地，还要自行承担场地租金和电费。不过，由于企业不需要通过出售商品来盈利，所以商品的价格会相对便宜一点。

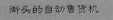

图1.3　办公室里的自动售货机和街头的自动售货机

而"公有云"可以由多个企业的用户共享。大多数公有云具备"多租户"的功能，用户从表面上意识不到其他用户的存在，感觉使用的是专属自己的云环境。但实际上，在底层构成云的物理主机的支持下，多个用户能够共用云服务供应商所提供的服务。这就像是街头的自动售货机，虽然是一种任何人都可以自由使用的服务，但由于提供服务的企业需要通过销售商品来盈利，所以商品的价格也会相对较高。

上面这些不同点放到现实的云环境中就成了成本结构上的差异。要想在自己的公司内部搭建专用的云环境，就需要确保数据中心及硬件资产到位，免不了要进行一番初期投资。而若使用公有云服务，即可省去这方面的初期投资。人们可以每次按需申请资源，需要什么资源就申请什么资源。因此，公有云在有些情况下显得更加灵活，比如在能预料到所需的资源总量将发生较大变动的情况下，或者是在难以估计资源增减趋势的情况下。

反之，如果能事先预料到所需资源的规模，那么选择私有云更加经济。使用公有云的成本会随资源使用量的增加而增加，因此成本基本上呈线性增长（不过在实际应用中，有时使用量增加了，在资费上还能得到一些折扣）。而对于私有云来说，在最初准备的资源用尽之前，无须增加投资。但由于每当资源不足时就要增加一定数量的硬件资源，所以成本呈阶梯式增长。私有云和公有云在成本结构上的差异如图 1.4 所示。

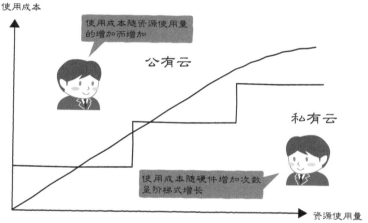

图 1.4　私有云和公有云在成本结构上的差异

1.1.3　IaaS、PaaS、SaaS 的不同

接下来，我们从"销售的商品是什么"的角度将云服务分为 IaaS（Infrastructure as a Service，基础设施即服务）、PaaS（Platform as a Service，平台即服务）和 SaaS（Software as a Service，软件即服务）三类（图 1.5）。在历史上，云服务被广泛应用是从 SaaS 云服务的出现开始的。SaaS 云服务将面向企业的 CRM 应用程序，以及面向个人的邮件服务等最终用户可直接使用的应用程序环境作为云上的服务提供给用户。在云计算的说法出现以前，这一类服务曾以 ASP（Application Service Provider，应

用程序服务供应商）的名称出现，直到后来出于市场营销的目的才改称为
"云服务"。

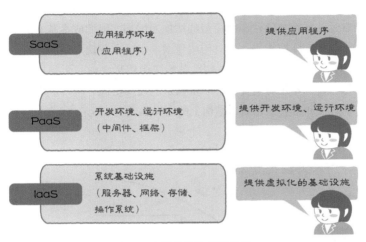

图 1.5 IaaS、PaaS 和 SaaS 提供的资源的差异

接下来我们看看 PaaS 云服务。这一类服务将应用程序的开发环境、
运行环境作为云上的服务提供给用户。在着手开发应用程序之前，开发者
往往还需要准备应用服务器和后端数据库，或是开发框架和编译器等。由
于 PaaS 能够自动准备好这些环境，所以开发者只要使用 PaaS 就能立即投
入实际的开发工作中。有些 PaaS 云服务能够原样提供传统的框架和数据
库环境，还有些 PaaS 云服务能够提供该服务中独有的特殊框架和数据存
储（data store）。

最后，我们来介绍一下作为本书主题的 IaaS 云服务。该类服务将服
务器、网络和存储等 IT 基础设施的组件作为服务提供给用户（图 1.6），
并为服务的用户分别准备专属的租户环境。在租户环境中，用户可以自由
添加"虚拟路由器""虚拟交换机"等虚拟网络设备，以及被称为"虚拟
机实例"的虚拟服务器、用于保存数据的"虚拟存储"等组件。总之，在
虚拟化的环境中，用户可以通过自由组合 IT 基础设施的三大要素，即服
务器、网络和存储来搭建自己专用的服务平台。

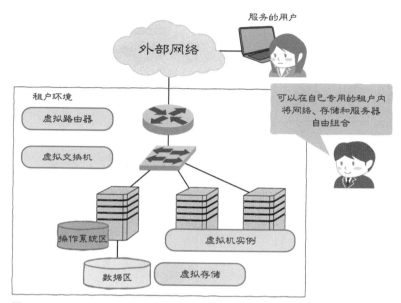

图 1.6 IaaS 云服务

从前面的图 1.5 可以看出，SaaS、PaaS 和 IaaS 的区别在于为用户提供的 IT 资源的范围不同。但实际情况并不是"可以在 IaaS 之上搭建 PaaS，在 PaaS 之上搭建 SaaS"这么简单。例如，在应用 SaaS 时，用户看到的只不过是应用程序的用户界面。通过在应用程序的功能上支持多租户，多个用户就能同时操作运行在同一台服务器上的一个应用程序。因此基础设施本身的虚拟化就不再是必须要进行的了。而对于 IaaS 来说，由于需要向用户提供服务器和网络等独立的基础设施组件，所以只有先对各组件进行虚拟化后才能提供给用户[①]（图 1.7）。

这样看来，由 IaaS 云服务提供的资源具有一个显著特点，即脱离了物理环境且被虚拟化了。在稍后的讲解中我们将会看到，对于经过虚拟化抽象出的资源而言，API 在提升其操作效率方面发挥了至关重要的作用。

---

① 某些 IaaS 云服务也能使用物理服务器。因为在这样的服务中，用户不必关注物理服务器，只采用与操作虚拟机时同样的方法（API）即可利用服务，所以我们可以认为"使用 API 完成操作"的本质并没有改变。

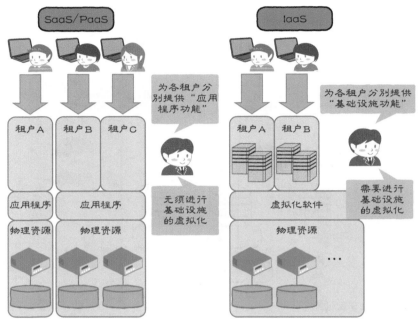

图 1.7 SaaS、PaaS 和 IaaS 在本质上的差异

1.2 云带来了基础设施的标准化

我们刚刚提到了 IaaS 云服务借助虚拟化技术脱离了物理环境，下面就来详细地讲解这一点。在讲解的过程中，大家就能渐渐看到虚拟化技术为云带来了哪些实实在在的好处。

1.2.1 云带来了搭建过程的标准化

在云出现以前，我们别无选择，每次搭建新系统时都只能从准备服务器和存储等物理设备开始。而且在准备的过程中，还总有一些很麻烦的步骤。

也许有人会说："对呀对呀，安装服务器和布线又麻烦又浪费时间。"

但实际情况还要更糟。安装和布线等物理作业固然花费工夫，但除此以外还有一些看不到的工作也很麻烦。

　　例如一方面，我们需要从所要搭建系统的规模出发，选择功能和性能都合适的设备；另一方面，各硬件厂商在与竞争对手的残酷竞争中会不断将新机型投入市场。各设备提供的功能也在不断变化，落伍的旧机型又即将面临停售。这就迫使我们去调查各硬件厂商的产品销售状况和最新机型的功能、性能，然后从当时能够买到的产品里面选出能够满足需求的设备（图 1.8）。

图 1.8　选定硬件的过程

　　另外，使用从没用过的新功能也会相应增加系统搭建工作的复杂度。即便是相似的功能，由于配置方法因产品而异，所以也还是需要先阅读产品手册才能确认配置顺序，有时甚至还要叫来对所购产品更为了解的专家进行讨论。这样看来，单单是系统搭建的前期准备就要花费数月之久也就不足为奇了。

　　IaaS 云服务的一大优点是即需即用，使用时无须关注个别物理设备的配置方法和功能的差异。例如前面图 1.6 所示的"虚拟路由器"和"虚拟交换机"等虚拟网络设备。这些设备的背后都是物理的网络设备，上面运行着用于实现网络虚拟化的软件。

　　不过，云用户只能看到以云服务的形式提供的标准化路由器和交换机功能。一旦记住了云上的虚拟网络设备的使用方法，就可以反复沿用相同的方法搭建系统了（图 1.9）。这样一来，每次搭建系统时，就不用重新调查当时能够买到的设备及其配置方法了。另外，由于可以复制搭建过程，一台接一台地搭建出相同的系统，所以只要灵活运用以往的经验就能提升搭建系统的效率。

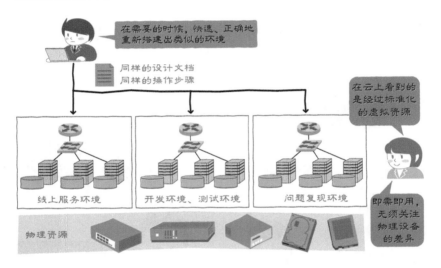

图 1.9　在搭建系统时无须关注物理设备的差异

当然，用于创建云本身的物理设备也在与时俱进。如果是公司内部使用的私有云，人们可以每隔几年就采用当时最新的设备来重新搭建云基础设施。新硬件的性能更高、耗电更少，所以同样数量的服务器能提供更多的虚拟机（VM，Virtual Machine）。

但是，硬件的升级并不会改变云的使用方法。由于在全新的云基础设施上重新搭建运行在现有云基础设施上的系统并不困难，所以我们可以陆续地把系统迁移到性能更高的云上。还有一些企业会积极推进云基础设施的使用，追求"通过充分使用云，来淘汰那些一直在使用低效旧设备的系统"（图 1.10）。

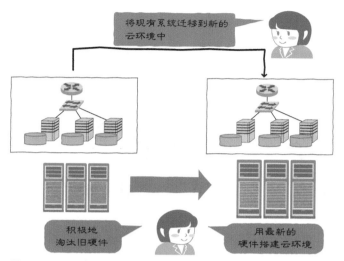

图 1.10　用云来管理硬件的生命周期

1.2.2 云带来了组件的抽象化

　　云之所以能为系统的搭建过程带来标准化，还有一个原因不容忽视，那就是云还对构成系统的组件进行了"抽象化"。物理设备所提供的功能受限于设备本身的硬件结构，而云上提供的组件完全不受这样的限制。对用户而言，云上的组件具有"所需的功能会以所需的形式呈现出来"这样的特点。

　　就拿防火墙来说，防火墙的作用是对出入于服务器的网络数据包进行过滤。在物理环境中，由防火墙设备负责过滤数据包，因此需要针对通过物理链路出入于防火墙的数据包指定过滤条件，如"只有发送到 × 台服务器上的 ×× 类数据包才允许通过"。但是，从服务器管理员的角度来看，要过滤的并不是出入于防火墙设备的数据包，而是出入于自己所管理的服务器的数据包。

　　因此，云提供了无须在意防火墙设备部署位置的防火墙功能。使用时只需要先定义过滤规则的集合"安全组"，然后将其应用到需要启用过滤的虚拟机上（图 1.11），接下来就可以进行包过滤了。这就如同在虚拟机前面新添加了一台防火墙设备。

图 1.11　云端的防火墙功能

　　那些习惯于用物理设备设计系统的工程师也许一开始会不适应组件的抽象化。但是，一旦他们理解了被抽象出来的功能，就会切身感受到抽象化带来的便利，从而忘掉那些在形式上依赖于物理环境的设计因素，将精力集中到"系统想要实现什么"上了。

　　这种便利性也同样体现在网络以外的功能上。就拿在准备虚拟机时需要确定分配多少虚拟 CPU 和内存容量这些参数来说，习惯于在物理环境中设计服务器的工程师往往会不自觉地套用设计物理服务器的方法，在 CPU 核数和内存容量上精打细算。之所以会这样做，是因为在订购服务器时，需要用具体的数值指定内存容量等参数。

　　而在云上准备虚拟机时就没有必要指定得如此详细。只要指定了 t2.small、m3.large 等事先定义好的"实例类型"，云就会为我们准备好相应配置的虚拟机。这些实例类型都是由系统管理员事先准备好的，为的是让用户能够按照虚拟机的使用目的，比如"优先考虑 CPU 的性能""优先考虑内存容量"等选用合适的配置（图 1.12）。对于用户而言，云所追求的是这样一种理念：让用户自始至终只专注于使用目的，无须计较详细的数值。

图 1.12 通过实例类型指定虚拟机

1.2.3 API 带来了操作的自动化

正如前文所述，IaaS 云服务通过将抽象化的组件组合到一起，实现了系统搭建过程的标准化。总之，搭建过程一旦确定下来，我们就可以以此为基础，一台接一台地搭建同样的系统了。而且毫无疑问，在搭建的过程中不需要操作物理设备，只需在座位上敲敲键盘、点点鼠标，就能凭一己之力准备好网络、服务器、存储等所有系统基础设施的环境了。与使用物理设备的传统环境相比，系统搭建的进展速度快到惊人。

而且，云的优点还不止于此。当一次又一次地重复同一过程时，人们自然就会想到：要是把这个过程本身也自动化了该有多好啊。在云出现以前，安装好操作系统以后服务器内部的环境配置就已经可以通过 Shell 脚本等初步实现自动化了。此外，利用 Puppet 和 Chef 等配置管理工具还可以完成更加复杂的配置。尽管如此，安装服务器和接入网络等需要操作物理设备的过程还是几乎与自动化无缘。但是在云端，这些对硬件的操作甚至也可以自动化了。

这里的关键点就在于，在云中是可以使用 API 来完成操作的。下面，我们就来整理一下在云中搭建系统时的操作方法。操作方法大致分类如表 1.1 所示。

表 1.1 云的操作方法的类别

操作方法	说　明
通过 Web 控制台（GUI）操作	从 Web 浏览器上使用 GUI 操作
通过命令操作	使用客户端工具提供的命令操作
通过自己编写的程序操作	编写出调用了 API 代码库的程序，用程序操作
通过自动化工具操作	使用云环境上的自动化工具操作

　　在使用 Web 控制台时，用户要先从 GUI 的菜单中选择 "启动虚拟机" 等操作（图 1.13）。然后会出现向导界面，要求用户输入虚拟机的配置信息。输入必要的信息并按下 "完成" 按钮后，用于启动虚拟机的命令就会从用于显示 Web 控制台的程序进入云上的管理服务器。在这个过程中，用于传递命令的正是云上的 API（图 1.14）。

图 1.13 通过 Web 控制台操作

图 1.14 使用管理服务器的 API 控制虚拟机

API 是程序间为了相互收发命令而事先商定的规则。拿刚刚的例子来说，就是在云的管理服务器上提供管理功能的程序，按照事先确定好的规则接收来自 Web 控制台的命令。云上的管理服务器会为所有能够在云上执行的操作提供相应的 API。

从上述启动虚拟机的例子来看，如果使用 Web 控制台，我们就要在向导界面中逐一输入虚拟机的配置信息。

而使用命令操作的话，通过将这些信息指定为命令行参数，在安装了专用客户端工具的个人计算机上，我们仅需一条命令即可立即启动虚拟机。此时，由作为客户端工具的程序直接向云上管理服务器的 API 发送命令（图 1.15）。

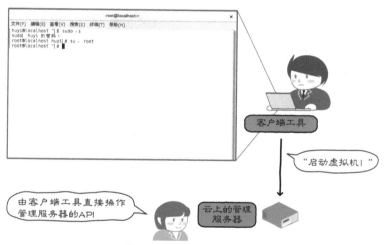

图 1.15　通过客户端工具操作 API

另外，只要自己编写出的程序能够向云发送 API 命令，我们就能像使用客户端工具那样，使用自制的程序操作云了。由于各种云都提供了用于操作 API 的代码库，所以用户并不需要具备高超的编程技巧，只要会使用这些代码库就行。若使用 Ruby 或 Python 等编程语言，甚至还能实现更高级的自动化处理。比如在负载均衡的架构下，提前准备多台虚拟机作为 Web 服务器，然后根据 Web 服务器的负载相应增减虚拟机数量，实现"自动伸缩"的处理等（图 1.16）。

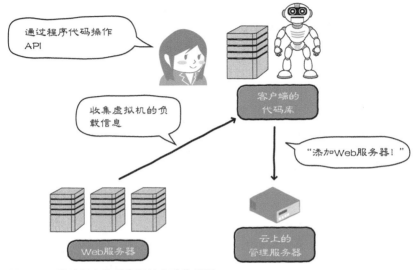

图 1.16　通过程序实现高级的自动化处理

　　不过，最近也出现了不少能够将这些 API 操作自动化的工具，因此也就没有必要非去自己编写程序了。而且，云上有时也会提供相应的功能来自动实现自动伸缩等常用模式。不过，无论使用的是哪种方法，背后都一定是通过 API 进行操作的。只有理解了云 API，才能理解用于操作云的"最小单位"，即云的基本功能。这是熟练运用各种自动化工具的重要前提。

1.3 以充分利用云计算为目标

　　前面我们说明了云计算，特别是 IaaS 云服务的概要。可以看到，抽象化的组件在使得用户能够直接获取所需功能的同时，各种操作过程也得以标准化，并且使用 API 完成的自动化也得以实现。这一切都有助于提升系统搭建的速度。当我们理解了这些云服务的本质并做到运用自如时，通向崭新的系统搭建世界的大门便会打开。

　　另外，由于云 API 对应着云的基本功能，所以理解了 API，也就能综合把握云服务提供的功能了。我们甚至可以将 API 列表看作云功能的一览表（图 1.17）。有时列表中还隐藏着一些无法从 Web 控制台使用的功能。对于一直以来以 Web 控制台为中心的用户来说，重新审视 API，说不定就会有新的发现。

图 1.17　可以将 API 列表看作云功能的一览表

不过，虽然无须关注物理环境就能把系统搭建起来是云的一大优点，但是了解底层的物理环境也有助于更加合理地使用云服务。例如，实现用于在数据中心受灾后继续提供服务的灾难恢复（Disaster Recovery，DR）时，就需要考虑到物理环境的架构，比如将多台虚拟机部署到不同数据中心等（图 1.18）。

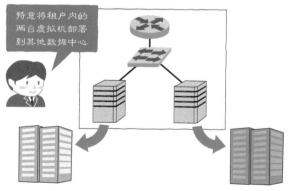

图 1.18　考虑到物理架构的系统搭建

另外，在作为开源软件提供的 OpenStack 中，由于其内部机制已完全公开，所以大家若是好奇，还是有可能完全理解各组件底层是如何运作的。从 Web 控制台或命令启动虚拟机时，云中到底发生了什么——了解这类关于内部机制的知识同样有益于充分利用云。

在第 2 章中，我们将以 Amazon Web Services（AWS）和 OpenStack 为代表，介绍云环境的主要组件。从第 3 章开始，我们将对各组件的功能及用于操作各组件的 API 进行更加详细的讲解，并以 OpenStack 为例，就 API 背后的内部机制加以讲解。下面我们就去看看云服务的本质——抽象化、标准化，并理解一下其内部机制，了解怎样才能最大限度地发挥云计算的优点吧！

云上具有代表性的组件

本章将从 IaaS 云服务提供的组件中挑选出一些具有代表性的组件，边介绍其功能边带领大家认识整个云环境。此外，我们还将以如何在云上搭建一个简单的 Web 应用系统为例，介绍怎样将这些组件组合起来。

2.1 云环境的全貌

云服务是由"租户""区域"和"可用区"三大框架构成的。我们先来讲解这三个概念。云服务有很多种，本章主要讲解由 Amazon Web Services（AWS）和 OpenStack 搭建的云环境。

2.1.1 租户

如第 1 章的图 1.6 所示，我们需要为每个云服务的用户分别提供租户环境。例如，在 AWS 中，AWS 账户（account）就相当于租户。由于多个用户可以共享一个租户环境，所以有必要事先研究一下该以什么样的单位来划分租户。此时需要考虑的因素如图 2.1 所示。

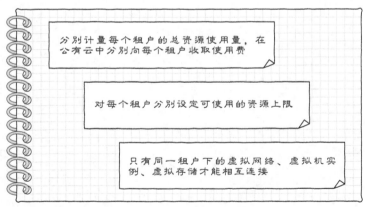

分别计量每个租户的总资源使用量，在公有云中分别向每个租户收取使用费

对每个租户分别设定可使用的资源上限

只有同一租户下的虚拟网络、虚拟机实例、虚拟存储才能相互连接

图 2.1 设计租户时要考虑的因素

举例来说，如果想要尽量细致地去划分，就可以为每个应用系统都提供一个租户。如果一个项目组要负责构建、管理多个应用系统，那么这样

划分会使组员属于多个分离的租户，每个租户对应一个应用系统。不过，这毕竟是一种极端的情况。典型的划分方法是为每个项目组提供一个租户，将该组负责构建、管理的应用系统都汇总到同一个租户中。此时依然可以通过虚拟网络为每个应用系统划分独享的网段（图 2.2）。

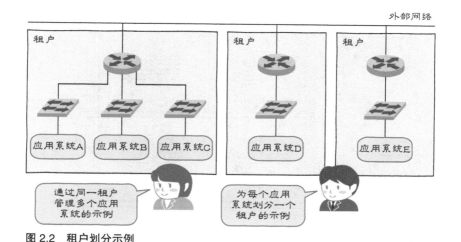

图 2.2　租户划分示例

2.1.2　区域

　　AWS 为在地理位置上相距较远的数个地方提供了称作"区域"的云基础设施。用户通过选择"东京区域""悉尼区域"等"区域"，就能够指定云基础设施所在的国家和地区。这样一来，日本国内的用户就可以使用由构建在东京区域的系统提供的应用程序。同理，其他国家或地区的用户也可以使用由离他们最近的区域中的系统提供的应用程序。由于各区域的环境都是独立的，所以不支持诸如跨多个区域搭建虚拟网络的操作。用户需要为各区域分别搭建虚拟网络。

　　不过，对于每个区域而言，用户账户和租户的信息并不是隔离的。每一个租户都可以访问多个区域（图 2.3）。例如，我们可以在"东京区域"和"悉尼区域"搭建同样的应用程序环境，并将悉尼区域作为灾难恢复环境使用。正常情况下使用的是东京区域的应用程序环境，一旦因大规模灾难等原因东京区域无法使用，就切换到悉尼区域的应用程序环境。不过，区域不同，能够使用的公有 IP 地址的范围也就不同，因此要想切换接入的区域，要么需要应用程序的用户主动变更连接地址，要么需要变更 DNS 记录。

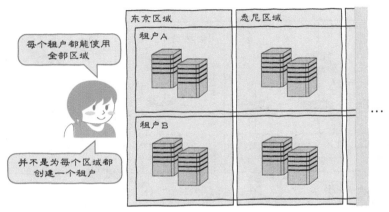

图 2.3　租户和区域的关系

另外，在切换区域时，还需要先将东京区域应用程序所使用的数据复制到悉尼区域。复制时可以使用对象存储。虽然前文提到"各区域的环境都是独立的"，但稍后我们就可以看到，任何区域都可以使用对象存储功能，在东京区域存入的数据可以从悉尼区域取出。

在 OpenStack 中，我们也可以像在 AWS 中那样使用区域功能。在 OpenStack 中搭建私有云时，以什么样的单位来划分区域取决于云环境的设计方案。既可以像 AWS 那样为多个国家提供云基础设施，将各国的云基础设施作为不同的区域，也可以将国内多个数据中心的云基础设施作为不同的区域加以管理。

2.1.3 可用区

正如前文所述，AWS 会为每个区域提供独立的云基础设施，当前使用的区域决定了启动虚拟机实例的地区[①]。而且,构成一个区域的云基础设施会分散部署在相应地区的多个数据中心。以"东京区域"的云基础设施为例,该区域由东京附近的多个数据中心构成,每个数据中心都被视作一个"可用区"(AZ,Available Zone)(图 2.4)。

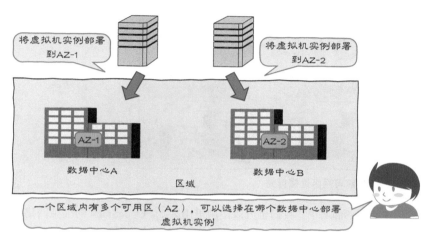

图 2.4 区域和可用区的关系

AWS 的虚拟网络会为每个可用区提供相当于虚拟交换机的组件——子网。另外,在启动虚拟机实例或是创建作为虚拟存储的卷(volume)时,用户需要指定使用哪个可用区。

接下来还需要注意一点:由于我们无法连接位于不同可用区的虚拟机实例和虚拟存储,所以在将现有的卷迁移到不同的可用区时,要使用虚拟存储的克隆(复制)功能先将其复制到目标可用区,然后再使用(图 2.5)。

① IaaS 云服务提供的虚拟机一般称为"虚拟机实例"。

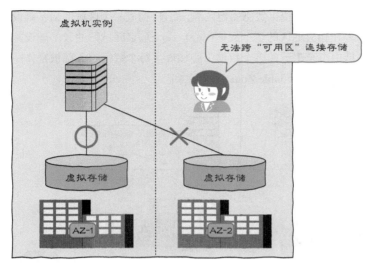

图 2.5 无法跨可用区连接存储

在 OpenStack 中，我们也可以使用可用区[1]。OpenStack 的虚拟网络可以跨多个可用区使用。也就是说，就网络连接而言，我们没有必要留意连接对象是否在不同的可用区中。即便虚拟机实例在不同的可用区上启动了，只要都连接到了同一台虚拟交换机上，那么从逻辑上来看，这些虚拟机实例也会像直接连接到了同一台网络交换机上那样运行。

在 OpenStack 中搭建私有云时，关于以什么为单位来搭建可用区，有如下几种思路。一种是和 AWS 一样，以郊区的数据中心为单位划分可用区，但此时要注意数据中心间的网络带宽。如前文所述，由于虚拟网络是跨可用区搭建而成的，所以一旦数据中心间的网络带宽不足，就可能会引发一些问题，如"尽管逻辑上是连接到了同一台交换机上，但虚拟机实例间的数据传输速度依然很慢"。

除此以外，还可以以稍微小一点的单位来划分可用区，比如以同一数据中心内的不同楼层或不同机架为单位。假设我们以不同楼层为单位划分了可用区，那么在启动多台 Web 服务器时，如果这些作为 Web 服务器的

---

[1] 实际上，OpenStack 中使用的是"可用区域"这个词语。但是为保持行文上的一致性，本书统一称为"可用区"。——编者注

虚拟机实例是在多个可用区上启动的,那么即使某一楼层的所有服务器都因电源故障等原因而断电了,也不会出现所有 Web 服务器都停机的状况(图 2.6)。

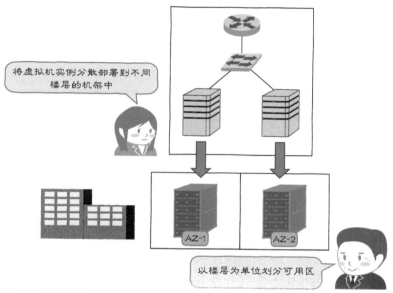

图 2.6 利用可用区实现冗余

同样思路也适用于虚拟存储。由于虚拟存储本质上是数据区,而数据区又是从安装在数据中心内的物理存储设备上分配的,所以虚拟存储属于哪个可用区取决于相应存储设备的安装位置。云基础设施的管理员应事先决定位于不同可用区的虚拟机实例和虚拟存储能否连接,并进行相应的配置。

当以数据中心为单位划分可用区时,连接位于不同可用区的虚拟机实例和虚拟存储就相当于跨数据中心连接服务器和存储。由于这样很可能会影响访问速度,所以还是禁止跨可用区连接比较好。

2.2 ‖ 网络资源

在由多个区域构成的云环境中，需要为每个区域搭建独立的虚拟网络。本节将依次说明用于为各个区域搭建虚拟网络的组件。在虚拟网络的术语等方面，AWS 和 OpenStack 有些差异，这一点还望大家稍加留意。

2.2.1 路由器

刚刚讲到"要为每个区域搭建独立的虚拟网络"。在 AWS 中，每个独立的虚拟网络称为 VPC（Virtual Private Cloud，虚拟私有云），每个区域内可以配备多个 VPC。而在 OpenStack 中，每个租户在每个区域内只能拥有一个虚拟网络。

我们可以把这里说的"独立的虚拟网络"理解为类似于家庭局域网的私有网络。只有安装了宽带路由器，家庭局域网才能连接互联网。虚拟路由器的作用与此类似，用于连接租户内的虚拟网络和物理的外部网络。通常情况下，每个虚拟网络中都会部署一台虚拟路由器（图 2.7）。

另外，与家庭局域网一样，虚拟网络中需要使用私有 IP 地址[1]。在与外部网络通信时，虚拟路由器的 NAT 功能会将私有 IP 地址转换为公有 IP 地址。关于这一点，后面的章节将详细讲解。

反过来说，只要是在私有 IP 地址的范围内，即便使用了与其他租户或其他 VPC 重复的 IP 地址也没有问题。这就和确定要在自家局域网中使用的 IP 地址时，不用管隔壁家的 IP 地址是什么一样。

---

[1] 能作为私有 IP 地址使用的地址范围可分为 A、B、C 三类：

A 类地址的范围是 10.0.0.0 ~ 10.255.255.255（10.0.0.0/8）；

B 类地址的范围是 172.16.0.0 ~ 172.31.255.255（172.16.0.0/12）；

C 类地址的范围是 192.168.0.0 ~ 192.168.255.255（192.168.0.0/16）。

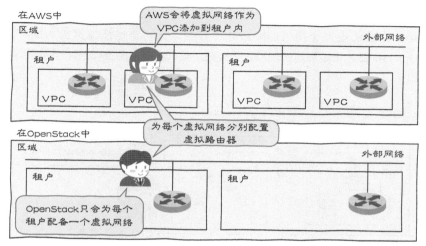

图 2.7 租户和虚拟网络的关系

2.2.2 交换机（子网）

在 OpenStack 中，虚拟机实例上的虚拟 NIC（Network Interface Controller）要连接到虚拟交换机上。每台虚拟交换机都会被分配一个子网（将要使用的私有 IP 地址的范围）。搭建网络时，要先定义"虚拟交换机"，然后再分配"子网"[1]。而在 AWS 中，没有虚拟交换机的概念，可以直接创建子网。我们不妨把 AWS 的子网看作"虚拟交换机 + 子网"。

在 OpenStack 中，一台虚拟交换机无须配置即可跨多个可用区。而在 AWS 中，一个子网只能属于一个可用区（图 2.8）。

定义完虚拟交换机后，我们还要将其连接到虚拟路由器上，这样就能跟外部网络通信了。也可以不连接虚拟路由器，将虚拟交换机专门用于虚拟网络内部的通信。

在物理的网络环境中有时还会出现因一台网络交换机上的连接端口数不足，要级联多台网络交换机的情况。虽然云环境中的虚拟交换机无法级联，但在使用虚拟交换机时，由于可以无限增加连接端口，所以根本不会

---

[1] 可以将 IPv4 和 IPv6 两种类型的子网同时分配给一台虚拟交换机。

遇到端口数不足的情况。如果说得更严谨一些，就是这样一个过程：连接端口在定义虚拟交换机的阶段并不存在，直到要连接虚拟机实例时，OpenStack 才会添加连接端口，然后把虚拟机实例上的虚拟 NIC 连接到端口上。

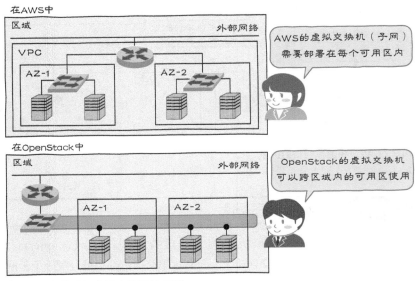

图 2.8　可用区和虚拟交换机的关系

在向虚拟交换机上添加连接端口时，OpenStack 会从与这台虚拟交换机相连的子网内将某个 IP 地址分配给这个新增的连接端口。除非用户明确地指定 IP 地址，否则 OpenStack 会自动分配一个空闲的 IP 地址。一旦有了 IP 地址，连接到该端口的虚拟 NIC 就能通过 DHCP（Dynamic Host Configuration Protocol，动态主机配置协议）获取相应的 IP 地址了（图 2.9）。

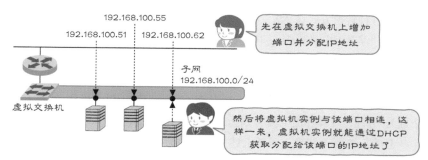

图 2.9 连接端口和 IP 地址的关系

2.2.3 公有 IP 地址

虚拟网络内部的私有 IP 地址要通过虚拟路由器的 NAT 功能才能转换为公有 IP 地址。转换时可采取下述两种方式。

第一种转换方式一般称为"IP 伪装"（IP masquerade），即虚拟机实例在连接外部网络时共享虚拟路由器上的公有 IP 地址。家庭局域网采用的也是这种机制，即个人计算机在连接互联网时要共享分配给宽带路由器的公有 IP 地址（图 2.10）。

图 2.10 通过 IP 伪装连接外部网络

只要把与虚拟机实例相连的虚拟交换机连接到虚拟路由器上，该功能就默认可以使用。借助该功能，我们能够从虚拟机实例连接到外部网络，但无法从外部网络连接到虚拟机实例。

　　另一种转换方式在 AWS 中称为"弹性 IP"（elastic IP），在 OpenStack 中称为"浮动 IP"（floating IP）。这种方式会将某个公有 IP 地址分配给虚拟机实例。具体操作步骤如下：先在各租户中申请能用作弹性 IP 或浮动 IP 的公有 IP 地址，然后将其中之一分配给某台虚拟机实例。这样一来，我们就能用分配到的公有 IP 地址从外部网络访问虚拟机实例了（图 2.11）。另外，在操作时需要分别为各区域单独申请弹性 IP 或浮动 IP。

　　还有一点需要注意，虽然上述操作过程的确给虚拟机实例分配了公有 IP 地址，但实际上该 IP 地址并不会被设置到虚拟机实例的子操作系统（guest OS）中，而是由虚拟路由器来对分配到的公有 IP 地址和设置在虚拟机实例的子操作系统上的私有 IP 地址进行一对一的相互转换。

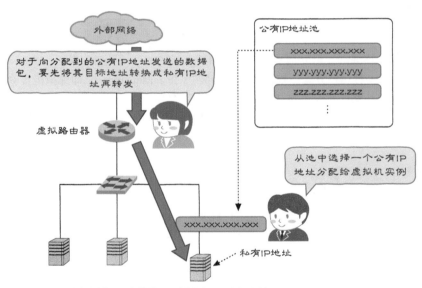

图 2.11　从外部网络通过弹性 IP 或浮动 IP 进行连接

2.2.4　安全组

　　安全组（security group）提供了对出入于虚拟机实例的网络数据包进行过滤的功能。指定允许通信的数据包要满足的条件，定义好安全组以后，我们就可以将其应用到虚拟机实例上了。由于一台虚拟机实例上可以同时应用多个安全组，所以可以充分利用小的安全组，如"适用于所有虚拟机实例的通用安全组""适用于 Web 服务器的扩展安全组"等。也就是说可以先通过"通用安全组"允许 SSH 连接等最基本的连接，再增加"用于 Web 服务器的安全组"，以允许 HTTP、HTTPS 等用于扩展功能的连接（图 2.12）。

另外，如图 2.12 所示，过滤处理是在虚拟机实例和虚拟交换机的[①]连接端口间进行的。所应用的安全组，以及每个安全组的定义，都可以在虚拟机实例运行时动态修改。

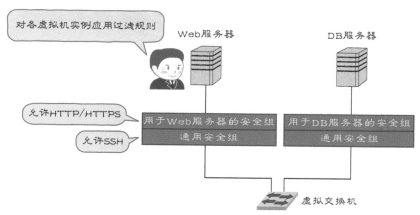

图 2.12　通过安全组过滤数据包

2.3 ‖ 服务器资源

在启动作为服务器资源的虚拟机实例时，需要指定若干个配置项。本节就来依次说明这些配置项。

---

① 为了行文简便，下面姑且将 OpenStack 中的虚拟交换机和 AWS 中的子网统称为"虚拟交换机"。——译者注

2.3.1 模板镜像

虚拟机实例的启动离不开已安装好子操作系统的启动盘镜像。一旦我们指定了事先准备好的模板镜像，其副本就会作为启动盘被连接到虚拟机实例上（图 2.13）。

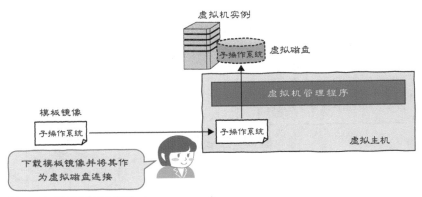

图 2.13 从模板镜像启动

除了云服务供应商预先准备好的模板镜像，用户还可以注册自己创建的模板镜像。另外，提供 Linux 发行版本的企业和社区还会发布可在云上使用的 Linux 经典发行版本的镜像。我们可以将这些镜像上传并注册到自己使用的云环境中。

用户在云上注册模板镜像时，除了可以将其注册为只有自己租户中的服务器才能使用的"私有镜像"，还可以将其注册为其他租户中的服务器也能使用的"公有镜像"。

2.3.2 实例类型

实例类型[①]（instance type）用于指定虚拟机的"规格"。每种类型都确定了一系列参数，如虚拟 CPU 的数量、虚拟内存的容量、虚拟磁盘的容量等。在启动虚拟机实例之前，需要从预设好的菜单中选择实例类型，以

---

① 在 OpenStack 中，实例类型一般称为"套餐"（flavor）。——译者注

此来决定虚拟机实例的配置。在 AWS 中，用户无法自定义新的实例类型。

而在 OpenStack 中，用户只要拥有租户管理员的权限，就可以在租户中自行增加或修改可供使用的实例类型。能够修改的配置项如表 2.1 所示。"根磁盘"是指通过复制模板镜像生成的启动磁盘。OpenStack 复制完模板镜像后，会根据配置项中指定的容量上限扩充根磁盘的容量。"临时磁盘"是指未使用的磁盘设备。我们通常在临时磁盘上创建空白的文件系统，并将其设置为挂载到 /mnt 上的状态。

表 2.1　实例类型的配置项

配　置　项	说　　明
虚拟 CPU	虚拟 CPU 的数量
内存	虚拟内存的容量
根磁盘	启动磁盘的大小
临时磁盘	临时磁盘的大小
交换磁盘	交换空间的大小

"根磁盘"和"临时磁盘"都属于临时性的磁盘，英语叫作 ephemeral disk。ephemeral 是"临时的"的意思，在这里意味着一旦虚拟机实例被停止或销毁，这些临时性的磁盘空间也将一起被销毁。由于存储在这些磁盘空间中的数据会随着虚拟机实例一同消失，所以要特别小心。需要永久存储的数据应当放到接下来将要讲解的"虚拟存储"或"对象存储"中。

一方面，我们有时会在启动了虚拟机实例后，向根磁盘空间中增添新的应用程序，或是进行自定义配置。此时就需要通过创建虚拟机实例的快照（snapshot）来保留经过自定义的根磁盘的内容了。快照是一种复制根磁盘并使其能够用作新的模板镜像的功能（图 2.14）。

另一方面，正如接下来将要讲解的那样，如果是从虚拟存储启动的子操作系统，那么即使虚拟机实例被停止或销毁，存储在虚拟存储上的数据也不会丢失。

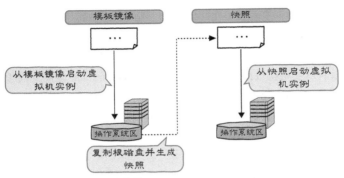

图 2.14 虚拟机实例的快照

2.3.3 连接网络和安全组

在将虚拟机实例接入网络时,需要指定要连接的虚拟交换机和要应用的安全组。若指定了多台虚拟交换机,则要为每一台目标虚拟交换机分别准备一个虚拟 NIC(图 2.15)。

我们在 2.2.2 节中讲过,在将特定的 IP 地址分配给虚拟 NIC 之前,要先在要接入的虚拟交换机上创建指定了 IP 地址的连接端口。通过这种先指定连接端口再连接虚拟机实例和虚拟交换机的方式,指定的 IP 地址就能够自动分配到虚拟 NIC 上了。若没有指定连接端口,OpenStack 会自动创建新的连接端口,并从分配给该虚拟交换机的子网中选择一个空闲的 IP 地址,分配给新建的连接端口。

在前面的 2.2.4 节中,我们已经讲了有关安全组的内容。当虚拟机实例配备有多个虚拟 NIC 时,我们可以对每个虚拟 NIC 应用不同的安全组。指定安全组的操作针对的并不是虚拟 NIC 本身,而是每个要连接的虚拟端口。

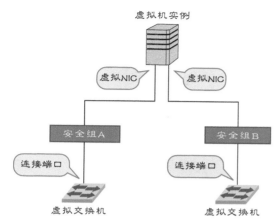

图 2.15　连接虚拟机实例和虚拟交换机

2.3.4　用于登录认证的密钥对

当用户登录虚拟机实例上的子操作系统时，云环境将采用标准的 SSH 公钥认证来认证用户身份。各租户中的用户需要先创建专用的密钥对（公钥和私钥），并提前将其中的公钥注册到云环境中。接下来，为了让用户在启动虚拟机实例时只要指定一个已注册的公钥，就能通过对应的私钥进行 SSH 登录，云环境还需要将子操作系统的认证方式设置为使用公钥认证（图 2.16）。

对认证方式的处理工作是由运行在子操作系统内部的名为 cloud-init 的工具完成的，因此我们需要提前把该工具安装到以模板镜像形式提供的子操作系统中。cloud-init 会在子操作系统首次启动时接收指定的公钥，进行 SSH 的认证配置[①]。

---

① Windows 的 RDP 连接需要密码认证。AWS 提供的解决方案是根据密钥对生成拥有 Administrator 权限的密码。

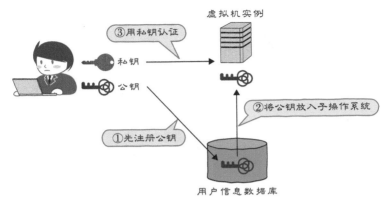

图 2.16 公钥认证的配置过程

2.4 | 块存储资源

虚拟存储作为块存储资源提供了永久存储数据的磁盘空间，就算虚拟机实例被停止或销毁，里面的内容也不会丢失。虚拟存储在 AWS 中称为 EBS（Elastic Block Store，弹性块存储），在 OpenStack 中称为"块存储"[1]。本章中，我们简单地将虚拟存储称为"卷"。普通存储设备提供的磁盘空间所具备的管理功能，虚拟存储也同样具备，如卷创建后的容量扩充和快照复制等。

2.4.1 虚拟存储的基本功能

图 2.17 总结了虚拟存储的基本使用方法。首先要通过指定容量来创建新的卷。然后要把创建好的卷连接到运行中的虚拟机实例上，这样子操作系统就会将其识别为新增的磁盘设备（如 /dev/vdb 等）。接下来我们就能像使用普通的磁盘设备一样使用虚拟存储了，比如创建并挂载文件

---

[1] 在 OpenStack 中的正式名称是 OpenStack Block Storage，不过习惯上还是会称为块存储或卷。

系统等。

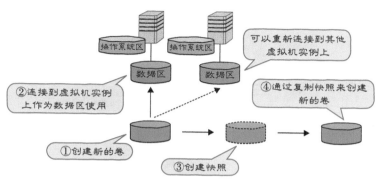

图 2.17　虚拟存储的基本使用方法

　　我们在 2.3.2 节中讲过，一旦虚拟机实例被停止或销毁，虽然子操作系统所在的根磁盘会被删除，但卷上的数据不会被删除。只需将卷重新连接到其他虚拟机实例上，存储在里面的数据就又能使用了。例如，当一台虚拟机实例因故障宕机时，就可以另外启动一台配置相同的虚拟机实例，然后把故障机上的卷连接到这台新机器上。这样一来，我们就可以沿用宕机前的数据立即恢复应用程序了。

　　另外，将卷从虚拟机实例上断开后，就能创建快照了。只不过，快照无法直接连接到虚拟机实例上。要先通过克隆（复制）快照来创建卷，然后将这个新建的卷连接到虚拟机实例上。

2.4.2　从虚拟存储启动

　　在启动虚拟机实例时，除了使用通过复制模板镜像而生成的根磁盘，还能够从作为虚拟存储的卷启动子操作系统。该功能在 AWS 中叫作 EBS Boot，在 OpenStack 中叫作 Boot from Volume（图 2.18）。

　　使用该功能时，要先创建一个通过复制模板镜像内容而生成的卷。然后在启动虚拟机实例时，不再指定模板镜像，而是指定该卷作为启动卷。此时，即使虚拟机实例被停止或销毁，操作系统区的卷也依然完好无损。只要从该卷启动新的虚拟机实例，就能以旧虚拟机实例停止运行前的配置恢复子操作系统的使用 [①]。

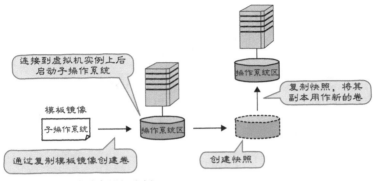

图 2.18 从卷启动虚拟机实例

2.5 || 对象存储的基本功能

对象存储是以文件为单位存储数据的数据存储区，提供了可以通过 HTTP 或 HTTPS 协议来存取文件的类似于文件服务器的功能。对象存储既支持从虚拟机实例上的子操作系统存取文件，也支持从外部网络直接存取文件。

2.5.1 对象存储的基本功能

对象存储提供了以文件为单位存储数据的功能。由于不支持局部修改已存储的文件，所以要改写文件内容时，需要先将文件临时取出，然后把修改后的文件存储进去。这样一来，这个功能虽然十分有限，却带来了极高的可用性和巨大的吞吐量，非常适合存储大量视频和图片等文件。有时我们也将存储在对象存储中的文件称为"对象"。

另外，我们之前介绍过的组件由于自身所在区域或可用区的限制，都

---

① 该功能不支持在子操作系统为 Windows 的情况下使用。

只有在特定的位置和地区才能使用。而对象存储没有这样的限制，可以在多个位置或区域使用。例如，在 AWS 提供的对象存储服务 Amazon S3 中，虽然作为对象存储区域的"S3 存储桶"是配备到每个区域上的，但是通过互联网，一个区域中的虚拟机实例是能够访问另一区域中的 S3 存储桶的。这样一来，就可以先由某一个区域中的虚拟机实例存储文件，然后再由另一个区域中的虚拟机实例取出这些文件（图 2.19）。

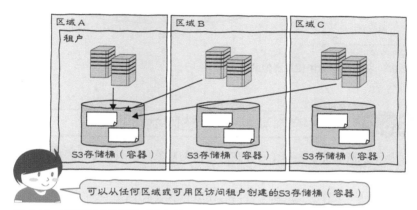

图 2.19　可跨区域使用的对象存储

在对象存储中存储文件时，要先创建用来存放对象的"容器"。刚刚提到的 AWS 中的 S3 存储桶就相当于容器[①]。容器虽然很像 Linux 中的目录，但我们并不能在容器内再创建容器。不过，我们可以通过在存取文件时加上目录名来解决这个问题。例如，如果我们在存储目录 dir01 下的文件 file01 时加上了目录名，那么在对象存储内部，名为 dir01/file01 的对象就会被存储到容器中（图 2.20）。另外，对已存储的文件设置存取权限时，要以容器为单位。

我们还可以给每个对象附加上键值对形式的元数据。元数据有多种使用方法，比如在与应用程序交互时，应用程序可以根据元数据来选择要取出的文件。

---

① 为了兼顾 AWS 中的术语，本书有时会将容器称为"存储桶"。

目录内的文件

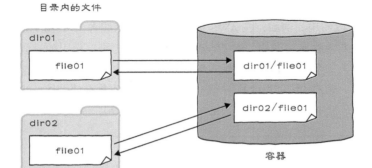

图 2.20 在对象存储中使用虚拟的目录

版本控制和托管静态网站

版本控制功能会为每个存储在容器内的对象分配版本号。当覆盖同名文件时，版本控制功能会用新的版本号存储新文件，同时原样保留旧文件。这样就可以在必要时将文件内容还原为旧版本了。

另外，托管静态网站的功能能够将对象存储用作简单的 Web 服务器。只需先将容器的访问权限设置为公开（任何人都可以读取），然后存入静态的 HTML 文件即可。只要我们从外部的 Web 浏览器访问分配给作为存储对象的 HTML 文件的 URL（Uniform Resource Locator，统一资源定位符），相应的网页内容就会显示在浏览器上。除了 HTML 文件，我们还可以存放图片文件，这样一来就能从浏览器上浏览图片了。

虚拟存储的备份

用作虚拟存储的卷能够被备份到对象存储中。备份时，整个卷将被分割成若干个大小固定的块，然后每个块会分别作为一个文件被存储到对象存储中。由于多个区域或可用区可以同时访问对象存储，所以对象存储还能用于在区域或可用区之间复制卷的内容[1]。复制的步骤为先将要复制的卷的

① AWS 还提供了在区域间复制虚拟存储的快照和虚拟机镜像（模板镜像）的功能。

内容备份到对象存储中，然后将其还原到目标卷上（图 2.21）。

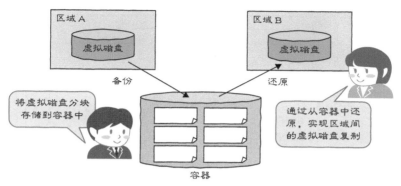

图 2.21 使用对象存储复制卷

2.6 ‖ 搭建 Web 应用系统的示例

本节，我们将举例说明如何在云上搭建一个简单的 Web 应用系统，该系统由一台 Web/App 服务器和一台 DB 服务器组成。在该系统中，我们采取了兼顾灾难恢复的设计方案，采用由多个可用区构成的主备（active-standby）架构。

2.6.1 由多可用区构成的冗余架构

在使用多可用区前，需要先正确理解可用区与虚拟网络的关系。请大家注意，在 AWS 和 OpenStack 中，这部分内容的概念有较大的差异。

在 AWS 中，如果区域内配备了多个 VPC，那么 AWS 会为每个 VPC 搭建独立的虚拟网络。此时，我们需要在各虚拟网络内，为每个可用区配备虚拟交换机（子网）。比如我们要像图 2.22 这样使用 AZ-1 和 AZ-2 两个可用区，那么为了按照用途隔离网络，就需要为这两个可用区分别配备 DMZ、Web-DB 和 Admin 三种类型的虚拟交换机（子网）。

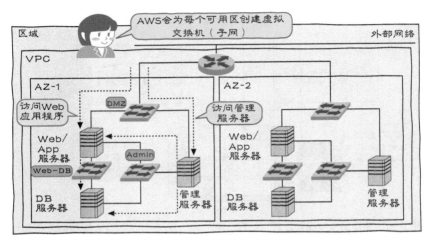

图 2.22 由多可用区构成的冗余架构 (在 AWS 中)

Web 应用程序的用户要通过 DMZ 访问 Web/App 服务器,Web/App 服务器则会通过 Web-DB 访问 DB 服务器。而系统管理员只要登录到管理服务器上,就可以通过 Admin 登录到任意一台服务器上了。在配置过程中,我们需要使用安全组进行限制,使每台虚拟机实例只能进行上述访问。

我们在 AZ-1 和 AZ-2 中配备了配置相同的系统,平常使用的都是 AZ-1 中的系统,只有在发生故障时才改用 AZ-2 中的系统。假设 AZ-1 中的所有虚拟机实例都宕机了,那么此时用户既可以把访问目标切换成 AZ-2 中的系统,也可以通过修改 DNS 记录来继续延用相同的 URL 访问 AZ-2 中的系统。除此以外,还可以使用负载均衡器达到同样的目的。

在 OpenStack 中,由于可以跨可用区配备虚拟网络,所以我们采用了如图 2.23 所示的架构,即 AZ-1 和 AZ-2 共享同一个虚拟交换机。

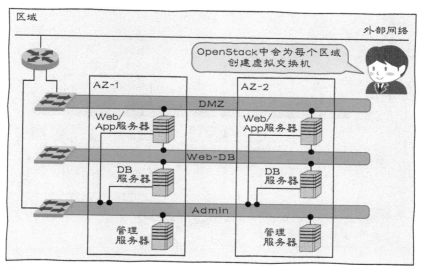

图 2.23 由多可用区构成的冗余架构（在 OpenStack 中）

在本例中，我们在各可用区中配备的依然是配置相同的系统，这一点与 AWS 是一样的。不同的是，在 OpenStack 中可以通过更换浮动 IP 来将当前系统从 AZ-1 切换到 AZ-2。按说应该将浮动 IP 分配给每一台需要接收外部连接的 Web/App 服务器，但在本例中，在通常情况下我们只把浮动 IP 分配给 AZ-1 中的 Web/App 服务器。只有到了要将当前系统切换到 AZ-2 时，才会把分配给 AZ-1 中的 Web/App 服务器的浮动 IP 分配给 AZ-2 中的 Web/App 服务器（图 2.24）。这样一来，就可以将当前系统从 AZ-1 切换到了 AZ-2，而且还不用改变从外部访问系统时使用的 IP 地址。

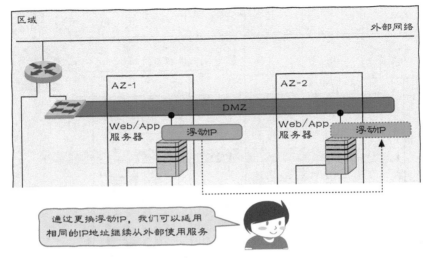

图 2.24 通过更换浮动 IP 切换系统

2.6.2 用虚拟存储实现数据保护

　　下面我们来思考一下如何备份存储在 DB 服务器上的数据。首先，我们要将用作虚拟存储的卷连接到作为 DB 服务器的虚拟机实例上，并将数据库的内容存储到这个卷上，以确保即便 DB 服务器因故障宕机了，数据也不会丢失。其次，为了应对卷本身的损坏，或是由误操作导致的数据库数据损坏，我们还要将卷的内容定期备份到对象存储上。

　　但是，由于备份卷时要将数据物理传输到对象存储中，所以卷的容量越大，备份时所花费的时间就越长。而且，在备份过程中，我们还必须将卷从虚拟机实例上断开，这会导致数据库在备份期间无法使用。为了使数据库能够立刻恢复使用，最好先创建快照，然后对由快照复制而来的卷进行备份（图 2.25）。虽然创建快照同样需要将卷从虚拟机实例上断开，但是由于获取快照所需的时间很短，所以卷立刻就能恢复使用。

　　除此以外，我们还可以采取其他备份方式，如先在虚拟机实例上连接一个专门用于存储备份数据的卷，然后利用数据库软件提供的功能将备份

文件输出到这个卷上。在此基础上，我们还应将用于存储备份数据的卷备
份到对象存储中。

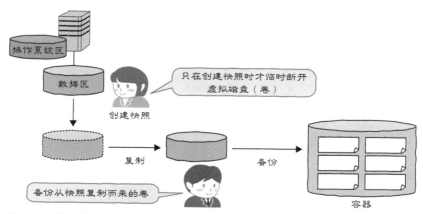

图 2.25 使用快照备份卷

另外，将当前系统从 AZ-1 切换到 AZ-2 时，还需要将最新的数据还
原到 AZ-2 的数据库中。用作虚拟存储的卷与虚拟机实例一样，分别部署
在各可用区，这就意味着在 AZ-1 中使用的卷无法连接到 AZ-2 中的虚拟
机实例上[①]。因此，需要先将对象存储中的最新备份存储到为 AZ-2 准备的
卷上，然后再把这个卷连接到 AZ-2 的 DB 服务器上使用。由于现在的数
据库大多具备了在多个 DB 服务器间通过网络同步数据的机制，所以我们
也可以利用自带的同步功能 replication，使各可用区中的数据库保持一致
（图 2.26 ）。

---

① 我们在 2.1.3 节中讲过，在 OpenStack 中可以采用支持跨可用区连接卷和虚拟实例
的架构，但这并不是一种通用的架构。

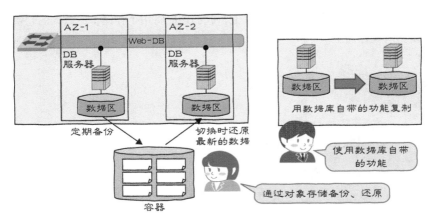

图 2.26 切换可用区时的数据迁移

第 3 章

API 是如何控制云的

前两章聚焦于云的全貌，讲解了云的分类和主要组件等内容，并谈到了 API 的重要性。本章将结合 Web 技术的基础知识介绍用于操作云的 API。

没有在云环境中工作过的基础设施工程师有时对 Web 技术的理解并不到位，所以本章就从 Web 的基本操作原理讲起。虽然很多人认为云技术就是虚拟化技术的延伸，但是近几年越来越多的云服务已经让用户看不出其采用了虚拟化技术。站在用户的角度，他们看到的是"能够通过 API 自由地控制云的组件"，而笔者认为这才是云的本质。

API 操作包括"认证""对象""操作"三个要素。由于"对象"离不开 DNS 和 URI（Uniform Resource Identifier，统一资源标识符），"操作"又和 HTTP 紧密相连，所以在讲解 API 的同时，我们还会介绍这些互联网的基础技术。而和组件相关的"认证"，我们将在第 9 章中正式讲解。

3.1 云和 API 的关系

3.1.1 什么是 API

对于 API，也许有不少人听说过或者已经在用了，但是能真正理解它的人却少之又少。

API 是应用编程接口（Application Programming Interface）的简称，具体来说是"用一个软件控制另一个软件的接口（协议）"。使用 API 能够避免重复编写代码，进而提升软件的开发效率，促进标准化。即便我们不知道软件内部的结构，只要使用了 API，就能通过 API 与软件连接，对其进行控制。这就是使用 API 的目的。

如果能事先将通用的逻辑作为 API 提供给开发者，那么开发者在用各种语言编程时，只需在程序中声明要从接口调用相应的 API 功能，就可以复用事先编写好的通用逻辑了。

下面我们来看一个 Java 语言的示例（图 3.1）。Java 语言是一种面向对象的编程语言，在云中很常用。Java 程序实际上是由类和接口构成的，将类实例化后就能够执行相应的处理。

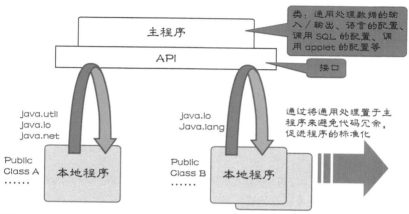

图 3.1 API

在用 Java 开发的应用程序中，有一些每个项目都希望用到的通用处理。例如，数据的输入 / 输出、语言的配置、调用 SQL 的配置、调用 applet（Java 小程序）的配置等。如果每次都要为这些通用处理从头编写相同的代码，开发效率就可想而知了。因此，灵活地应用面向对象的特性，将处理这些过程的类封装成通用程序包，然后在下次用到的时候从程序包中调用显然更有效率。就像这样，API 早已被应用在了追求扩展性和复用性的环境中。

3.1.2 Web API

云中通常使用的是 Web API。Web API 指的是"使用 HTTP（HTTPS）协议通过网络调用的 API"。

Web API 的基本处理过程是先向 Web 上某个唯一的 URI 发送 HTTP 请求，然后获取响应信息（图 3.2）。各种服务都以 API 参考手册的形式约定了如何交换信息，而用户基本上只需遵守服务提供方的约定即可。

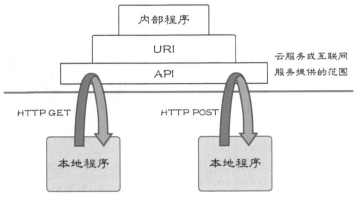

图 3.2　Web API

要想详细了解 Web API，就要先掌握 HTTP、URI 和 REST（Representational State Transfer，具象状态传输）的基础知识，下面我们就来依次介绍这些技术。

3.1.3　从互联网服务开始的 Web API 和 HTTP

Web API 使用的是 HTTP 协议。HTTP 是 Hypertext Transfer Protocol（超文本传输协议）的缩写，最初定义该协议的目的是在 Web 浏览器上显示 Web 服务器上的 HTML 和 XML。

互联网是在 1995 年前后开始普及的，那时基于 HTML 文件的静态网站是主流。此后随着技术的发展，出现了能够在 HTML 内嵌入脚本的 JavaScript、Java 和 .NET 等 Web 解决方案，以及支持异步存取 XML 数据的 Ajax 等技术。由此，从传统的简单 Web 网站向 Web 应用程序的巨大转变得以完成。

这种转变使人们能够以 Web 的方式处理结构化数据，于是 Amazon、Google、Yahoo、eBay 等互联网企业为了有效地利用数据，开始支持用户按需并以所谓的 Web API 的方式获取自己手中存储的信息（图 3.3）。Web API 在 2006 年前后开始迅速普及，而那正是 Web 2.0 一词开始流行的时候。

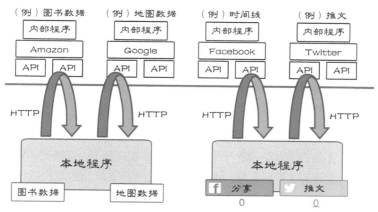

图 3.3 互联网服务的 Web API

Amazon 官网的 Product Advertising API[①] 是具有代表性的示例之一。使用该 Web API 可以实现"直接访问 Amazon 的商品数据库""搜索最便宜的商品"等功能。Amazon 通过该 API 吸引了大量开发者，将他们从各种各样的应用程序引导到 Amazon 的 EC 网站，成功地扩大了服务的影响力。

近几年，由于开放 Web API 已经成为了大规模互联网服务的标准，所以很多初创公司，甚至 Facebook 和 Twitter 都逐渐意识到只有提供 Web API 才能快速扩大服务。

3.1.4 Amazon 引领了将 Web API 应用到云计算中的潮流

Amazon 官网因 Product Advertising API 获得了成功。为了运营频频迎来高峰期的 EC 网站，Amazon 公司内部也大量使用 Web API 来均匀地分配、回收服务器和存储等计算机资源。2006 年，Amazon 对外开放了这套机制，AWS 中的 EC2（Elastic Compute Cloud，弹性计算云）和 S3

[①] 在 AWS 出现以前，由于 Web 服务的提供方是 Amazon，所以 Product Advertising API 一度被称为 AWS。

（Simple Storage Service，简单存储服务）率先进入用户视野，这一事件标志着云计算的诞生。那时，下面这两种机制受到了开发者的广泛关注。

- 用户可以通过互联网按时间租用服务器和存储
- 用户可以沿用互联网服务的 Web API 的机制，随时用 Web API 瞬间完成对计算机资源的操作

本书主要将重点放到后面这种机制上。

可以说，正是由于互联网服务中的 Web 技术发展到了一定程度，Web API 普及了，云计算才得以实现，用户才能通过 Web API 自由地控制计算机资源。云计算的供应商大多是提供互联网服务的企业，如 Amazon、Google、Salesforce 和 Microsoft 等。云计算也和 Web API 一样，既体现了提供互联网服务的企业在技术层面上的引导作用，又体现了云和 Web API 彼此间的紧密联系。

3.1.5 虚拟化技术和云计算

在物理环境中，通过 Web API 调拨计算资源需要筹备物理设备，因此会花费大量时间。而在虚拟化环境中，由于无须关注物理资源的筹备工作，所以只要调用 Web API 即可立刻完成虚拟资源的调拨（图 3.4）。

虚拟化技术是从 2006 年开始普及的，那时 Web 2.0 刚刚流行起来。虚拟化技术的普及也对云计算的实现和发展起到了巨大的推进作用。之所以这样说，是因为虚拟化技术能够瞬间完成资源的分配，而且通过最大限度地利用硬件资源，云计算已经成为了一种盈利模式。

尽管虚拟化技术带来了不少好处（特别是对于 IaaS 来说），但如果忽视资源的高效利用而单单关注性能，那么它也就不是必不可少的了，毕竟在 PaaS 和 SaaS 中虚拟化的观点并不重要。也就是说，虽然虚拟化技术对云计算的进步贡献了巨大力量，但云计算的本质归根到底还是 API。

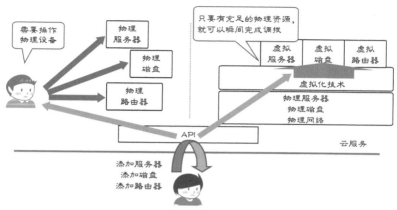

图 3.4　虚拟化技术

3.1.6　SOA 技术和云计算——面向 API 经济

Web API 与 2006 年左右开始普及的 SOA（Web 服务）技术有些相似，因为二者都采用了基于 HTTP 的 API 进行控制，以搭建松耦合的复合应用程序（composite application）。

不过，SOA 关注于公司内部信息系统之间，即专用网络之间的联动，而 Web API 关注于通过互联网进行的公有网络之间的联动。Web API 的逻辑和数据结构都很简单，为的是让任何人都能使用。

具体内容我们将在后面的章节中讲解，这里先简单提一句：Web API 的技术通信方式正在由 SOAP（Simple Object Access Protocol，简单对象访问协议）转向 REST；利用 Web API 与外部交换数据的机会日益增加，集中管理 Web API 的软件和服务也应运而生。值得一提的是，虽说 Web API 是公开的，但公开所有细节的情况并不多见，绝大多数的 Web API 还是受保护的，在返回结果时会进行认证和条件检查，这样做也起到了一定的控制作用。

传统的 SOA 聚焦于公司内部的最佳解决方案，而 Web API 专注于将公司内部的数据提供给公司外面的 SoE（System of Engagement，参与型系统），以谋求商业成果。由此可见，二者的关注点存在显著差异（图 3.5）。

我们将这种新兴的商业模式称为 API 经济（ API economic ）。

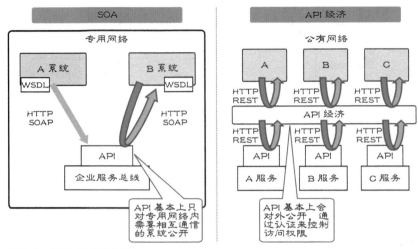

图 3.5　SOA 和 API 经济

对于云来说也是如此。可以想象在不远的将来，混合使用多种云服务，以及在云间进行联动都会成为常态，更加强有力的 API 经济也将会形成。另外，在定义云环境中的公有和私有时，有些人会以数据中心和网络这二者是公有的还是私有的为主要依据，然而笔者认为，公开 API 时，其调用地址是对外公开还是仅对内公开才是重要依据。例如，当用户在以服务的形式使用 AWS 时，API 的调用地址是对外公开的全球地址，因而此时 AWS 是公有的云环境；而当将 OpenStack 用作软件，面向公司内部进行安装运维时，API 的调用地址也可以是公司内部的私有地址，仅对内公开，因而此时 OpenStack 是私有的云环境。

3.1.7　Web API 的构成要素

前面铺垫得多了一点，下面我们就进入正题，来看一看 Web API 的构成要素。Web API 的构成要素大致可分为三类：认证、对象和操作。

首先是认证，这一部分由云自带的私有认证功能负责。有关认证的内容，我们将在第 9 章中详细讲解。

其次是对象，对象在 Web API 的世界中相当于"资源"，用 URI 表示。要想理解 URI 的机制，就要先理解 DNS 和端点的概念，因此我们将在接下来的 3.2 节中，以云中使用的 URI 为例介绍这两个概念。

最后是操作，操作在 Web API 的世界中相当于"动作"（action），主要用 HTTP 方法表示。我们将在 3.3 节中以云中使用的动作为例介绍 HTTP 方法。

3.1.8 Web API 的概念

借助英语语法，能够将由 Web API 三要素（认证、操作、对象）构成的 API 操作讲解得更通俗易懂。英语的基本句型为 S + V + O，即主语 + 谓语 + 宾语，刚好如图 3.6 所示，与 Web API 的三要素一一对应。

S（Subject）是主语，表示"动作、行为的主体"。在 Web API 中，主语相当于"活动者"（actor）。三要素中的认证就是识别活动者的过程。

V（Verb）是谓语，表示"动作、行为"。在 Web API 中，谓语相当于动作，对应三要素中的操作。这里所说的操作即 Web API 的行为。Web API 会结合 HTTP 方法和消息头信息进行相应的操作。

O（Object）是宾语，表示"动作、行为的对象"。在 Web API 中，宾语相当于资源，对应三要素中的对象。这里所说的对象是作为 Web API 调用地址的 URI。URI 由路径和域名两部分构成，而 DNS 提供了域名解析的功能。

另外，有些 API 操作还有一些选项，比如补语 C（Complement），它表示"在 ×× 条件下"。在 Web API 中，补语相当于条件（condition）。通过指定 Web API 中预设的选项或认证条件即可实现过滤功能。

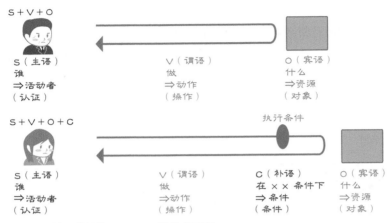

图 3.6　需要掌握的 Web API 的构成要素

3.1.9　资源

资源相当于宾语，对应 Web API 三要素中的对象。下面就来简单地说明一下资源的定义。

在第 2 章中，我们介绍了服务器、块存储和网络这三个在云计算架构中具有代表性的组件。所谓资源，就是构成这些组件的要素。例如，对于服务器来说，实例、镜像、密钥对等要素就是资源；对于网络来说，路由器、子网、安全组等要素就是资源。

为了唯一定位资源，每个资源都要持有唯一的主键。主键的类型大体上分为两种。

一种主键是随机分配的 UUID（Universally Unique Identifier，通用唯一识别码）。例如，实例（服务器）和子网一经创建，就会得到作为 UUID 的实例 ID（服务器 ID）和子网 ID。大多数情况下，我们使用 UUID 定位资源。

另一种主键是名字。例如，要想定位对象存储的存储桶（容器）中的对象（文件），就要用存储桶（容器）的名字加上对象的名字。

到底是以 UUID 为主键，还是以名字为主键，主要取决于所用的组件，因此我们需要去查看各组件的规范。

资源中存储着各种带有唯一主键的属性信息，这些属性信息称为资源属性。例如，实例（服务器）资源中就存储着实例是在哪个可用区启动的，以及是从哪个镜像 ID 启动的等属性信息。另外，由于镜像也属于资源，所以实例和镜像之间的关联就基于作为主键的镜像 ID 建立起来了。

我们将在接下来的 3.2 节中介绍构成资源的技术，在 3.4 节中介绍以资源为中心的设计思路和面向资源架构（ROA，Resource Oriented Architecture）。

3.1.10 动作

动作相当于表示"动作、行为"的动词，对应 Web API 三要素中的操作。下面就来简单地说明一下动作的定义。

动作的对象是资源，常见的动作有创建、获取、更新和删除，在英文中简称 CRUD，即 Create、Read、Update 和 Delete（图 3.7）。Web API 中的动作有两种实现方法，一种是在向资源的 URI 发送请求时，通过不同的 HTTP 方法来表示不同的动作，另一种是通过 URI 中查询参数的不同取值来表示不同的动作。具体内容将在 3.3 节中讲解。

在这四个动作中，获取、更新和删除都是对已经存在的资源进行操作，因此在操作时要先通过主键来定位目标资源，而创建与其他动作不同，用于根据指定的条件创建出新的主键。

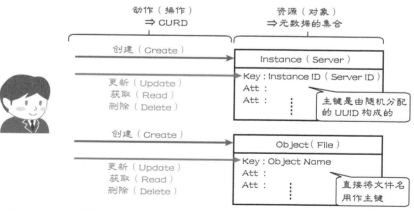

图 3.7　资源和动作

3.2 ‖ 构成资源的 URI

接下来讲解在 Web API 中作为资源构成要素存在的 URI。

URI 由路径和域名两部分构成。API 的调用地址虽然叫作端点（endpoint），但实际上还是由 URI 构成的。URI 本质上就是 URL。大家在通过互联网和 Web 浏览器使用 Web 服务时，大多数情况下是指定 URL，而不是直接使用"公有 IP 地址"作为目标地址。这是因为，如果使用 IP 地址，我们就无法直观地看出访问的是哪个网站，而且 IP 地址也不好变更。云中也是如此。下面就以云为例，稍微深入挖掘一下相关的 Web 基础技术。

3.2.1 域、域树、FQDN

我们先从域名讲起。所谓域名，就是网络上用的名称。用"."（点）将几个名称连接起来便形成了一个域名。从右向左反着读域名时，读到的每一个用"."隔开的名字都代表层级结构中的一层。

图 3.8 中列举的示例是 Amazon EC2 中一个默认的公共 DNS——"ec2-54-10-10-10.ap-northeast-1.compute.amazonaws.com"。这里的 com 称作 TLD（Top Level Domain，顶级域），amazonaws 称作 2ndLD（2nd Level Domain，二级域）。以此类推，我们把这样的树状结构称为域树。这些用"."隔开的名字分别对应了命名空间（区域，zone）中的一层。在本例中，作为 2ndLD 的 amazonaws 就包含在作为 TLD 的 com 的命名空间中。也就是说，amazonaws 位于 com 的下一层。我们将位于下一层的域称作其上一层域的子域。

表示具体资源的主机名位于域名的最后[①]。在本例中，主机名是 ec2-54-10-10-10。另外，域名和主机名合在一起叫作 FQDN（Fully Qualified Domain Name，完全限定域名）。我们可以通过 FQDN 来定位网络上的主机。

---

① 这里的"最后"指的是从右向左反着读时的"最后"。——译者注

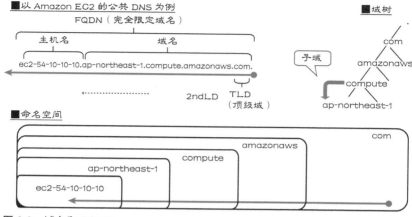

图 3.8 域名和 FQDN

◉拓展云中各层域名的规则

云既然存在于网络上，其结构就自然要由域名的层级结构来体现。因此，为了便于理解，在一定程度上对各层域名加以规范就十分重要了。例如，在 AWS 的端点 ec2.ap-northeast-1.amazonaws.com 中，3rdLD 表示区域（地区），4thLD 表示服务（组件）（图 3.9）。这样一来，我们就可以按照这个规则轻松地增加区域和服务（组件）了。

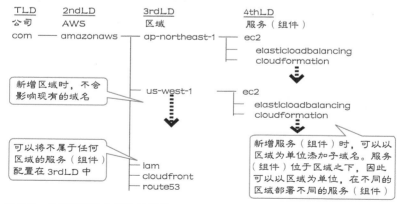

图 3.9 各层域名的含义和扩展性

另外，之所以将服务（组件）配置在区域的子域中，是因为这样既便于改变任意一个区域中服务（组件）的构成，又便于将不属于任何区域的服务（组件）配置在 3rdLD 中。

3.2.2 DNS、虚拟主机和域名注册管理机构

域名只是个名字，在 TCP/IP 通信的过程中，域名最终会被转换成 IP 地址。我们把从域名到 IP 地址的转换称为正向解析（也叫正向查找）；把从 IP 地址到域名的转换称为反向解析（也叫反向查找）。在云中，IP 地址被弱化了，因此主要使用的是正向解析。

DNS 提供了域名解析的功能。我们在大多数情况下是基于域名来访问云 API 的，因此 DNS 发挥着极其重要的作用。下面就来讲一讲 DNS，同时阐明在云中要基于域名访问 API 的原因。

◉ 多个 IP 地址和虚拟主机

首先来看 FQDN 和 IP 地址的对应关系。毫无疑问，二者在最终进行 TCP/IP 通信时是一一对应的，但是在配置时，既可以将二者配置成一对多的关系，也可以将二者配置成多对一的关系。这种并非一一对应的关系实际上也是一个重要的技术点，用于利用域名带来的便利性搭建可伸缩的云计算架构。

一个 FQDN 对应多个 IP 地址的配置适用于会出现大规模访问的场景。由于一个 IP 地址（一台服务器或一台负载均衡器）根本响应不过来发送给 FQDN 的大量 API 请求，所以我们会先将多个与 FQDN 对应的 IP 地址录入到 DNS 中。这样一来，DNS 就会轮流从多个 IP 地址中返回一个 IP 地址，单台服务器上的负载也就能得以缓解。这种机制称为 DNS 循环复用（round-robin DNS）（图 3.10）。

在云计算架构中，我们即将讲解的 CDN（Contents Delivery Network，内容分发网络）和负载均衡器（LB, Load Balancer）就利用 DNS 的循环复用机制确保了可扩展性。在管理服务等方面，DNS 循环复用机制还发挥了将 IP 地址的变更巧妙地隐藏起来的作用。

反过来，想要充分利用服务器资源时，就可以采用多个 FQDN 对应一

个 IP 地址的配置。这种配置方法称为虚拟主机（virtual host）。搭建虚拟主机的方法是在 DNS 上为每个 FQDN 输入相同的 IP 地址（图 3.10）。

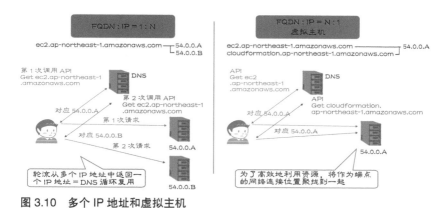

图 3.10　多个 IP 地址和虚拟主机

● 域名解析的机制

下面来看 DNS 中基本的域名解析机制。

首先，由位于发起 API 调用的客户端上的末梢解析器[①]（stub resolver，负责域名解析的程序）向 DNS 缓存服务器发出域名解析请求。如果 DNS 缓存服务器上没有对应的 IP 地址，那么 DNS 缓存服务器就会尝试从根域开始自上而下询问各级权威 DNS 服务器。每棵域树中的 DNS 服务器（名称服务器）都不一样，因此为了在父子域间关联 DNS 服务器，就需要事先将指向子域中的 DNS 服务器的 IP 信息录入到父域中的 DNS 服务器中。不同的域由不同的管理员管理，这种关联称为"子域管理的委派"。DNS 缓存服务器在询问到接受委派的子域中的 DNS 服务器之后，就会将域名

---

① 末梢解析器是一种功能十分有限的解析器，仅提供组装 DNS 查询、发送 DNS 查询并等待查询结果，以及在没有得到查询结果时重新发送 DNS 查询的功能，主要的解析工作则交给支持递归查询的 DNS 服务器完成。为了提升性能，递归查询的结果往往会被缓存下来，因此进行递归查询的服务器通常也是 DNS 缓存服务器。末梢解析器提供了一种在资源短缺的机器中实现解析器的简便方法，同时也能使整个本地网络或组织的 DNS 缓存集中化。——译者注

解析的工作交由子域中的 DNS 服务器完成（图 3.11）。反复此过程，最终就能够找到存储着与 FQDN 对应的 IP 地址的 DNS 服务器，进而得到 IP 地址的信息了。这便是最基本的域名解析处理流程。

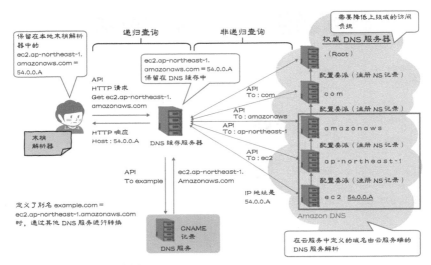

图 3.11 DNS 委派和缓存

在域名解析过程中进行的询问处理叫作 DNS 查询。通过思考上述处理过程，我们不难发现，如果没有 DNS 缓存服务器，那么同时进行域名解析的用户越多，根域 DNS 服务器的处理负担就越重。委派也会导致 DNS 查询数量增加，并最终影响到响应速度。因此，DNS 缓存服务器扮演了十分重要的角色，起到了减轻负担的作用。

由客户端向 DNS 缓存服务器发起的询问称为递归查询，由 DNS 缓存服务器自身进行的询问称为非递归查询。如何设计、使用域名才能增加非递归查询这一点也很重要。以 AWS 的端点为例，由于同一个区域下同一个服务的域名是相同的，所以 AWS 的端点可以充分利用非递归查询。在云中，几乎所有的访问是基于 FQDN 的，所以 DNS 缓存的概念非常重要。

那么，谁来管理每棵域树中的 DNS 服务器呢？就位于上级的域来说，由谁来管理是事先规定好的。例如，".jp" 是代表日本的域名，因此就要委派给日本域名注册服务股份有限公司^①管理。另外，由于位于上级的域几乎百分之百需要"委派"处理，所以位于上级的域都要交给域名注册管理机构管理，域名注册管理机构负责管理已注册的委派信息。在 AWS 端点的示例中，".com"这个代表公司的域名就是由域名注册管理机构^②管理的。由于位于其子域 amazonaws.com 之下的域都属于由云服务端提供的范围，所以要在云服务端的 DNS 服务器上进行域名解析。这样看来，不妨认为用户无法控制在云服务中获取的域名。

但是，用户偶尔也会想要使用自己的域名，而不是云服务赋予的域名。这时可以通过为自己的域名添加 CNAME 来解决。不过，很多云服务都提供了 DNS 服务，这些 DNS 服务都可以用 API 来设定，因此也就没有必要自己维护 DNS 服务器了。Amazon Route 53 是典型的云上 DNS 服务，具备域名注册、域名解析、健康检查和负载均衡等诸多功能。通过与 DNS 服务交互，我们就能搭建出云所特有的与 DNS 紧密相关的可扩展架构。

◉ DNS 记录

通过 DNS 服务器将 IP 地址和域名映射起来的配置称为 DNS 记录。另外，我们可以以 DNS 记录为单位，设置接收方缓存数据的周期。该周期称为 TTL（Time To Live）。

Amazon Route 53 中常用的 DNS 记录如表 3.1 所示。

表 3.1　DNS 记录

DNS 记录	含　　义
A	正向解析至 IPv4 地址
AAAA	正向解析至 IPv6 地址
CNAME	转换为其他 FQDN
PTR	由 IP 地址逆向解析至 FQDN

---

① 日本域名注册服务股份有限公司（Japan Registry Services Co., Ltd.）作为日本顶级域名（ccTLD）的注册管理机构，负责注册、管理以".jp"结尾的域名。相当于作为中国顶级域名".cn"和中文域名注册管理机构的中国互联网络信息中心（CNNIC）。——译者注

② ".com"属于通用顶级域，由互联网名称与数字地址分配机构（IANA）管理。

——译者注

（续）

DNS 记录	含　义
SOA	命名空间（区域）
NS	接受委派的 DNS 服务器
MX	邮件服务器
SPF	使用发件人策略框架[1]时经过授权的邮件服务器
SRV	定义协议、端口号等
TXT	定义主机的附加信息

在使用作为 DNS 服务器的 BIND 时，我们是通过将写有 DNS 记录的配置文件录入到 BIND 中来使域名生效的。而到了 Amazon Route 53 中，使域名生效的方法有两种，一种是用 Console（控制台）加载写有 DNS 记录的定义文件，一种是按照用 <Value> 定义的 Amazon Route 53 的格式调用 API。

很多互联网技术标准定义在 RFC 文件中。想要深入了解 DNS 的读者可以查阅 RFC 1034[2] 和 RFC 1035。

3.2.3　URI

在 Web API 中，从"指定资源"的观点来看，URI 的作用是表示对象。Web 网站中常用的 URL 和 URN（Uniform Resource Name，统一资源名称）都属于 URI。

◉ URL

从其正式的名称就可以看出，URL 表示资源在网络上的位置。如图 3.12 所示，URL 大致上可分为网络和路径两部分。云 API 是经由网络操作资源的，因此 URL 主要用作资源的地址。

---

[1]　发件人策略框架（SPF，Sender Policy Framework）用于应对垃圾邮件，接收邮件的服务器可以参考 SPF 记录来确定号称来自某个域的邮件是否发送自经过授权的邮件服务器。——译者注

[2]　与本书中提到的文档、参考手册、服务等相关的网址，均可在图灵社区本书主页的相关文章处查询（参见文前说明）。——编者注

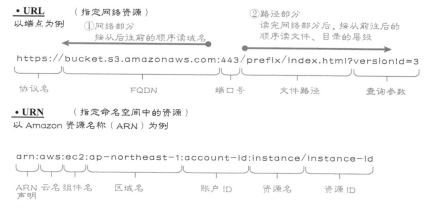

图 3.12　URL 和 URN

　　网络部分由 Scheme（协议）、认证信息、FQDN 和端口号构成。Web API 中常用的协议是 HTTP（HTTPS），而关于 FQDN，我们已经在 3.2.1 节中讲解过了（有关"认证"的内容将在第 9 章中介绍）。端口号就是通信协议的端口号，如果在访问资源时使用的不是协议默认的端口号，就必须明确指出这个端口号。上述这些要素合在一起构成了网络部分。

　　路径部分在网络部分的后面，是一个用"/"分隔起来的层级结构，表示资源的位置。例如，下面这个网站中典型的 URL"…（网络部分）…/index.html"就表示 index.html 是一个资源，该资源位于 HTTP 服务器中的文档根目录下，对 FQDN 进行域名解析后得到的 IP 地址指向了这台 HTTP 服务器。我们可以对该资源进行 HTTP 操作（如用 GET 方法发送请求来获取资源的内容）。在云中，资源部分表示的是要通过 API 来操作的资源。

　　路径部分主要由目录和文件名构成，不过它还有一种扩展性用法，即可以在路径后面加入任意的查询字符串和书签（fragment identifier）。查询字符串常用于指定条件，最典型的用法是以"/?q=＊＊＊"的形式表示要对搜索内容进行筛选。在云中指定条件时，我们也常用查询字符串作为参数。书签则多用于较长的 HTML 文档，通过用"#"引入书签来插入"跳转到网页内指定位置"的配置。

　　如果将 URL 看作云服务的资源，那么到 FQDN 为止的部分表示组件，路径及以后的部分表示具体的资源，HTTP 消息头和查询参数用于操作和筛选资源。

◉ URN

URN 采用巴科斯范式（BNF）表示法，标识了不依赖于网络，即与资源位置无关的资源名称。如图 3.12 所示，BNF 将 ":" 或 "<>" 组合起来表示 URN，URN 表示资源间的关联。

典型的 URN 的示例包括 AWS 的 Amazon 资源名称（ARN）和资源属性类型。在 API 中，URL 用于经由网络指定资源，而 URN 用于根据内部功能定义资源。第 8 章将要讲解的自动化功能会用到资源属性类型，第 9 章将要讲解的认证功能会用到 Amazon 资源名称。认证功能会用资源名称来定义位于云内部的策略控制中的资源。

想要确认 URI 详情的读者在查阅资料时不妨也看一看 RFC 3986。另外，本书有时会用包含了 URN 的 URI 来表示 URL。

3.2.4　端点

在云中，我们将调用命令 API 时指定的网络地址定义为端点。由于同是 API，所以就基本概念来说，云中定义的 API 的端点与 Web 服务（SOA）中定义的 API 的端点并没有什么不同。

说得再具体一点就是，端点是由刚刚介绍的 FQDN 构成的。作为接收 API 调用的窗口，端点扮演了网关的角色。端点的背后是用于控制云的控制器，控制云基础设施的处理实际上是在控制器上执行的。

在部署在企业本地的传统物理环境中，我们会直接按 IP 地址操作目标机器。而在云环境中，一个很大的不同点在于，我们要向通用的端点发送命令来将基础设施中的各组件作为资源加以控制[①]。在各种云服务中，端点都具有一定的规则，会以域名的形式呈现出各组件或功能的层级。

下面来看这样一个具体案例：有三个人，分别是网络管理员 A、服务

[①]　对于使用虚拟化技术的用户来说，也许将端点和控制器看成 VMware 中的 vCenter 更易于理解。

器管理员 B 和异地备份管理员 C，他们分别掌管着 AWS、OpenStack 和本地部署的物理环境（图 3.13）。

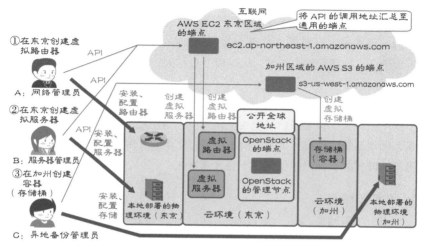

图 3.13　端点

　　在提供服务型的 AWS 中，由于位于同一个区域（region）的网络资源（VPC）和服务器资源（EC2）被划分成了相同的组件，所以二者是共用一个端点的。也就是说，如图 3.13 所示，虚拟路由器和虚拟服务器同是东京的资源，即二者的区域也是相同的，因此对于用于创建这二者的 API 来说，作为其调用地址的端点也是同一个。

　　而在操作位于加州的对象存储资源（S3）时，由于区域和组件都不同了，所以 API 的调用地址也就变成其他端点了。不过，由于只需向互联网上的 URL 发送 API 调用请求就能完成操作，所以即便端点不同，操作也不会因此而变得费事。

　　OpenStack 中的端点是控制器所在的地址。因此，在云环境的专用网络中操作时，也可以将私有 IP 地址作为端点。另外，端点还可公之于众并通过 URI 访问。而使用 OpenStack 服务时，就要访问由服务供应商定义的端点了。第 9 章中介绍的 OpenStack Keystone 功能提供了创建端点的功能，因此 OpenStack 的管理员可以使用 Keystone 将区域和端点定义为

FQDN 的映射表。

最后来看看在本地部署的物理环境。在该环境中，我们需要先安装设备，然后直接按地址操作设备。与云环境相比，根本性的差异除了在于需要操作物理设备以外，还在于物理环境没有调用 API 的概念，所以管理员不得不进入每一台机器，执行为每一台机器专门编写的命令。如果规模不大的话，这样做倒也无妨，但规模一旦扩大，需要操作的目标就会大幅增加[①]。

从图 3.13 的示例中还可以看出，要想在加州安装设备或执行命令，就不得不把相关工作安排给当地的工作人员。相比之下，云的另一个关键点是，即使系统的规模扩大了，由于能通过集中统一的端点在统一的界面中进行 API 操作，所以工作量也不会大幅增加。

◉端点和域名

在看过图 3.13 所示的 AWS 中的端点示例后，大家有没有什么疑问呢？

在使用 Web API 服务时，无论是在互联网服务中还是在云中，一般不会使用 IP 地址作为 API 的调用地址，而是要通过域名来访问 API。在刚刚的示例中，位于东京的服务器资源和网络资源的端点是 ec2.ap-northeast-1.amazonaws.com，位于加州的对象存储的端点是 s3-us-west-1.amazonaws.com。大家是不是也觉得使用域名更好理解呢？

AWS 的端点遵循 "……服务名.区域.amazonaws.com" 的命名规则。无论是其他的云、Facebook、Twitter 等互联网 API 服务，还是普通的 Web 网站，应该都有类似的统一规则。

使用域名而非 IP 地址作为端点的原因之一是域名更便于理解。比如，作为云服务的 AWS 的域名遵循以 amazonaws.com 开头的规则，所以我们一眼就能看出作为 API 调用地址的端点是 AWS 的。另外，通过将区域设定为 amazonaws.com 的子域，将服务设定为 "区域.amazonaws.com" 的子域，我们还能将区域和服务也作为子域添加进域名，形成可扩展的结构。

---

① 为了解决这个问题，出现了各种各样的集中管理工具。

使用域名的另一个重要原因是隐藏 IP 地址。需要修改 IP 地址的情况并不少见，比如迁移设施。由于 Web API 的端点会接收大量的 API 请求，所以端点还需要具备可扩展性以应对使用高峰。此时，如果以 IP 地址的形式公开了 Web API 的端点，那么甚至连变更该 IP 地址本身也会困难重重。这是因为如果把 IP 地址用作端点，那么使用云的用户就会让调用 Web API 产生的控制指令全都流向这个地址。这样一来，在 IP 地址变更的瞬间，调用 Web API 就会产生网络错误，导致无法通过 Web API 控制云。

而且，让所有使用云的用户都改变 IP 地址也不现实。不过，要是以域名的形式公开端点，那么只要域名能够直接在内部解析为对应的 IP 地址，就能减少 IP 地址变更给用户带来的影响。

另外，如果服务的使用频率上升了，那么为了处理大量的 API 调用请求，就需要通过升级控制器的规格、增加控制器的台数来进行扩容（横向扩容）；而反过来，如果使用频率下降了，就会希望将控制器的资源分配给其他服务使用。此时，通过 DNS 的循环复用和虚拟主机来充分有效地利用 FQDN 与 IP 地址的一对多和多对一的自由映射，就能在无须改变端点的情况下应对使用频率的变化。

在追求可伸缩性的 Web 和 API 的世界中，我们在绝大多数情况下访问的是 FQDN，因此负责将 FQDN 解析为 IP 地址的 DNS 至关重要。

另外，AWS 的一般参考手册总结了 AWS 的端点列表。在查阅时，请大家也顺带确认一下 FQDN 的最新命名规则等。

3.2.5 端点内的路径设计和版本管理

◉定位资源的方法

尽管我们通过端点定义了网络上服务（组件）的地址，但仅有这个地址还是无法定位资源。

为了定位网络上的资源，我们需要向 URL 发送请求来指定用于定位资源的信息。定位资源的方法有 REST API 和查询 API 两种。

①REST API①——通过用路径表示层级来指定资源

这是一种基于资源间的关系，用 URL 的路径表示资源层级的方法。例如，在对象存储组件中，对象一定位于存储桶（容器）之下，因此就可以用"先存储桶后对象"的顺序作为路径，来表示资源的层级。对于对象存储而言，存储桶（容器）的名字和对象的名字都是主键。因此，下面这个 URL 就能唯一表示作为资源的对象（"……"的部分将在后面讲解）。

（端点）/……/ 存储桶的名字 / 对象的名字

②查询 API——通过查询参数指定资源

在调用表示动作的 API 时可以附带一些选项，附带的选项会被作为查询参数传递给 URL。这样一来，通过将查询参数连接到 URL 的后面，就能构成唯一的 URL，从而形成一种定位资源的机制。具体的 URL 如下所示。

（端点）/……/?Action=******&ID=******

我们将具体的动作放置在了"?Action="后面，并通过由"&"连接的查询参数指定了主键等信息。

◉ API 的设计方案和路径

组件采用哪种定位资源的方法取决于云服务中的 API 设计方案。不过，从上面的示例就能看出，用名字来定义资源主键的组件往往会采用用路径表示层级的方法，而用 ID 来定义资源主键的组件往往会采用查询参数的方法。

就 OpenStack 的 API 设计方案来说，在很多组件中，资源间的依赖关系都相对如实地通过路径体现出来了，而且定义了很多层级。不过，在像服务器这样支持多种操作的组件中，还是定义了"/Action"路径。

而就 AWS 的 API 设计方案来说，绝大多数资源都属于要用 ID 来表

---

① 我们将遵循 REST 的设计原则实现的 API 称为 REST API。有关 REST 的内容，我们将在后面的 3.4 节和第 10 章讲解。

示的类型，我们主要通过查询参数来指定这类资源。不过，对于支持用 API 直接修改数据的对象存储 Amazon S3 和作为 DNS 的 Amazon Route 53 而言，二者使用的是通过用路径表示层级来指定资源的方法——REST API。

◉ 版本

版本是另一个在设计路径时需要考虑的问题。云的升级速度非常快，资源和属性也会不断增加。升级的基本原则是在不影响现有部分的前提下持续增加扩展功能，但是考虑到软件的特性，除非给每一次变更都附加上版本，否则很难应对不断产生的变化。如何规定版本的大小和产生新版本的时机取决于云服务的发布频率等因素（图 3.14）。

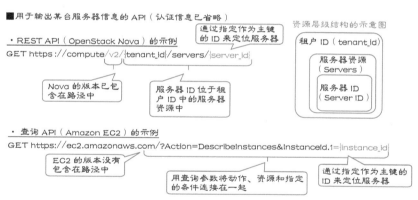

图 3.14 REST API 和查询 API

在AWS中

在 AWS 中，由于组件之间基本上都是松散耦合的，并且总是以小版本来快速发布最新的服务，所以用户会感觉总能使用到最新的版本。但是，从 API 的角度来看，由于资源的信息在发布前后发生了变化，有新的信息加入进来了，所以偶尔也会出现需要用历史版本的资源定义来操作的情况。因此，在 AWS 的 API 中，基本上都会在内部通过查询参数或请求

消息头来指定版本 ①。

AWS 使用形如 yyyy-mm-dd 的日期格式（即用 4 位数表示年份，2 位数表示月份，2 位数表示日期）来管理版本。为了使用 AWS，我们需要在客户端上安装接下来将要讲解的 SDK 和 CLI。这两个工具也有各自的版本，这个版本在内部又对应着上述日期类型的查询参数。这样一来，用户在使用 AWS 时就无须关注日期格式的版本了。

在OpenStack中

作为开源软件的 OpenStack 是到了发布阶段才集中发布较新的功能，因此采用了形如 Version N 的修订版本号来管理版本。OpenStack 会将版本作为路径的起始部分，以 "/v2" 或 "/v3" 的形式插入到端点之后，以此来明确隔离新旧版本组件的行为（图 3.14）。

OpenStack 的版本号会包含在认证通过后得到的 URL 中，这一特点使得版本号对用户来说通常是透明的。但是，由于使用的版本不同，有时完成同一操作的 API 之间也会有细微的差异，或者之前能够使用的功能会突然变得不能用，所以在开发需要调用 API 的程序时，最好事先确认清楚哪些版本可以使用。

除了从认证时的端点来判断 OpenStack 的版本，我们还可以向各端点的顶级 URL 发送 GET 请求来获取版本号。在下面的示例中，通过向 https://storage/ 发送 GET 请求，就可以确认版本 1 和版本 2 是可以使用的版本。

```
{   "versions": [
        { "id": "v1.0",
         ~ 省略 ~
         "status": "CURRENT",
          "updated": "2012-01-04T11:33:21Z"
        },
        { "id": "v2.0",
         ~ 省略 ~
          "status": "CURRENT",
          "updated": "2012-11-21T11:33:21Z"
} ] }
```

① 但是，也有一部分 API 会将版本包含在 URI 中，比如将在第 11 章中讲解的 Amazon CloudFront 的 API。

3.2.6 资源名称和资源属性类型

接下来列举两个典型的 URN 示例：资源名称和资源属性类型。

URN 表示资源的名称，为了能够不依赖于网络使用，首先要具备服务（组件）名的命名空间，如 EC2、S3 等（图 3.15）。

AWS 的 Amazon 资源名称能够定位资源，其语法如下所示。

```
arn:aws:服务名:区域:账户 ID:资源类型:资源 ID
```

资源名称用于指定第 9 章中即将讲解的认证功能相关资源。资源属性类型的作用不是定位资源，而是表示资源和属性的种类，其语法如下所示。

```
"Type":"云名（AWS 等）::组件名::资源名::属性名"
```

资源属性类型用于指定第 8 章中即将讲解的编配功能相关资源。

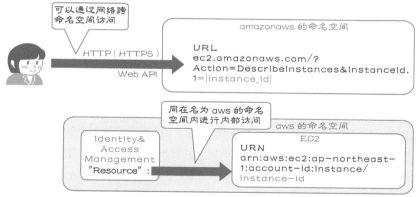

图 3.15　Amazon 资源名称

3.3 ‖ HTTP 协议

在指定了 URL 的 Web 应用程序中，我们是通过 HTTP 协议来插入和获取数据的。同样的思路也适用于云。接下来就以云为例，继续一点点深入探索相关的基础技术。

3.3.1 HTTP、Cookie、HTTP 持久连接

在 Web API 中，HTTP 是标准通信协议。HTTP 有几个版本，现在使用的主要还是于 1997 年制定的 HTTP 1.1 版本[①]。HTTP 1.1 的规范最初定义在 RFC 2616 中，并已成为后续版本的基础，不过 2014 年公开的 RFC 7230~7235 对其内容进行了更新。

现在的 Web 世界几乎完全是由 HTTP 搭建起来的。随着 Web 技术的发展，在面对非传统的使用方式时，HTTP 1.1 的规范中出现了越来越多的限制，而 Google 发布的 SPYD 和 HTTP 2.0 已经真正开始普及起来了。但是，毕竟在很长一段时间内，人们主要使用的是 HTTP 1.1，因此距离完全升级到 HTTP 2.0 还需要一些时间。

无状态是 HTTP 的特征之一。所谓无状态就是不保存状态。在由请求和响应构成的处理过程中，基于 HTTP 协议的 Web API 同样因协议的原因而不支持保存状态，因此我们自然就会意识到要简化处理过程。具体做法是去繁求简，不实现诸如"根据条件的成立与否执行对应分支中的后续处理"等复杂逻辑，而是实现"只要出现错误就回滚并重新处理，以此来保持一致性"。

这样一来，重新处理就成了基本方针。但是，HTTP 通信大多数情况下会采用 DNS 循环复用等负载均衡技术来处理负载。当需要让前后两次请求都发送到同一台 HTTP 服务器时，每进行一次 HTTP 请求的重新处理，都会产生 TCP 通信的额外开销。为了解决这个问题，HTTP 引入了 Cookie 和持久连接的机制（图 3.16）。

---

① HTTP 1.1 包括了很多在使用 Web 系统或 Web API 时不可或缺的功能，如基于 URL 的访问、HTTP 持久连接（Keep-Alive）等，因此人们几乎不再使用 HTTP 1.1 之前的版本了。

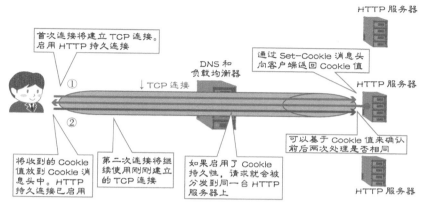

图 3.16　HTTP、Cookie、HTTP 持久连接

　　Cookie 带有称作 Cookie 值的值，是一种传递来自 HTTP 发送源，即客户端和浏览器的信息的机制。基于这个值，我们能够固定负载均衡器的流量分发（借助 Cookie 持久性），还能够在 HTTP 服务器端识别状态。

　　在 Web API 中，每次调用 API 时都要进行 HTTP 通信。HTTP 是位于 OSI 七层模型中的第七层，即应用层的协议，要通过位于其下的第四层的传输层进行 TCP 连接，如果每次请求都要建立 TCP 连接，那在通信上就免不了要有额外开销。HTTP 持久连接通过"只要没有明确指出要断开 TCP 连接，就一直保持 TCP 连接"的机制，大大减少了在连续发送 HTTP 请求时建立 TCP 连接的额外开销。另外，在 HTTP 1.1 中，HTTP 持久连接是默认开启的。Cookie 和 HTTP 持久连接都要通过稍后讲解的 HTTP 消息头进行配置。

3.3.2　HTTP 请求

　　HTTP 请求由请求行、请求消息头和消息体三部分构成。

◉请求行

　　请求行中包括方法、请求的目标 URI 和 HTTP 版本。方法是对 URI 的操作，相当于动作。请求的目标 URI 有如下两种指定方法。

- 用绝对路径指定 URI
- 分别指定主机（FQDN）和路径

由于现在使用的大部分是 HTTP 1.1，所以版本部分在绝大多数情况下是 "HTTP/1.1"。在写作本书时，虽然几乎所有的云 API 使用的都是 HTTP 1.1，但是由于 HTTP 是与 DNS 同等重要的云基础技术，所以今后人们应该会不断探讨如何在各种云服务中也支持 HTTP 2.0。

◉ 请求消息头

请求消息头中不但存储了 Cookie 和 HTTP 持久连接等与 HTTP 通信相关的重要控制信息和元数据，还包括了云特有的扩展消息头，详情我们稍后再来讲解。

◉ 消息体

消息体即数据区，存放了真正要发送的数据。在 Web API 中，消息体主要是查询参数指定的条件和想要传递的数据，所以请求的消息体中存放的就是这些信息。

3.3.3 HTTP 响应

我们只要向 HTTP 服务器发送 HTTP 请求，HTTP 服务器就会以 HTTP 响应的形式返回处理结果。HTTP 响应由状态行、响应消息头和消息体三部分构成（图 3.17）。

◉ 状态行

状态行中包含了一个三位数的状态码，用于表示 HTTP 请求的结果是否正常。

◉ 响应消息头

响应消息头和请求消息头都属于 HTTP 消息头，只不过响应消息头用于从 HTTP 服务器向客户端传递附加信息。

◉消息体

消息体中存放的是与 HTTP 请求的内容相对应的数据。

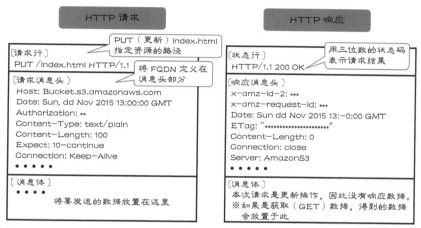

图 3.17　HTTP 请求和 HTTP 响应

3.3.4　HTTP 方法

下面来说明 HTTP 方法。HTTP 方法位于 HTTP 请求的请求行中，相当于动作。

云在内部使用 HTTP 方法控制用于操作资源的动作。HTTP 1.1 中的方法列表如表 3.2 所示。

表 3.2　HTTP 方法列表

HTTP 方法	CRUD		含　义
POST	Create	创建	新建资源
GET	Read	获取	获取资源
PUT	Update	更新	更新现有的资源
DELETE	Delete	删除	删除资源
HEAD	Read	获取	获取 HTTP 消息头、元信息
OPTION	Read	获取	确认支持的方法
PATCH	Update	更新	局部更新资源

（续）

HTTP 方法	CRUD		含　义
TRACE	-	-	追踪路径
CONNECT	-	-	请求代理建立隧道

　　这里虽然列出了不少方法，但是就云中的 Web API 来说，先学会其中五个方法就够用了。这五个方法是分别对应 CRUD，即创建、获取、更新和删除的 POST、GET、PUT 和 DELETE，以及用于获取元数据的 HEAD。

　　也许会有人怀疑：只有这五个方法真的够用吗？可是就实际的 Web 应用程序来说，很多情况下是由于 HTML 4.0 以前的表单只支持 POST 和 GET，或者认证功能还不支持其他方法，所以所有 HTTP 请求才只能用 POST 和 GET 这两种方法去实现的。在这样的 Web 应用程序中，更新数据的操作会全部集中到 POST 方法上。另外，HTTP 服务器的访问日志中记录了每个请求的 HTTP 方法，有兴趣的读者不妨去看一看。

　　而 Web API 不同于传统的 Web 应用程序，既不受 HTML 的制约，又有专门的认证机制。因此，如何按照 HTTP 规范正确使用与 CRUD 相对应的 HTTP 方法就是重点了。这一理念跟 REST 中 ROA 的理念完全一致。

　　不过有一点需要注意。查询 API 并没有完全遵照这个理念，即使通过动作名称（action name）明确指出了使用的是 CRUD 中的哪种操作，底层的 HTTP 方法却还在使用传统的 GET 和 POST（图 3.18）。也就是说，严格来说查询 API 不同于 REST API。不过，这些都是内部实现上的问题了。从设计思路上来说，查询 API 能够使用 CRUD，所以下面我们仍然基于 CRUD 来讲解查询 API。

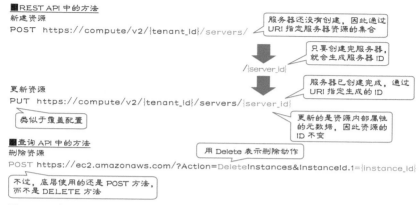

图 3.18 在 REST API 中使用 POST 和 PUT，在查询 API 中使用 POST

下面就来介绍主要的 HTTP 方法。

◉ POST

POST 方法用于新建资源。由于新建资源就意味着创建新的 URI，所以 POST 与其他方法的不同点在于指定的 URI 不同。

资源都有主键，因此对于其他方法而言，路径中含有这个主键的 URI 就是作为 API 调用地址的 URI。但是，在发送 POST 请求时，资源还没有被创建出来，自然也就没有这个主键了。因此，创建资源时要将资源类型指定为 URI 并向其发送请求。这里的资源类型就是比某个具体资源的路径高一级的路径。POST 请求发送完成后，相应资源类型的下一级就会生成主键，然后含有这个主键的 URI 就会以从属于上级资源类型的形式被创建出来。

◉ GET

GET 方法用于查询和获取资源，是使用最频繁的方法。我们在指定某个具体资源时要在 URI 中指定其主键。

GET 方法的作用是获取数据，得到的数据会存储在 HTTP 响应中。不同于其他方法，GET 方法并不会更新资源的数据，所以可以在云内部轻松实现负载均衡。而且，虽然实际并发数取决于作为云服务端点的控制器的设计方案，但有些场景下，GET 方法能够比其他方法拥有更多的 API 并发数。

◉ PUT

PUT 方法用于更新资源。但严格来说，这个所谓的更新更接近于覆盖。PUT 方法是云 API 管理的显著特征之一。

也许有人认为想要更新资源时，用 POST 方法新建资源来覆盖现有资源也可以。但是，我们在发送 POST 请求时无法将现有资源的主键作为条件，所以也就无法通过在 URI 中指定资源主键的方式来完成覆盖。因此，想要通过指定带有现有资源主键的 URI 来覆盖其配置信息时，就要使用 PUT 方法。可以说，充分理解 POST 方法和 PUT 方法的使用时机才是将思路由 Web 应用程序转向 Web API 的关键所在。

◉ DELETE

DELETE 方法用于删除资源。指定要删除资源的 URI 并发送 DELETE 请求后，系统就会开始删除资源，过不了多久指定资源的 URI 就会失效。

◉ HEAD

云中的组件和资源往往带有大量元数据（管理信息），如果我们只想获取这些元数据，就要使用 HEAD 方法了。

HEAD 方法的特征在于很多部分与 GET 方法相像。因此，是使用 HEAD 还是 GET 取决于云服务的 API 规范，可通过查阅 API 参考手册来确认。

3.3.5 HTTP 消息头

HTTP 消息头的作用是通过在 HTTP 通信中添加附加信息来实现高级控制。Cookie 和 HTTP 持久连接等都是典型的消息头。

HTTP 消息头可分为以下三类。

① HTTP 持久连接等通用消息头，这类消息头定义在 HTTP 1.1 基础文档 RFC 2616 的第 14 小节中，共计 47 种
② Cookie 等非标准消息头，这类消息头定义在 RFC 4229 中
③ 云服务特有的消息头

我们也可以像②和③那样，扩展个别的 HTTP 消息头，这类消息头称为扩展消息头。很多扩展消息头会用 "x-" 作为消息头名称的前缀，以明

确标识出其为扩展消息头。加前缀主要有两个目的，一是为了避免与现有消息头重名，二是为了便于识别，看到有 "x-" 就知道这是一个特有的扩展消息头。不过，RFC 6648 废除了用 "x-" 明确标识扩展消息头的规定，因此扩展消息头即便不以 "x-" 开头也没有问题。这样一来，想准确知道云特有的消息头都有哪些就只能去查看各种云服务的规范了。例如，在 AWS 中，以 "x-amz-" 开头的就是 AWS 特有的扩展消息头。

另外，由于消息头数量多、用途广，所以我们根据消息头的特性将其分为了如下三种：HTTP 请求和 HTTP 响应通用的消息头、只用于 HTTP 请求的消息头、只用于 HTTP 响应的消息头。表 3.3 总结了这三种 HTTP 消息头，表格最后还以 Amazon S3 为例列出了几个云特有的扩展消息头。

表 3.3　HTTP 消息头列表

分类		消息头名称	含　义
RFC 2616 中定义的 HTTP1.1 标准消息头	通用	Cache-Control	缓存控制（在第 11 章中讲解）
		Connection	连接管理。HTTP 持久连接启用后，该字段的值默认为 ":Keep-Alive"
		Date	消息的创建时间
		Pragma	与具体实现相关的指令[①]
		Trailer	哪些消息头会出现在消息的结尾处
		Transfer-Encoding	采用的传输编码格式
		Upgrade	升级协议
		Via	代理服务器的信息
		Warning	警告信息
		Allow	允许的 HTTP 方法
		Content-Encoding	消息体的编码格式
		Content-Language	实体的自然语言
		Content-Length	消息体的长度
		Content-Location	实体的位置（URI）
		Content-MD5	消息体的信息摘要（MD5）

①　Pragma 是一个定义在 HTTP 1.0 中的通用消息头，包含与具体实现相关的指令。这些指令将作用于请求—响应链条中的所有中间服务器。但事实上该消息头只能包含一种指令，即 "Pragma: no-cache"，作用是禁止所有中间服务器返回缓存的数据，等价于 HTTP 1.1 中的 "Cache-Control: no-cache"。——译者注

（续）

	分类	消息头名称	含　义
RFC 2616 中定义的 HTTP1.1 标准消息头	通用	Content-Range	请求的部分实体在整个实体中的位置
		Content-Type	消息体的媒体类型
		Expires	消息体的有效期
		Last-Modify	资源的最后修改时间
RFC 2616 中定义的 HTTP1.1 标准消息头	请求	Accept	客户端可接受的媒体类型
		Accept-Charset	客户端可接受的字符集及其优先级
		Accept-Encoding	客户端可接受的编码格式及其优先级
		Accept-Language	客户端可接受的自然语言及其优先级
		Authorization	认证信息
		Expect	期待服务器具备某种行为
		From	请求发送方的电子邮件地址
		Host	请求接收方的主机信息（必须包含该消息头）
		If-Match	服务器接受请求的条件是该字段的值与资源的 ETag 一致
		If-Modify-Since	服务器接受请求的条件是该字段的值与资源的更新日期不一致（资源已更新）
		If-None-Match	服务器接受请求的条件是该字段的值与资源的 ETag 不一致
		If-Range	要求服务器在实体未被更新的情况下回复所需字节范围内的部分实体
		If-Unmodified-Since	服务器接受请求的条件是该字段的值与资源的更新日期一致（资源未发生变更）
		Max-Forwards	最大转发次数
		Proxy-Authorization	代理服务器的认证信息
		Range	要求服务器回复所需字节范围内的部分实体
		TE	客户端可接受的传输编码格式及其优先级
		User-Agent	客户端的用户代理信息
	响应	Accept-Ranges	是否允许客户端通过指定字节范围只请求部分实体
		Age	资源从产生起经历的大致时间
		ETag	资源的唯一标识
		Location	重定向的目标 URI
		Proxy-Authenticate	代理服务器的认证信息
		Retry-After	告知客户端重新发送请求的时机
		Server	HTTP 服务器的信息
		Vary	代理服务器的缓存信息
		WWW-Authenticate	认证信息

（续）

	分类	消息头名称	含　义
RFC 4229 中定义的 HTTP1.1 扩展消息头	请求	Cookie	设置从 HTTP 服务器获取的 Cookie，如 Cookie:name1=value1;name2=value2 等
	响应	Set-Cookie	Cookie 的详细信息（域和有效期等）
AWS 特有的 HTTP1.1 扩展消息头	请求	x-amz-content-sha256	设置签名
		x-amz-date	请求时间
		x-amz-security-token	安全令牌
	请求	x-amz-delete-marker	删除标记
		x-amz-id-2	用于排错的特殊令牌
		x-amz-request-id	由 Amazon S3 分配的处理编号
		x-amz-version-id	由 Amazon S3 分配的版本号

下面介绍一些在云 API 中也很有用的消息头。

- Host——用于表示目标主机的必不可少的消息头，它在云中也是必不可少的

- Accept——用于在 API 中定义响应的媒体类型。例如，想设为以 JSON 格式输出的话，就将该消息头指定为 JSON。这样一来，（响应消息头的）Content-Type 上就能体现出该值

- Last-Modify——用于查看最新的资源变更信息

- If- 系列的消息头——用于构成带条件的请求

- Authorization——用于认证，在云的认证过程中，要同时使用云特有的认证消息头 "x-amz-content-sha256" 和 "x-amz-security-token"。9.2.6 节将详细讲解

- Range——指定所需的部分响应消息体（实体）的长度

- ETag——实体标签（Entity Tag）的简称，可将响应消息体（实体）的数据变更作为元数据管理。具体示例将在第 10 章中介绍。另外，我们还可以通过 ETag 来确认响应消息体是否发生了变化

- Cache——用于控制缓存。配置和存放缓存的位置将在 11.3 节中介绍

3.3.6　HTTP 状态码

　　HTTP 响应的状态行中含有一个三位数的状态码，用于表示 HTTP 请求的结果是否正常。我们可以通过这个状态码来确认 HTTP 特有的行为和错误。

　　HTTP 1.1 基础文档 RFC 2616 的第 10 小节给出了状态码的一般定义，表 3.4 从中摘录并解释了一些典型的状态码。

表 3.4　HTTP 状态码列表

	状态码	名　　称	含　　义
2xx（成功）	200	OK	发往现有 URI 的请求已成功处理。主要用于 GET 请求
	201	Create	新建 URI（资源）的请求已成功处理。主要用于 POST 请求
	202	Accepted	服务器已接受创建资源的请求，但尚未处理结束
	204	No Contents	服务器已接受请求，但没有返回消息体
3xx（重定向）	300	Multiple Choices	对于给定的 URI，存在多个资源
	301	Move Permanently	请求的资源已永久移动到新的位置（Location 响应消息头指出了新位置的 URI）
	304	Not Modified	URI 对应的资源没有更新
4xx（客户端异常）	400	Bad Request	错误的请求。出现在请求未定义的 API 时
	401	Unauthorized	认证信息错误
	403	Forbidden	访问被拒绝。出现在没有权限访问资源时
	404	Not Found	URI 对应的资源不存在
	405	Method Not Allowed	HTTP 方法错误。出现在使用了 API 不支持的 HTTP 方法时
	406	Not Acceptable	服务器无法满足客户端的要求。出现在 Accept 系列的请求消息头中包含了服务器无法满足的要求时
	408	Request Timeout	请求超时
	409	Conflict	冲突。出现在更新导致资源处于不一致的状态时
	429	Too Many Requests	请求次数过多

（续）

	状态码	名 称	含 义
5xx（服务器端异常）	500	Internal Server Error	服务器（云）的内部错误。云端的逻辑问题
	502	Bad Gateway	错误的网关。出现在代理服务器的配置有问题时
	503	Service Unavailable	服务不可用。出现在云端负载过高时
	504	Gateway Timeout	网关超时。通过代理服务器进行处理时请求超时

大致的规则是：百位上数字是 1 的状态码表示通知，是 2 的表示结果正常，是 3 的表示重定向，是 4 的表示客户端异常，是 5 的表示服务器端异常。只要先记住这些，就能做好初步的错误排查了，因为云 API 返回哪个状态码在一定程度上依赖于云服务的设计方案和规范。因此，遇到问题时，最好先去查看记录在组件文档和 API 参考手册中的相关内容。

由于云是分散地处理大量 API 请求的，所以虽然人们在设计云服务时也考虑到了与 408（超时）、409（矛盾）、429（达到上限）对应的情况，但是实际返回的状态码未必正确，这是因为云端能否返回正确的状态码取决于其规范。

此外，当遇到百位上数字是 5 的状态码时，如 500（内部错误）或 503（服务不可用），就要去咨询云端的工作人员了。如果 API 是经过代理服务器从内部系统调用的，那么状态码 502（网关错误）和 504（网关超时）有助于排查是否是中间代理服务器出现了问题。

3.3.7 SOAP、REST

Web API 大致可分为 SOAP 和 REST 两种（图 3.19）。

由于二者的共同点是都使用了 HTTP 协议，所以在这两种 Web API 中，之前讲解过的 URI、HTTP 方法和 HTTP 消息头等也是通用的。二者的差异在于消息格式和控制方式的部分。

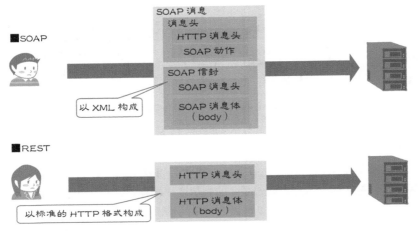

图 3.19 SOAP 和 REST 的差异

◉ SOAP

SOA 能够以 Web 服务的方式控制复杂的商业逻辑，而 SOAP 作为一种搭建 SOA 的技术广为人知，具有只需以 SOAP 消息的形式向 URI 发送结构化数据类型，即可实现复杂控制的特点。此外，SOAP 也支持 HTTP 以外的协议。SOAP 1.2 是目前最新的版本。

SOAP 消息包含封装在信封中的消息头和消息体，并且二者都是以 XML 构成的，因此需要在信封内定义 XML 命名空间。在云中使用 SOAP 时，还要指定在云中定义的 XML 命名空间。

SOAP 与 SOA 和 Web 2.0 都是从 2006 年开始普及的。从它们的普及过程可以看出，从 Amazon Product Advertising API 和 Amazon Web Services 的早期版本开始，某些组件（Amazon EC2 和 Amazon S3）还是支持 SOAP 的，不过现在云中几乎已经不再使用 SOAP 了。

◉ REST

REST 可以基于 HTTP 方法对 URI 进行 CRUD 操作，具有易于操作的特点。SOAP 的规范是由业界的团体制定的，而 REST 只是一种思路，所以其基本内容依赖于 HTTP①。

　　在复杂的数据合作和电子商务的世界中，SOAP 有时的确是必不可少的需求，但是在云的 Web API 中，基本上都是对资源进行 CRUD 操作。因此，目前 REST 已经成了云中 Web API 的事实标准，将 Web API 称为 REST API 的情景也越来越多。所以，接下来我们也将基于 REST 讲解 Web API。

3.3.8　XML、JSON

　　HTTP 响应的数据是存储在响应消息体中的，不过在 API 中，我们可以选用能够处理结构化数据的 XML（Extensible Markup Language）或 JSON（JavaScript Object Notation）作为输出格式。

　　一般来说，SOAP 会采用 XML，REST 会采用 JSON，不过有时也可以采用 XML 和纯文本作为输出格式。响应数据的格式完全取决于云服务 API 的规范。指定格式的基本思路是在对 URI 发送请求时，将 HTTP 消息头 Accept 的值设为 application/json、application/xml 或 text/plain 等媒体类型。

● XML

　　如图 3.20 所示，XML 是一种用标签来标记数据的标记语言。XML Schema 定义了可以使用的标签。在云 API 中，XML Schema 定义在云端。XML 的特点是虽然能够将标签定义得很细致，但语法稍显臃肿，写起来代码量较大。由于 XML 与 SOAP 是从同一时期开始普及的，所以 Amazon Product Advertising API 和 Amazon Web Services 从早期版本开始就在某些组件（如 Amazon EC2 和 Amazon S3）中支持 XML 了。不过，在写作本书时，输出 XML 的情况已经越来越少了。

---

① 但是，于 2015 年启动的 Open API Initiative 曾宣布要制定 REST API 的标准，所以未来很有可能会由 Open API Initiative 制定出相应的规范。

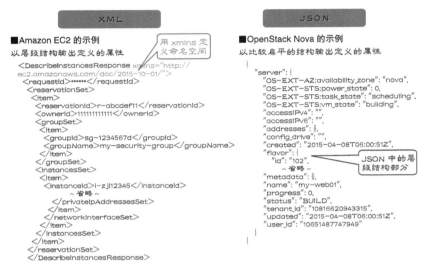

图 3.20　XML 和 JSON

解析 XML 数据时，我们可以使用 DOM（Document Object Model，文档对象模型）和 SAX（Simple API for XML）作为 XML 解析器。不过，由于云 API 中的 HTTP 响应多为简单的元数据，所以如果仅将解析器用作数据加载功能，就有点小题大做了。

◉ JSON

JSON 是一种基于 JavaScript 的数据定义格式，目前已得到很多编程语言的支持。如图 3.20 所示，由于可以用对象和数组轻松地记录数据，所以 JSON 适用于简单的面向资源的 REST。与 XML 相比，JSON 语法精简，代码量也更少。

另外，在解析简单的 JSON 数据时，我们既可以像图 3.21 这样使用典型方法，如 Ajax 中著名的 XMLHttpRequest 和 JSONP（JSON with Padding），也可以使用各种各样的工具和代码库来轻松实现元数据的读取和加工处理。但是，XMLHttpRequest 会受到同源策略的限制，只能从相同的源访问数据。为了允许跨域访问，诞生了 CORS（Cross Origin Resource Sharing，跨域资源共享）机制（第 10 章将对此进行介绍）。

因此，用 JSON 输出结果俨然成为了目前 Web 和云 API 事实上的标准。另外，作为数据格式的定义，同样存在 JSON Schema。在云 API 中，JSON Schema 也同样是由云端定义的。但是，想要进行跨资源的编辑时，也可以单独定义 JSON Schema，然后在客户端进行处理。

另外，在云中，对于用 URN 定义资源的编配（自动化）和认证来说，所有的配置都是基于 JSON 的。这样一来，用 GET API 输出的作为元数据的 JSON 信息也就可以直接拿过来使用了。

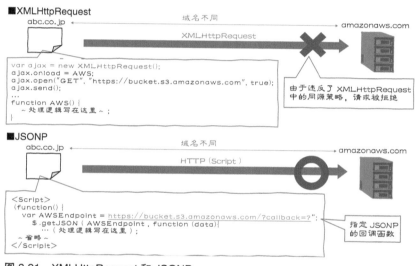

图 3.21　XMLHttpRequest 和 JSONP

3.3.9　cURL、REST Client

要想通过命令从操作系统发送 HTTP 请求，则该命令需要能够用 HTTP 协议通信。此时经常使用的是一款名为 cURL[①] 的开源软件。

调用 cURL 命令即可发送真实的 HTTP 请求。实际发送请求的示例如图 3.22 所示。命令的语法如表 3.5 所示。

---

① 　AWS 提供的 Amazon Linux 已经预安装了 cURL。

```
curl -X <method> -H <header> -u <user> -cacert <cafile> -d <body> URI
```

■ 向 OpenStack Swift 发送 GET 请求的示例

```
curl -i -X GET https://objectstorage/v1/account/cont/index.txt -H "X-Auth-Token: |***|"

HTTP/1.1 200 OK
Content-Length: 14
Accept-Ranges: bytes
Last-Modified: Wed, 14 Oct 2015 16:41:49 GMT
Etag: ••••••••••••••••
X-Timestamp: •••••••.••••
X-Object-Meta-Orig-Filename: index.txt
Content-Type: application/octet-stream
～ 省略 ～
Hello World.
```

■ 向 OpenStack Swift 发送 POST 请求的示例

```
curl -i -X POST https://compute/v2/|tenant-id|/servers/|server-id|/action \
-H "Content-Type: application/json" \
-H "Accept: application/json" \
-H "X-Auth-Token: |*******|" \
-d '|"reboot": |"type": "SOFT"||'
```

图 3.22 cURL

表 3.5 cURL 命令的选项

选项	含 义
-X	HTTP 方法
-H	HTTP 消息头
-i	输出 HTTP 消息头
-u	用户（认证时的必选项。详细内容将在第 9 章中讲解）
-cacert	用于 SSL 证书（用于 HTTPS 的必选项。详细内容将在第 9 章中讲解）
-d	请求消息体

　　除了 cURL 以外，还有统称为 REST Client 的浏览器插件。将这种插件安装到浏览器上以后，我们就能以 GUI 的方式执行 REST 操作了。虽然这些插件用起来很方便，但同时发送 HTTP 请求的内部细节也被隐藏起来了。为了深入理解其中的各种细节，请大家一定要试试手动调用 API。

　　3.2.5 节曾提到，云 API 分为 REST API（通过用路径表示层级来指定资源的方法）和查询 API（通过查询参数指定资源的方法）两种。如果以操作服务器资源为例来说明，则两种 API 的区别如图 3.18 所示。REST API 是用 URI 本身来表示资源的，与此相对，查询 API 则是通过在 URI 上罗列参数来表示资源的。

3.4 ‖ ROA

3.4.1 REST 的四条原则

ROA 是一种基于 REST API 的概念并按照以资源为中心的思路使用 API 的架构。

我们在前面讲过，REST 并不是一种协议，而是一种"思路"。REST 起源于 Roy Fielding 在 2000 年提交的博士论文 "Architectural Styles and the Design of Network-based Software Architectures"。笔者强烈建议大家去搜索一下这篇论文，读读原文。

这篇论文确定了以下四条 REST 的原则。我们将基于这四条原则的 API 称为 RESTful API 或 REST API。

REST 的四条原则
①用 HTTP 实现无状态性
②用 URI 实现地址的可见性
③用 HTTP 方法实现统一的接口
④用 XML、JSON 实现资源间的连通性

想要结合具体事例来理解这四条原则的读者，不妨去读一读 IBM developerWorks 上《基于 REST 的 Web 服务：基础》这篇文章。

虽然这四条原则的内容只不过是四条非常简单的规则，但是在以资源为中心考查 API 时，这些内容都是必不可少的。一旦将其放置到具体的操作场景中就会看到如下情形（图 3.23）。

- 根据①的无状态性，可以让服务器端重新处理请求，以便不会在服务器端存储正在处理的数据
- 根据②的地址可见性，可以唯一定位资源（URI）
- 根据③的统一接口，可以控制最终一致性（eventual consistency）
- 根据④的连通性，可以处理由响应数据触发的事件

上述 REST API 的特性反映出了用户在操作云时需要留意的三个概念：异步、幂等性和重试。要想控制云这样的分布式环境，这些都是必不可少的概念。

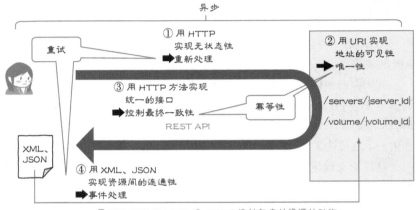

图 3.23　REST 的四条原则

首先来看异步。实现 API 调用的 HTTP 通信包括通过网络向端点（URI）发送的请求和由端点返回的响应。如果端点像 AWS 那样是对全世界开放的，那么由于是跨互联网通信，HTTP 通信免不了会受到网络延迟的影响，所以刚刚发出的请求未必能发送到目的地。更何况，有些资源本来就是分散在世界各地的。因此，在处理时首先要意识到异步。

由于没有状态，所以只要资源没发生变化，无论调用多少次，API 返回的都是相同的结果。这个概念称为幂等性。由于具备了幂等性，所以即便是对于跨网络的不稳定的处理，只要将 HTTP 错误码等作为条件加入重试处理，那么就也可以在实现错误处理的同时，保持元数据的最终一致性。

云 API 控制的对象是作为云的分布式架构，而云 API 的铁则将 REST 的四条原则体现得淋漓尽致。无论是在推进部署在全球多个区域上的高难度项目，还是在培养云架构师时，又或是在将思路由传统转成云原生（cloud native）时，笔者都十分重视 ROA。另外，当系统的处理方式变得越来越复杂时，笔者还会领导团队回归到这些原则，以此来简化处理方式。

只凭上面这些概念，恐怕大家并不能很好地理解到底什么是异步、幂等性和重试。而对象存储是一个有助于理解这些概念的示例。我们将在第10章中介绍对象存储的架构和示例，相信到时候大家就不会觉得这些概念很抽象了。

3.4.2 用面向软件的方式借助 UML 和 ER 模型使云基础设施可视化

"能够用 API 自由地操作云的组件、资源和属性"意味着云的基础设施已经成为了软件。于是，我们可以借助用于设计软件的各种图表来将云基础设施可视化。

API 的动作一般用名为 UML（Unified Modeling Language，统一建模语言）的建模方法来表示。支持 REST API 的 UML 工具也有不少，可以通过 UML 的用例图来整理活动者和操作。

由于资源是按照主键来存储元数据的，所以可以表示为 ER（Entity Relation，实体关系）模型。我们可以把资源看作实体（表），将主键和属性（特性）存储在其内部；而资源间的关联可以看作关系。在数据库中，将主键和外键间一对一或一对多的关联性称为基数（cardinality）；将对应数据"是必须存在还是可有可无"的这种关联性称为可选性（optionality）。操作资源时要确认资源间的一致性，从这层意义上来说，基数和可选性都是非常重要的概念。

下面就来看看 UML 和 ER 的具体示例。

◉ 用 UML 将 API 的动作可视化

首先，我们试着用 UML 将下面的 API 动作可视化。

- **在指定的网络中启动服务器并分配公有 IP 地址，然后配置 DNS**
  若用 UML 的用例图来表示上述 API 动作，总共需要如下四步操作。

①创建子网以分配私有 IP 地址

②在该子网内启动服务器

③向该服务器分配公有 IP 地址

④添加 DNS 记录

要想设定 DNS 记录，目标服务器中就需要先有公有 IP 地址。要想将公有 IP 地址分配给服务器，服务器中就需要先启动。而要想启动服务器，就需要先有子网中的私有 IP 地址。

要想满足这些条件，我们就需要按照①→②→③→④的顺序进行操作。具体的操作示意图如图 3.24 所示。通过这张图大家应该能意识到，资源的属性之间严格说来是有关联的，这种关联构成了操作资源的先决条件。

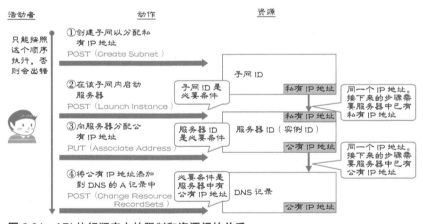

图 3.24　API 执行顺序上的限制和资源间的关系

接下来，再用由活动者、资源和元数据存储构成的 UML 图重新绘制上述操作，结果如图 3.25 所示。这样一来，我们就可以更直观地看到 API 的处理过程和过程间的先后关系了。

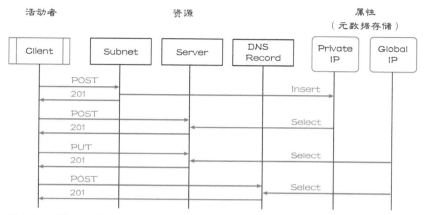

图 3.25 用 UML 表示 REST API

● 资源的 ER 映射

下面，我们以作为 DNS 的 Amazon Route 53 为例来看看何为资源的 ER 映射。

在 Amazon Route 53 中，只有先将域名注册到托管区域（hosted zone）中，才能为其创建子域和与子域对应的 DNS 记录集（DNS recordset）。也就是说，没有域名就无法创建 DNS 记录集。

反过来，域中即便没有子域和与子域对应的 DNS 记录集也无妨。只要在托管区域中注册了一个域，就可以为该域创建多个子域和与子域对应的 DNS 记录集。

总之，是作为主键的托管区域 ID（hosted zone ID，即域名）以域名和 DNS 记录集[1]为实体并在二者间建立了关联。在本例中，表示各种实体间关系的基数（多样性）为一对多，可选性（必要性）为任意。将这些汇总起来画出的 ER 图如图 3.26 所示。

---

[1] 如图 3.26 所示，严格来说，托管区域 ID 是以"托管区域"和"DNS 记录集"为实体并在二者间建立了关联。——译者注

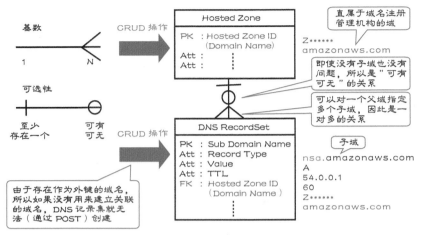

图 3.26　Amazon Route 53 的 ER 关系映射

通过像上面这样绘制 UML 图和 ER 图，就可以直观地呈现出处理流程和资源间的关联。

3.4.3　获取 API 的调用记录

当云上的操作全都由 API 控制后，我们自然就会想获取并管理 API 的历史调用记录。开发出由调用方输出日志的功能倒是也可以满足这个需求，但更好的做法是充分利用云提供的历史调用记录管理功能（图 3.27）。

在 AWS 中，有两个相关功能，一个是用于管理 API 历史调用记录的 AWS CloudTrail，另一个是用于管理资源历史变更记录的 AWS Config。后者还提供了能够表示刚刚讲解的资源 ER 映射的功能。

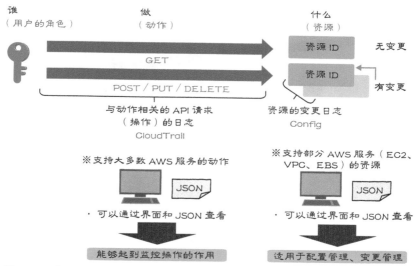

图 3.27 获取 API 的历史调用记录

3.4.4 构建自定义的 API

云 API 中也有类似网络中网关的角色。直接使用云提供的端点和 API 当然没有问题，除此以外，我们还能够自行用云提供的方法将它们隐藏起来（图 3.28）。这个方法可以用在很多场景下，如想要在 IaaS 上展开自定义的服务时，或是想要无缝地使用自定义的应用程序和云时，又或者是在使用多重云时，等等。

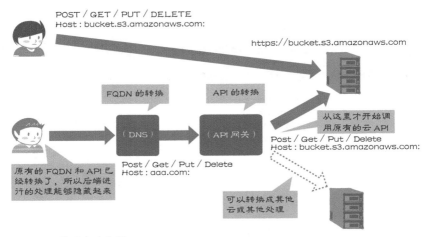

图 3.28　构建自定义的 API

　　如果从域名方面着手，在 AWS 中，我们可以借助 Amazon Route 53 的 CNAME 记录将自定义的域名转换成正式域名的别名。如果从资源方面着手，AWS 提供了用于构建自定义 API 的 Amazon API Gateway 服务，因此可以通过将原始的 API 定义为函数来与后端交互。

3.5 | CLI、SDK、Console

　　第 1 章曾提到，云中有四种用户接口，分别是 API、CLI、SDK 和 Console。虽然本书的主题是 API，但是在实际业务中，使用 CLI、SDK 和 Console 来完成操作的情况也越来越多。从本质上来讲，CLI、SDK 和 Console 在内部还是通过 API 来控制云，只不过对用户隐藏了调用 API 的过程。既然如此，下面就来简单地介绍一下相关的内容和机制。

3.5.1　CLI

　　CLI（Command Line Interface，命令行接口）是用于提供命令行的接口。在传统的操作系统环境中，大多数操作要通过命令行来完成。即便是在云中，有时我们也同样需要用命令来控制云，而有时又需要用操作系统的 Shell 或批处理实现自动化。

因此，各个云服务都提供了 CLI。在 CLI 中，大多数的命令名对应着 API 的名字，理解起来并不困难。此外，我们还可以通过 CLI 的参考手册来确认具体内容。在写作本书时，OpenStack 已经提供了基于 Python 的 CLI，而 AWS 也已经提供了基于 Python 的 CLI 和针对 Windows 的 PowerShell CLI。由于 CLI 是以开源软件的形式提供给用户使用的，所以我们还可以通过源代码来确认内部调用 API 的位置以及实现方式。

3.5.2 SDK

SDK（Software Development Kit，软件开发工具包）是用各种编程语言控制云的开发工具套件，主要应用在开发用来控制云的应用程序。很多云都在积极扩大 SDK 所支持的语言范围，其中包括 Python、Ruby、Node. js（JavaScript）、PHP、Java 和 C# 等。

在 SDK 中，大多数类名和方法名对应着 API 的名字，理解起来并不困难。此外，我们还可以通过 SDK 的参考手册来确认具体内容。很多 SDK 都是开源软件，源代码都是公开的。图 3.29 展示了在 AWS 的 Java SDK 中发送 API 请求的代码片段，供大家参考。

```
package com.amazonaws.http.protocol;
import java.io.IOException;
import org.apache.http.HttpClientConnection;
import org.apache.http.HttpException;
import org.apache.http.HttpRequest;
import org.apache.http.HttpResponse;
import org.apache.http.protocol.HttpContext;
import org.apache.http.protocol.HttpRequestExecutor;
import com.amazonaws.util.AWSRequestMetrics;
import com.amazonaws.util.AWSRequestMetrics.Field;

public class SdkHttpRequestExecutor extends HttpRequestExecutor {
    @Override
    protected HttpResponse doSendRequest(
        final HttpRequest request,
        final HttpClientConnection conn,
        final HttpContext context)
            throws IOException, HttpException {
        AWSRequestMetrics awsRequestMetrics = (AWSRequestMetrics) context
            .getAttribute(AWSRequestMetrics.class.getSimpleName());
        if (awsRequestMetrics == null) {
            return super.doSendRequest(request, conn, context);
        }
        awsRequestMetrics.startEvent(Field.HttpClientSendRequestTime);
        try {
            return super.doSendRequest(request, conn, context);
        } finally {
            awsRequestMetrics.endEvent(Field.HttpClientSendRequestTime);
        }
    }

    @Override
    protected HttpResponse doReceiveResponse(
        final HttpRequest      request,
        final HttpClientConnection conn,
        final HttpContext      context)
            throws HttpException, IOException {
        AWSRequestMetrics awsRequestMetrics = (AWSRequestMetrics) context
            .getAttribute(AWSRequestMetrics.class.getSimpleName());
        if (awsRequestMetrics == null) {
            return super.doReceiveResponse(request, conn, context);
        }
        awsRequestMetrics.startEvent(Field.HttpClientReceiveResponseTime);
        try {
            return super.doReceiveResponse(request, conn, context);
        } finally {
            awsRequestMetrics.endEvent(Field.HttpClientReceiveResponseTime);
        }
    }
}
```

导入 Apache 包和 AWS 包中的与 HTTP 相关的 API

← 定义 Java 类

转换成 HTTP 请求的片段

接收 HTTP 响应的数据，传递给程序的片段

图 3.29　Java SDK 中调用 API 的源代码片段

　　从代码片段中可以看出，通过 HttpRequestExecutor 等标准功能，我们能够在方法（函数）调用和 HTTP 请求、响应之间轻松地进行转换。只要充分理解组件的含义，并掌握一些算法的技巧，找出相应的源代码加以分析（虽然难易程度也取决于源代码的规模）并非难事。大家也可以读一读其他工具套件的源代码，并试着掌握其内部结构。

3.5.3 Console

在 Console 中，我们可以通过 GUI 来控制云。OpenStack 中的 Horizon 和 AWS 中的 Management Console 都属于控制台组件。二者都是以 Web 应用程序的形式提供给用户的，所以用户只需按下按钮，控制台就会从内部调用相应的 API。

CLI 和 SDK 都有详细的版本，需要先下载到各客户端中才能使用。从这一点来看，二者都需要进行版本升级，以便跟随云端的功能扩充，使新增的 API 和发生变更的 API 生效。而 Console 的方便之处就在于它是 Web 应用程序，因此只需升级服务器端就足够了。如果使用的是 OpenStack，那么只需将 Horizon 升级到最新版本；如果使用的是 AWS 的 Management Console，就更省事了，因为大多数支持最新功能的 API 会自动出现在界面上。

3.6 ‖ 小结

本章基于 DNS 和 HTTP 等互联网技术介绍了构成云的 API 的机制。理解了云 API 的特性之后，我们就可以开始试着阅读云服务的参考手册了。本书的最后总结了一些常见 API 的使用方法，大家不妨结合本章的内容去看一看。

通过本章的讲解，相信大家能够对各种云中都有哪些组件，组件由哪些资源构成，以及用查询参数能够指定哪些属性信息有个横向的了解。虽然我们能够根据描述资源的单词大致想象出各种资源的内容、特性和架构，但在实际应用中，还是要先理解一下资源的概念。因此，从下一章开始将会讲解一些典型的资源。

第 4 章

IT 基础设施的发展和
API 的概念

前几章围绕着云的全貌讲解了各种 Web 基础技术，以及云的分类和主要组件等基础内容。接下来终于要开始讲解本书的主题——云基础设施中的 API 了。在本章中，我们将对比云诞生以前在基础设施上搭建环境和云诞生以后在云上搭建环境的差异，介绍 API 在云中的作用，说明"如何使用 API"。接下来的各章将以本章内容为基础，深入讲解每个组件的 API。

4.1 ‖ 搭建服务器的必要步骤

首先，我们回顾一下在云出现以前是如何搭建基础设施的。请大家想像如图 4.1 所示的场景。

假设你是基础设施的管理员，要根据应用程序开发小组的需求增加一台 Web 服务器。环境中有三套网络，现在需要将 Web 服务器连接到"DMZ 网络"和"用于访问 APP 的网络"上。那么，为了增加这台 Web 服务器，哪些步骤是必不可少的呢？为了对比，我们分别思考一下在物理环境中需要哪些步骤，在服务器虚拟化环境中需要哪些步骤。

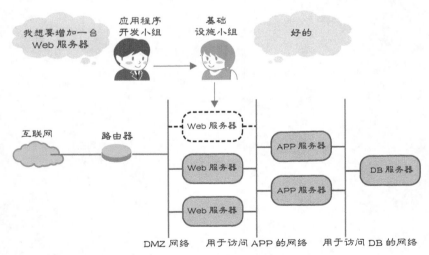

图 4.1　增加 Web 服务器的场景

4.1.1　在物理环境中的搭建步骤

首先来看在物理环境中搭建 Web 服务器需要哪些步骤。在开始准备物理服务器之前，要先订购服务器。

订购时要根据性能、价格、未来的扩展性等选择 Web 服务器设备。收到订购的服务器后，要将其搬进数据中心，安装到机架上。此时要先确认种种事项，包括机架的空闲情况、网络交换机端口的空闲情况、服务器到网络交换机如何布线、电源容量，等等。除此以外，还需要和网络小组商量，确定在服务器上使用的 IP 地址。

将服务器安装到机架上并接通电源后，准备工作就完成了。接下来要进行操作系统和应用程序的安装和配置。在这个过程中，无论是操作系统如何配置，还是需要安装哪些应用程序，基础设施的管理员都不能擅自做主。他们只能边按照应用程序开发小组提出的需求决定如何配置，边将详细的配置步骤整理成操作手册。检查完操作手册，实际的安装、配置也完成后，还要进行测试，以检验搭建得是否符合设计方案。

到此为止，基础设施管理员总算完成了工作，终于能够将搭建好的 Web 服务器交付给应用程序开发小组了。哦对了，可别忘了还要将这台新增服务器的信息添加到资产管理的台账中。

实际的搭建过程还要更烦琐一些，刚刚提到的这些只不过是在使用物理服务器的环境中完成服务器搭建的基本步骤。现在，我们随处都可以看到服务器虚拟化和云的"身影"，而对于那些刚刚进入 IT 圈子，还不太成熟的年轻工程师来说，可能上述的某些环节甚至难以想象。总之，大家记住下面这一点即可：除了安装、配置操作系统和软件以外，要干的活还多着呢。

4.1.2　在服务器虚拟化环境中的搭建步骤

接下来，我们再来看看在服务器虚拟化环境中搭建 Web 服务器都需要哪些步骤。如果服务器虚拟化平台已经搭建好了，那么就几乎无须操作硬件了。

首先要基于对 Web 服务器来说最基本的要求，确定分配给虚拟服务器的资源。然后，选择实际部署虚拟服务器的物理主机。物理主机确定后，要一边查看虚拟网络的配置信息，一边分配可用的 IP 地址。接下来，要基于根据应用程序开发小组的需求设计出的方案编写操作手册。再接下来，从模板复制（克隆）虚拟服务器并按照操作手册进行安装、配置以及最后的确认测试。这样基础设施管理员的工作就完成了。

　　相对于物理环境，我们可以感到工作内容变简单了。图 4.2 总结了搭建步骤在物理环境和服务器虚拟化环境中的差异。下面我们边看这张图，边确认从物理环境转换到服务器虚拟化环境后，搭建步骤发生了哪些变化。

　　首先，最大的不同点在于不需要把服务器搬进数据中心并安装到机架上，然后进行布线等操作硬件的环节了。其次，工作中的思路也发生了转变，比如在选择服务器设备时，在物理环境中，我们是从产品目录中选定具体的产品以及要配备的零件等，而到了虚拟化环境中，这一步骤就变成了决定要分配哪些资源（虚拟 CPU 的数量和内存容量）给虚拟服务器。再比如说，选择安装服务器的机架这一步骤变成了选择部署虚拟服务器的物理主机。在选择物理主机时，会先对比虚拟服务器所需的资源与当前物理主机的资源使用状况。总之，我们可以认为，搭建步骤已由关注硬件因素转变为关注软件上的需求了。

　　除此以外，某些步骤自身也发生了变化。例如，在给服务器安装操作系统时，在物理环境中要用安装 CD 等提供处于初始配置状态的环境，而到了服务器虚拟化环境中，可以通过复制（克隆）事先配置好的模板来简化安装过程。

4.1.3　服务器虚拟化的优点和局限性

　　经过对物理环境和服务器虚拟化环境的一番对比之后，我们立刻就能发现，服务器虚拟化的引入省去了"移动和操作硬件"的过程。当然，在搭建服务器虚拟化平台的过程中，还是要直接操作硬件的。不过，如图 4.2 所示，服务器虚拟化的确省去了伴随突发需要而来的硬件操作。只要事先将服务器虚拟化平台集中搭建起来，就应该能大幅降低直接操作硬件的工作量。

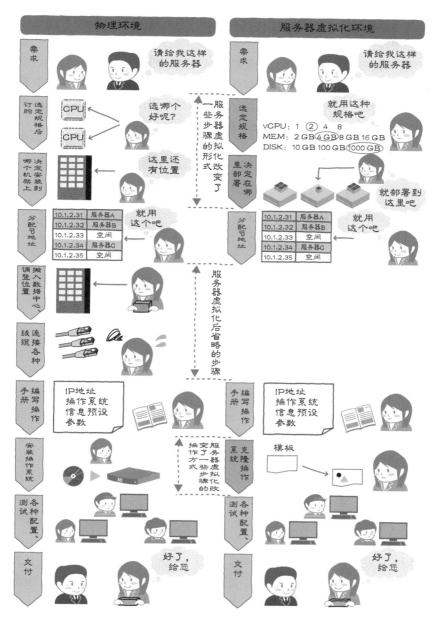

图 4.2 搭建步骤在物理环境和服务器虚拟化环境中的异同

虽然有些部分由对硬件的操作转变成了对软件的操作，但这些部分仍然需要操作前的准备工作。无论有没有虚拟化，"决定虚拟服务器的资源配置""决定虚拟服务器的部署位置""分配 IP 地址""给出设计方案后编写操作手册"这些步骤都要花费时间与精力。这些步骤的共同点是都需要"人为判断"。从图 4.3 可以看出，即便对硬件的操作减少了，需要人为判断的步骤却没有随之减少，因此虚拟化只能比较有限地提升工作效率。

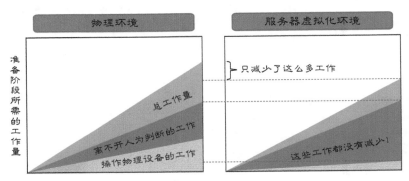

图 4.3　服务器虚拟化带来的工作内容的改变

比起配置服务器和布线，通过编写文档来明确一些规定反而更花费时间。对于曾在线上业务系统中搭建过服务器的工程师来说，这应该算是常识了。面对 IT 应用领域的不断扩大，IT 资源使用量的年年攀升，在由有限的人员搭建、运维的系统中，"如何减少需要人为判断的工作"成为了一个课题。

拿汽车来打比方的话，IT 系统中的基础设施资源就相当于提供动力的汽油。无论汽车安装了多么卓越的引擎，车内的空间布置得多么舒适，如果到了关键时刻却没有足够的汽油，那么这一切就都白费了。运维人员没有增加，所需的基础设施资源却在不断增多，面对这种情况，我们有什么解决办法呢？

其中一种解法办法是"云"。通过减少对硬件的操作固然可以提升效率，但云之所以能够提升效率，关键点还在于大量使用了"云 API"。下面我们就来看看如何在云上搭建环境。请大家带着"如何减少人为判断"

这一问题，边往下读边思考云是如何提升搭建基础设施的效率的。

4.2 云时代的搭建步骤

下面讲解的是如何在云环境中搭建 Web 服务器。为了使讲解更加具体，我们将以 OpenStack 和 AWS 为例。

4.2.1 云环境中的搭建步骤

首先，图 4.4 总结了搭建服务器的步骤在服务器虚拟化环境和云环境中的差异。这里假设服务器虚拟化平台和云平台都已经搭建好了。在虚拟化环境中，"人为判断"是个亟待解决的课题，下面，我们就来对照着这张图看看云平台是如何解决这个问题的。

◉ 以 OpenStack 为例

从图 4.4 可以看出，相对于服务器虚拟化环境，在 OpenStack 环境中搭建时更容易完成。在 OpenStack 中，搭建步骤大致分为三个：选择套餐（flavor）、生成配置脚本、执行创建虚拟服务器的命令。我们通过这三个步骤即可完成搭建。下面就来依次看看每个步骤的具体内容。

首先我们要通过选择套餐来决定要创建的虚拟服务器的规格。套餐是虚拟 CPU 的数量、内存容量、虚拟硬盘容量等参数的总称，可看作"规格模板"。在服务器虚拟化环境中，我们不得不逐个敲定各个参数，而在云环境中，只需从预设的套餐中选择即可。

接下来要做的是编写配置脚本。配置脚本用于把要在虚拟服务器启动后立刻执行的配置过程事先汇总到脚本中，待首次启动时一并执行。配置脚本中通常包括安装额外的软件包、编辑配置文件、使各种服务自动启动等操作。这些操作并不都是由 Shell 脚本完成的，有些操作需要从脚本中调用其他配置管理工具完成。除此以外，我们还可以调用测试工具来测试配置得是否正确。

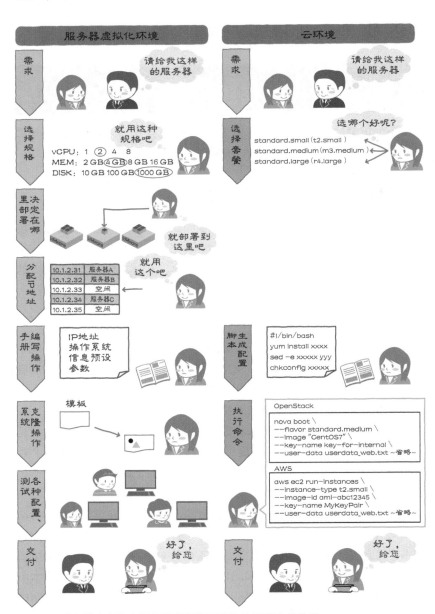

图 4.4　对比搭建步骤在服务器虚拟化环境和云环境中的差异

最后，我们通过参数指定了选中的套餐和配置脚本，并执行了创建虚拟服务器的命令。在图 4.4 的示例中，执行的是 OpenStack 中的 nova 命令。nova 是控制虚拟服务器资源的命令，可以用该命令新建虚拟服务器。这里还用到了另外几个参数，这些参数指定了要启动的操作系统的模板镜像（template image）和连接的虚拟网络等。

在 OpenStack 云环境中，通过上述三个步骤即可新建虚拟服务器。像是前文提到的添加 Web 服务器的那个例子，如果只是添加配置相同的服务器，那么在 OpenStack 中只需反复执行 nova 命令即可。另外，只需更改选中的套餐，就可以创建出不同规格的虚拟服务器。适当修改之前编写好的配置脚本后，就可以将其复用于新环境的搭建中。

◉ 以 AWS 为例

在 AWS 环境中，主要的搭建步骤与在 OpenStack 中搭建时大致相同，也可归纳为三个步骤。OpenStack 中的套餐在 AWS 中叫作实例类型。虽然实例类型同样是规格的模板，但在 AWS 中，我们只能从各区域预设的几个模板中选择其一。接下来编写的配置脚本同样会在操作系统上运行，这一步也基本上没有变化，只不过 AWS 会将配置脚本作为用户数据，在启动时加载进来，以进行虚拟服务器的配置。最后，我们将选中的实例类型和元数据作为参数，执行了 aws ec 2 run-instances 命令，创建了 AWS 的虚拟服务器。

4.2.2　云改变了什么

可以看到，使用云环境的确简化了操作步骤，提高了搭建环境的效率。那么，云环境到底是如何提高效率的呢？要点就在于减少"人为判断"，这一点也是服务器虚拟化环境需要解决的课题。云环境通过"将人为判断交给程序处理来实现自动化"以及"从一开始就减少需要人为判断的要素"等方式实现了效率的提升。

下面就基于上述观点，重新梳理一下搭建步骤在云环境和服务器虚拟化环境中的差异。

◉选择虚拟服务器的规格

在决定虚拟服务器的规格时，在服务器虚拟化环境中，我们要分别确定虚拟 CPU 的数量和内存容量等参数，而在云环境中，通过叫作套餐的"规格模板"，即可缩小选择的范围。OpenStack 的用户只能从有限的几个选项中选择其一，因而无法指定细节，但正是这一点提高了决策的速度。也就是说，选定规格这一步骤的效率提升了（图 4.5）。

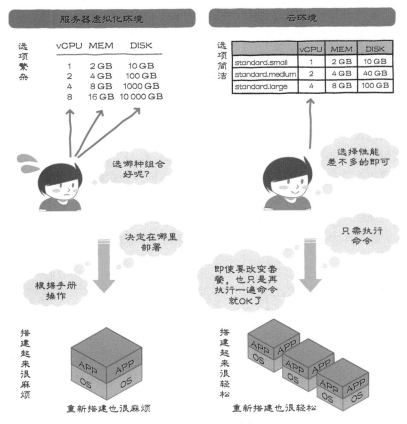

图 4.5　通过套餐或实例类型提高选择规格的效率

我们在 AWS 中选择的是实例类型。虽然名称不同，但实例类型本质上也是虚拟服务器规格的模板。

近几年，由于服务器资源的单价大幅下降，投入大量宝贵的时间，逐一斟酌每个数值的做法已经变得没有价值了。根据需求微调资源的配额的确可以有效利用相应的物理资源，但如果把微调产生的效果换算为物理资源的价格，结果又会如何呢？管理者已经在研讨规格上花费了时间成本，如果再把他们的人力成本也考虑进来，说不定这样做反而是浪费成本。

更何况在云环境中"重新搭建"服务器又不是什么难事。正如前文所述，只需一条命令即可自动搭建虚拟服务器。如果最初选择的套餐（OpenStack）或实例类型（AWS）满足不了需求，那么只需重新选择并再次执行命令，就可以立刻准备好另一种规格的环境了。

◉确定部署虚拟服务器的主机

在服务器虚拟化环境中，是由基础设施的管理员来决定在哪台主机上部署虚拟服务器的。而在云环境中，由于虚拟服务器可以自动部署，所以也就无须这方面的判断了。

在 OpenStack 中，用户用 nova 命令申请创建虚拟服务器后，OpenStack 就会自动选择一台资源充足的主机并在上面创建指定套餐的虚拟服务器。虽然我们能够通过指定可用区来要求 OpenStack 进行以数据中心或机架等为单位且考虑到可用性的部署，但却没法指定在哪台主机上部署。这是因为普通用户本来就不了解某台主机的配置和资源的使用情况等信息。

由 OpenStack 来自动部署虚拟服务器和刚刚让用户选择套餐的做法差不多，现在服务器资源的单价已经降下来了，从成本上考虑的话，基础设施管理员要掌握所有物理主机的状态，并逐一判断能否在这里部署虚拟服务器的做法已经没意义了。让程序自动判断才能够进一步提升管理的效率。

我们还可以根据管理策略为 OpenStack 的自动判断机制设置条件。在默认情况下，OpenStack 会监视资源的使用情况，恰当地选出适合部署虚拟服务器的主机。在此基础上，OpenStack 还能够按照运维的需求进行部署，如配置过载使用（overcommit）、指定部署的顺序（是先集中在某一台主机上部署，直到这台主机资源不足了才启用下一台主机，还是在所有的主机中分散部署）、为特定的用户预留专用的主机，等等。

在 AWS 中，我们同样无法指定在某一台特定的主机上部署。将虚拟服务器部署到哪台主机上是由作为服务提供者的 AWS 控制的，用户无须关注，而自动判断的机制同样依赖于 AWS 的内部规范。

◉ 分配 IP 地址

在云环境中，也没有分配 IP 地址这一步骤。一旦指定了虚拟服务器要接入的网络，云环境就会自动申请一个可用的 IP 地址，将其分配给已启动的虚拟服务器。此外，虚拟服务器被删除后，分配给它的 IP 地址就会返还到云环境中，用于再次分配。这样一来，通过自动管理 IP 地址，我们不仅能削减管理成本，还能避免误分配导致的麻烦。

过去有些管理员的做法是，在最开始手动分配一次 IP 地址，之后就将这个 IP 地址作为该服务器的专用地址永久使用，直到该服务器下线。但是，在使用了大量虚拟服务器的云环境中，经常要增加、删除虚拟服务器，这就会导致 IP 地址的发放和回收也很频繁。这样一对比，应该就有不少管理员能感受到手工管理的局限性了吧？

顺带提一句，也许会有人觉得如果 IP 地址都是自动确定的了，那么前期的规划就该不好进行了。要解决这个问题，我们可以通过动态的 DNS 等名称解析机制来弱化 IP 地址[①]。

◉ 创建配置脚本

在使用云环境时，通常只需要编写配置脚本，而无须把运维人员放到第一位并为他们准备操作手册。云环境提供了在虚拟服务器启动时自动执行脚本的功能，因此运维人员再也用不着登录到每台虚拟服务器上分别进行配置了。

下面着重从再现性和确定性的角度来讲解一下这种机制的优点。脚本实现了配置过程的自动化，从而杜绝了一些错误，如本以为在所有服务器上都完成了同样的配置，却单单落下一台忘了配置。即便是在变更套餐后重新搭建服务器的情况下，相同的环境也能原原本本地复现出来。

---

① 当然，在 OpenStack 和 AWS 中，依然可以沿用传统的方式，在使用前先手动分配 IP 地址。

另外，还可以通过检验工具来自动检查搭建得是否正确。当遇到由于脚本的问题导致配置发生错误的情况，在修正脚本的同时，还要通过一些手段，如增加自动化测试的项目，来防止同类错误再次发生。虽然在手动搭建的过程中，如果遇到错误的配置，也会采取诸如"两个人结对工作，一个人检查完一遍，另一个人再检查一遍"的对策防止同类错误再次发生，但这样做并不利于提升工作效率。所以，适当地充分利用自动化机制十分重要。

◉ 自动创建虚拟服务器

在服务器虚拟化环境中，通过克隆模板创建虚拟服务器的步骤和虚拟服务器创建后的配置步骤是分开进行的。而在云环境中，只需执行 nova命令或 aws 命令，这一系列步骤就能作为一个整体被自动执行。这是因为，通过克隆模板创建的虚拟服务器只要一启动，就会立即执行提前指定的配置脚本。选择部署虚拟服务器的主机，以及分配 IP 地址的步骤有时也会与配置脚本的执行同时进行。如图 4.6 所示，正是由于通过命令调用了各式各样的云 API，这一系列工作才得以顺利进行。

随着对各种 API 的调用，部署虚拟服务器和分配 IP 地址等步骤就可以实现自动处理了。总之，所谓的云 API，就是一种将以往主要由人来进行的判断交由程序处理的功能，或者说，API 就是"一种有助于提升判断效率的机制"。

另外，云 API 大都是以称为 REST API 的风格提供给用户的。这种风格的特点是，服务器用 HTTP（HTTPS）协议接收请求，用 JSON 格式的数据与客户端交换处理请求时所需的消息。由于采用 HTTP（HTTPS）和JSON 这两种机制的前提是要由程序来处理 API 的调用，所以便于程序代码控制 API，但是对人类来说，有些地方并不是很好处理。

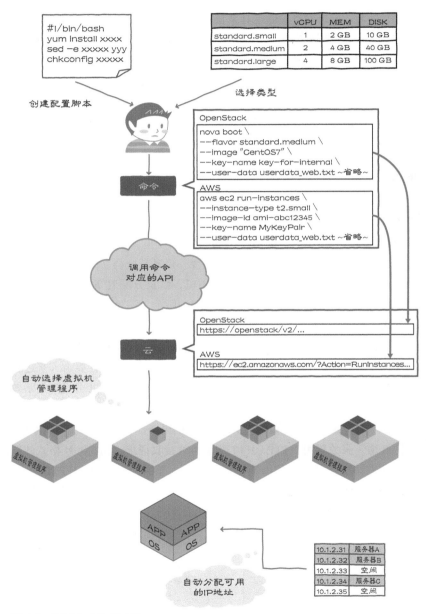

图 4.6　通过命令执行 API

为此，OpenStack 提供了 nova 等便于人类使用的命令，但在命令的背后，还是调用的 API。OpenStack 为每种作为操作对象的资源都提供了相应的命令，如用于操作虚拟服务器的 nova 命令、用于操作虚拟网络的 neutron 命令、用于操作虚拟存储的 cinder 命令等，每一种命令都是为调用相应的 API 而创建的。

在 AWS 中，AWS API 的特点是 API 与相应的命令看起来很像。图 4.6 中使用的命令 aws ec2 run-instances 就对应了 EC2 服务中的 RunInstances API，该命令执行时会在内部向 RunInstances 这个 API 发送请求。虽然 AWS 的 API 是公开的，但是用户无法知道 API 背后的处理机制。不过，操作流程并没有改变，还是和 OpenStack 一样，只要调用 API，要不了多久就能得到可供使用的虚拟服务器作为调用结果。

4.2.3 云带来了高效率

正如前文所述，相对于传统的服务器虚拟化环境，在云环境中，将"人为判断"自动化、高效化能够进一步提升工作效率。通过对比图 4.3 和图 4.7 就能看出，工作内容在云环境中得到了进一步改善。

不仅如此，如果使用的是公有云服务的话，甚至连图 4.6 中的操作物理"设备"的步骤也可以完全省略。要想让两三个工程师就能管理大量资源，使 IT 技术得到高效充分的利用，如何充分利用上述云的特性是关键。

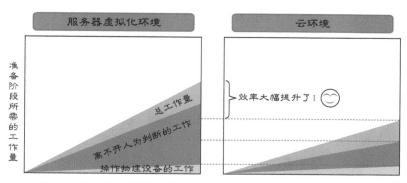

图 4.7 云带来的工作内容的改变

至此为止，本章讲解的都是有关服务器搭建的内容。在云中，在设计存储和网络时也采用了与搭建服务器相同的理念。以存储为例，在设计传统的物理存储方案时，为了对存储设备进行特定的配置，如搭建提供 LUN（磁盘空间）的 RAID 组、配置连接服务器和 LUN 的映射等，需要进行各种各样的判断。而使用了云以后，仅需要指定"卷的容量"和"要接入的虚拟服务器"即可。从选择提供卷的存储设备开始，到创建卷、将卷连接到虚拟服务器上等一连串的处理都是自动进行的。

网络也是如此。在传统的服务器虚拟化环境中，我们要为每一个用于虚拟服务器通信的网络分配 VLAN，同时还必须调整每台物理主机的网络配置和网络设备的配置。而使用了云以后，只需要指定要使用的网段和虚拟路由器等，这些配置就全都自动完成了。

4.3　如何充分利用云 API

在本章中，我们结合着从物理环境到服务器虚拟化环境，再到云环境这一基础设施环境的变迁，一边体会系统的搭建步骤和理念发生了什么样的变化，一边介绍了云 API 的功能和作用。

我们特别强调了 API 最重要的作用在于提供了一种有利于提升判断效率的机制。如果没能理解云 API 的本质，依旧沿用传统的运维方法，那么即使使用了云，也还是无法达到真正意义上的效率提升（图 4.8）。尽管身在云环境当中，却还在使用台账来人工管理 IP 地址，还在不厌其烦地将能够自动执行的配置过程写入操作手册……这些运维方式不是正好与"判断的自动化、高效化"的理念背道而驰吗？

要想充分利用云 API，就要先有突破传统的新理念。也许越是在物理环境或服务器虚拟化环境中经验丰富的工程师，越容易拘泥于以往的做法。要想用好 API，首先要充分掌握各个 API，弄清楚这个 API 能做什么，将哪些地方自动化、高效化了，与传统的方法相比有哪些不同。而对于已经能够熟练使用 API 的年轻工程师来说，要进一步加深对日常使用的 API 的理解，弄明白在 API 的背后到底发生了什么。这样一来，我们就不但能够理解各个 API 的特性，还能更加有效地推动云的充分利用。

从下一章开始，我们就带着这个目的出发，详细介绍用于操作虚拟服务器、存储、网络等典型资源的 API。我们在介绍各个 API 的作用的同时，还会讲解通过 API 操作资源时，在 API 背后都进行了什么样的处理。

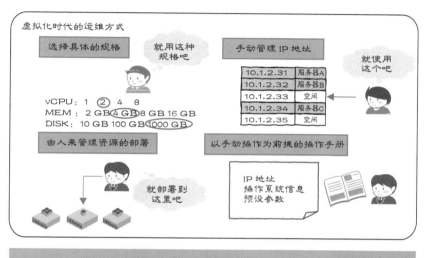

图 4.8 常见的"充分使用云"的示例

第 5 章

操作服务器资源的机制

在上一章中，我们以搭建服务器所需的步骤为题，讲解了云 API 发挥的作用。本章将具体讲解操作服务器资源的 API 的机制。OpenStack 中的 Nova 和 Glance，以及 AWS 中的 EC2 都属于服务器资源组件。云 API 种类丰富，但本书篇幅有限，无法逐一介绍。因此，在本章及后续章节中，我们挑选出了一些典型的、应当最先掌握的 API，着重介绍这些 API 的行为及其背后的机制。

5.1 ‖ 服务器资源的基本操作和 API

5.1.1　服务器资源

服务器资源由类型（type）和镜像这两大要素构成。

从名字就可以看出来，服务器资源是指处于启动或暂停状态的服务器（虚拟服务器），有时也被称为实例。

类型类似于商品分类，包括资源的大小和资源的属性，OpenStack Nova 中的套餐和 Amazon EC2 中的实例类型都属于类型。

镜像是指服务器的启动镜像，OpenStack 中的 Glance 镜像和 AWS 中的 AMI（Amazon Machine Image，Amazon 系统映像）都属于镜像。服务器、类型、镜像三者间的关系是，服务器一定要由一种类型和一个镜像创建；而反过来，一种类型或一个镜像可以创建多台服务器。

5.1.2　用 API 操作服务器资源

在上一章的图 4.6 中，我们使用了由 OpenStack Nova 的 CLI 提供的 nova 命令，使从创建虚拟服务器到配置子操作系统的操作得以自动执行。下面来讲解在该命令内部调用 API 的流程。该流程在 nova 命令的不同版本中多少会有些差异，不过大致流程还是如图 5.1 所示，没有变化。

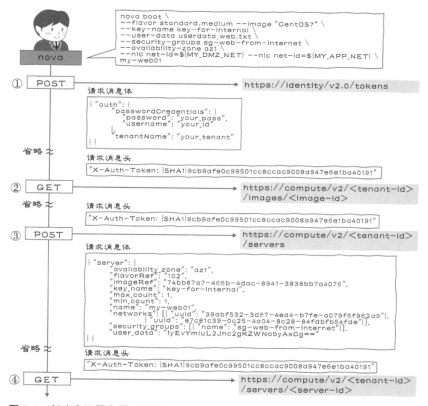

图 5.1 创建虚拟服务器时调用的 API

在实际应用中，要将图 5.1 中的 URL 中包含的 identity 和 compute 分别替换为提供了 Keystone API 和 Nova API 的端点的主机名（或 IP 地址）。在 OpenStack 中，Keystone 组件提供了认证功能，Nova 组件用于控制服务器资源。另外，放置在"{tenant-id}"和"{server-id}"中的字符串分别表示执行命令的用户所属的租户和分配给已创建的虚拟机的唯一 ID（UUID）。

OpenStack 会为虚拟服务器、网络、用户、租户等所有管理对象（object）分配唯一的 UUID。通过 API 操作时，要使用这些 UUID 来指定操作对象。

Amazon EC2 也是如此，会为每个资源都分配一个唯一的 ID，在调用各个 API 时，通过指定 ID 作为条件来选择资源。

5.1.3 用于创建虚拟服务器的 API 流程

下面我们来边梳理如图 5.1 所示的 nova 命令的流程，边观察 API 的行为。以 nova 命令为代表的 OpenStack 的标准命令集（nova、cinder、neutron 等）将"典型的 API 使用流程"封装了起来，这使得我们通过 1 条命令就可以执行一整套流程。通过观察这些命令内部的处理流程，我们就能学到 API 的调用顺序等 API 的使用方法。

◉ 认证

首先，nova 命令会向 https://identity/v2.0/tokens 这个 URL 发送 POST 请求（图 5.1 ①）来认证用户身份。操作 OpenStack 时必须从认证处理开始。可以看到，通过 POST 发送的数据中包含了认证过程所需的 username 和 password 的值。一旦用户通过该 API 请求成功地通过了认证，认证服务器就会向用户返回"令牌"和"端点"的信息（图 5.2）。我们将在第 9 章中继续深入讲解有关认证的内容。

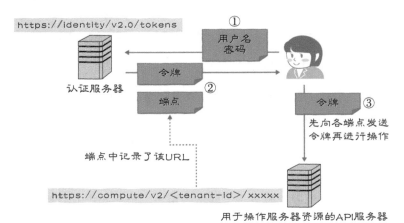

图 5.2　通过认证获取令牌和端点

令牌是用于认证的字符串，进行后续操作时，令牌必不可少。在调用某些 API 时，要将令牌放到请求中。从图 5.1 就可以看出，认证过后，所有操作的请求报头中都放入了令牌。端点是一个 URL，表示提供 API 的服务器的访问地址。在 OpenStack 中，有各种各样的 API，如用于操作服务器资源的 API，用于操作存储资源的 API 等，这些 API 都是按照功能划分的，不同的服务器提供了不同的 API。

Keystone 会将这些 API 服务器的访问地址信息作为"端点"管理起来，并在进行用户身份认证时返回所需的端点信息。这就是为什么在认证之后的操作中，作为访问地址的 URL 的主机部分会从 identity 变为 compute。就这里的操作而言，为了创建虚拟服务器，Keynote 会选择 compute 作为操作服务器资源的 API 的端点。

另外，用户在执行命令前需要先知道哪个端点是 Keystone 自身的访问地址。常见的做法是通过环境变量来为 nova 命令指定 Keystone 的端点。

◉ 验证模板镜像

接下来 nova 命令会向 https://compute/v2/<tenant-id>/images/<image-id> 这个 URL 发送 GET 请求（图 5.1 ②）。URL 最后的 "<image-id>" 是执行命令时指定的模板镜像的 UUID。该 API 的作用是获取指定模板镜像的详细信息，若指定的镜像不存在或没有权限访问，则返回错误。这一步的目的是利用该功能事先检查指定的模板镜像是否可用。

上述步骤实际上也可以省略。不过省略后，万一指定了无法使用的模板镜像，在实际创建虚拟服务器时就会报错。在创建虚拟服务器的阶段，除了网络问题和物理主机容量不足等，创建过程还会因其他各种各样的原因出现错误，而有时错误过多会导致难以定位真正的原因。因此，更加安全的做法是，能提前检查就提前检查并返回错误。

特别是在仅通过调用 API 就能确认是否发生了错误的情况下，最好像本例中这样事先验证一下。我们在本例中只是确认了虚拟服务器启动时的模板镜像，除此以外，像是指定的套餐是否存在，虚拟网络是否存在等，也都可以用 API 机械地一一确认（图 5.3）。使用 API 在云环境中操作时，最好养成随时验证的习惯。

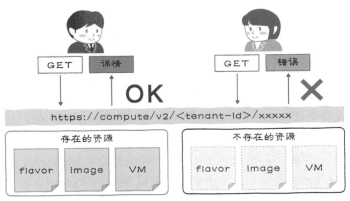

图 5.3 使用 API 验证指定项目

◉ 创建虚拟服务器

验证完了指定项目后，就要开始正式创建虚拟服务器了（图 5.1 ③）。在 OpenStack 中创建虚拟服务器时，要向 https://compute/v2/<tenant-id>/servers 发送 POST 请求，并把待创建虚拟服务器的信息放到请求主体中。要传递的信息涉及多个方面，包括虚拟服务器的名称、套餐、模板镜像、要接入的虚拟网络、所属的安全组等。至此，虚拟服务器的创建就告一段落了。只要传递的信息没有问题，OpenStack 就会接收请求并返回用于表示创建好的虚拟服务器的 UUID。

但是，此时虚拟服务器还没有真正创建出来。OpenStack 仅仅是接收了"创建虚拟服务器"的请求。接下来，OpenStack 会按照接收到的请求在后台默默地进行完各种"判断"，然后创建虚拟服务器（图 5.4）。我们将在后面详细介绍有关判断的内容。

在 OpenStack 或 AWS 环境中有实际操作经验的读者应该有过这样的感受：在通过 API 发请求创建虚拟服务器时，无论虚拟机的规格（套餐）以及模板镜像的类型是什么，也不管待创建的虚拟机有多少，API 都几乎会在一定的时间内（一般是从几秒到 60 秒左右）返回响应。这是由于处理"通过 API 接收的请求"的过程和正式处理请求的过程是分离的。

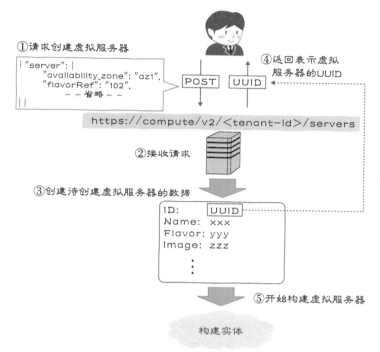

图 5.4　接收请求和异步执行创建虚拟服务器的过程

获取已创建的虚拟服务器的状态

　　最后，我们来获取创建好的虚拟服务器的状态（图 5.1 ④ ）。这一步使用的 URL 为 https://compute/v2/<tenant-id>/servers/<server-id>，这里的"<server-id>"是上一步得到的虚拟服务器的 UUID。通过向该 URL 发送 GET 请求，我们就可以获取虚拟服务器的详细信息。nova 命令的逻辑是，只要创建虚拟服务器的请求被接收了，就通过该 API 确认虚拟服务器的状态，并在屏幕上输出如下信息。通过 API 获取的信息是 JSON 格式的，不过，nova 命令输出的是格式化后的结果。

输出结果（控制台）

```
+----------------+-----------------------------------------+
| Property       | Value                                   |
+----------------+-----------------------------------------+
|  ~省略~                                                   |
| accessIPv4     |                                         |
| created        | 2015-04-08T06:00:51Z                    |
| flavor         | standard.medium (102)                   |
| id             | 6826f3b9-92a4-468f-aa7c-85f799aa3d74    |
| status         | BUILD                                   |
|                                                          |
|  ~省略~                                                   |
```

　　就像刚刚讲到的那样，虽然我们调用了创建虚拟服务器的 API，但是虚拟服务器并不会立刻就创建好。从上面的执行结果可以看出，表示状态的 status 字段的值为 BUILD（虚拟服务器正在创建）；同时，表示虚拟服务器得到的 IP 地址的 accessIPv4 字段为空。一般来说，从出现上面的执行结果开始，等上大概 30 秒到 1 分钟，虚拟服务器的创建以及 IP 地址的分配才会正式进行。在 BUILD 状态下，如果再次调用用于获取虚拟服务器状态的 API "GET https://compute/v2/<tenant-id>/servers/<server-id>"，我们将得到如下结果。

输出结果（控制台）

```
+----------------+-----------------------------------------+
| Property       | Value                                   |
+----------------+-----------------------------------------+
|  ~省略~                                                   |
| accessIPv4     | dmz-net=10.0.0.3, app-net=172.0.0.4     |
| created        | 2015-04-08T06:00:51Z                    |
| flavor         | standard.medium (102)                   |
| id             | 6826f3b9-92a4-468f-aa7c-85f799aa3d74    |
| status         | ACTIVE                                  |
|                                                          |
|  ~省略~                                                   |
```

　　请大家注意，在云中，POST 表示要对某种资源进行操作，使用了 POST 的处理基本上都是异步执行的。从虚拟机的创建过程就能看到，不仅是虚拟机，对于其他资源来说，在正式操作的过程中，也少不了各种各样的判断。因此，比如说 OpenStack 就形成了这样一种机制：在接收请求的阶段先返回响应，然后才在用户看不见的内部开始必要的判断。

而另一方面，GET 则表示获取资源的信息，只要存在相应的资源，我们使用 GET 就能立即获取结果。在使用 API 进行操作时，常见的做法是在用 POST 发送完操作资源的请求之后，采用循环的方式，通过 GET 反复确认资源的状态，直到正式的操作完成（图 5.5）。

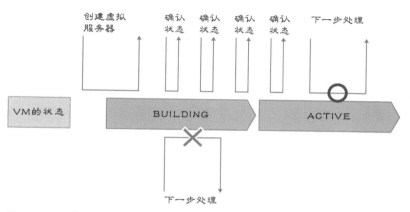

图 5.5　API 的异步处理

5.1.4　虚拟服务器的生命周期

从镜像启动了虚拟服务器后，虚拟服务器就会在云中某台物理服务器上启动起来。API 能够改变虚拟服务器的状态，如暂停或重启处于启动状态的虚拟服务器等。如果不再需要某台虚拟服务器了，我们还可以使用 API 删除它。图 5.6 大致描述了服务器状态的生命周期。使用的云服务不同，在向服务器后端分配块存储等环节也会有所不同，因此，需要参阅各云服务的手册来确定状态转换的具体细节。

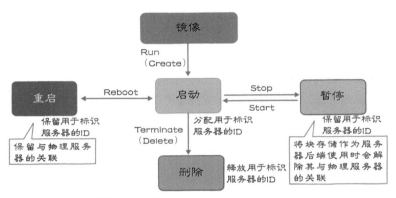

图 5.6 虚拟服务器的生命周期

5.1.5 元数据和用户数据

元数据和用户数据都是云环境中特有的功能，用于对创建好的虚拟服务器进行环境配置。

元数据包括已创建的服务器的管理信息和由用户给定的任意数据，从创建好的服务器内部向一个特殊的 IP 地址 169.254.169.254（通过该 IP 地址才能访问用于获取元数据的 API）发送调用 API 的请求，就可以获取元数据。

在 AWS 中，我们只要使用在第 3 章中介绍过的 curl 命令，从服务器内部执行命令"curl http://169.254.169.254/latest/meta-data/***"，就可以获取元数据。在最左边的前缀，即"/latest"的部分放置的是用日期格式指定的元数据的版本。latest 表示当前使用的是最新的版本。通过在后面"/***"的部分指定 Instance-ID 等资源，我们就可以获取必要的信息了。

在 OpenStack 中，我们既可以选择 OpenStack 专用的元数据，也可以选择与 Amazon EC2 兼容的元数据。在获取与 Amazon EC2 兼容的元数据时，使用的命令与在 AWS 中的一样。而在获取 OpenStack 专用的元数据时，要在表示版本的前缀前再插入一个"/openstack"，即执行的是"curl http://169.254.169.254/openstack/2009-04-04/meta-data/***"。

元数据是为每台服务器单独提供的，不能在多台服务器间共享。我们可以将元数据用作程序中的各种参数，元数据还主要用于自动化脚本和配置管理。

元数据用于将信息传递给已创建好的服务器，而用户数据则用于让服务器执行某个动作。Shell 脚本是最典型的用户数据。在图 5.7 的示例中，我们定义了如下内容：先用 yum update -y httpd 安装 Apache HTTPD，然后通过执行 service httpd start 启动 HTTPD 服务。要想将这个编写好的 Shell 脚本传递给服务器，我们就要在调用启动虚拟服务器的命令时指定该脚本文件。

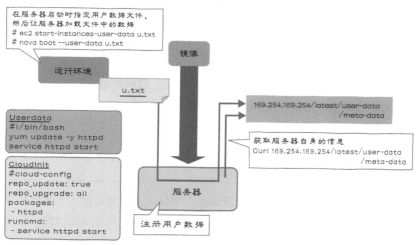

图 5.7　元数据和用户数据

另外，虽然也可以像示例中这样把要执行的命令直接写入到用户数据中，但是处理量一旦增大，管理和控制就会变得复杂起来。在 OpenStack 和 AWS 环境中，还可以使用名为 Cloud-init 的工具提供的功能实现配置的规则化。如图 5.7 所示，我们可以在 "#cloud-config" 后面定义更新方法，用 "packages:" 指定要安装的程序包（如 httpd），用 "runcmd:" 指定要执行的命令（如 service httpd start）。遵循这套规则有利于提高可维护性，使要安装的程序包列表和初始化阶段执行的命令列表一目了然。

5.1.6　镜像的创建和共享

镜像是指机器的模板镜像，即使服务器已经启动了，也可以创建镜像。

在 OpenStack 中，从服务器创建镜像的 API 属于 Nova 组件。调用该 API 时要在 https://compute/v2/{tenant-id}/servers/{server_id}/action 这个 URI 的请求主体中指定 create image，并在参数部分指定相应的租户 ID 和服务器 ID。这样一来，我们就创建了与指定的服务器 ID 对应的镜像，并为该镜像分配了 ID。在 OpenStack 中，创建出的镜像属于 Glance 组件，只需向 https://imageServices/v2/images/{image-id} 这个 URI 发送 GET 请求，就可以获取镜像的信息。获取的信息中不但包含磁盘格式和设备映射等镜像配置信息，还包含了特殊的"公开"属性。该属性表示是否对其他租户中的用户公开该镜像，设为公开表示镜像可以共享，也可以跨租户传递。

在 AWS 中创建镜像的操作过程与此类似，只需指定实例 ID，调用名为 CreateImage 的 API，就可以获取运行中的服务器的镜像，通过名为 DescribeImages 的 API 同样可以获取镜像信息。

5.1.7　导入虚拟机镜像

前文举例说明了如何在云中获取运行中的服务器的镜像，下面再来考虑一下如何导入虚拟化环境下的虚拟机镜像和其他云环境中的镜像。云提供了用于导入镜像的 API。

在 OpenStack 中，使用 Nova API 可以从运行中的服务器创建镜像，而通过 Glance 标准的 create image 就可以从文件新建镜像了。创建时可以用 POST 方法请求 https://imageServices/v2/images，并根据实际情况将参数 container_format 的值设为 AMI 或 OVF，将参数 disk_format 的值设为 VMDK 或 VHD。通过使用这个 API，我们就可以将虚拟化环境或 AWS 环境中的镜像注册为 OpenStack 的镜像。

AWS 提供了 ImportImage、ImportInstance 和 ImportVolume 三个用于导入虚拟机的 API。ImportImage 用于将虚拟机模板注册为 AMI，而 ImportInstance 用于在 AMI 注册完成后，一气呵成地导入实例，直到服务器启动。当有多个卷时，ImportVolume 用于以卷为单位将其作为快照导入，详细内容将与第 6 章中的快照一同讲解。

只要将虚拟化环境下的虚拟机镜像注册成 OpenStack 或 AWS 的镜像，就可以将其作为服务器启动了。图 5.8 总结了大致的处理流程。

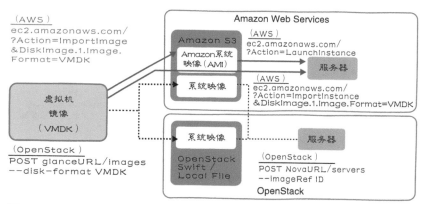

图 5.8 导入虚拟机

5.2 服务器资源的内部架构

在上一节中，我们讲解到了如何用 API 发送创建虚拟服务器的请求。请求发送后，创建虚拟服务器的处理会在云中用户看不见的地方正式开始。下面，我们就以 OpenStack Nova 为题，讲一讲创建虚拟服务器的处理流程，即图 5.4 中⑤以后的处理过程。

5.2.1 正式开始创建虚拟服务器的流程

图 5.9 呈现了通过 API 接收请求之后，OpenStack 云平台内部进行的处理。实际的处理过程会更加烦琐，为了便于理解核心内容，我们作了简化。

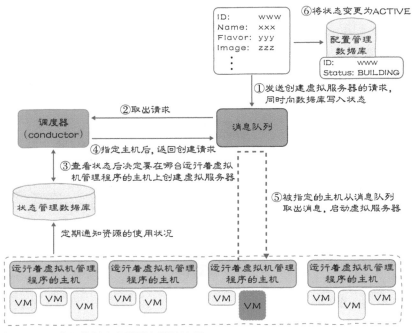

图 5.9 正式开始创建虚拟服务器的流程

①将创建虚拟服务器的请求存储到消息队列中

通过 API 接收到了创建虚拟服务器的请求之后，OpenStack 首先会将请求存储到消息队列中。在内部进行的所有处理都要经过消息队列。OpenStack 使用的是遵循了 AMQP[①] 规范的消息队列，支持在多台服务器间进行高效的消息交换。消息队列是 OpenStack 中核心的中间件。

另外，在将请求存储到消息队列的同时，OpenStack 还会将待创建的虚拟机的配置和状态信息存储到配置管理数据库中。将来通过 "GET https://compute/v2/<tenant-id>/servers/<server-id>" 获取的虚拟服务器的状态就源于该配置管理数据库中的信息。目前，虚拟服务器的状态为 "Status: BUILDING"（创建中）。

---

① Advanced Message Queuing Protocol（高级消息队列协议）是一种开放标准的应用程序层协议，旨在支持不同平台间的消息交换。

②将请求交给调度器

接下来，称为调度器（scheduler 或 conductor）的进程会先从消息队列中取出作为请求的消息，然后开始为创建虚拟服务器进行必要的准备。采用这种机制好处在于能够简单地实现调度器进程的冗余化。借助消息队列的分发控制功能，即使多个调度器同时处于工作状态并连接到了同一个消息队列上，同一个请求也不可能被多个调度器接收。

这样一来，就可以先在不同的服务器上启动多个调度器，形成一种由获取消息的调度器进行处理，其他调度器随时待命的机制。特别是在处理多个请求时，这种机制还能够借助多个调度器实现请求的负载均衡。由于设计之初就考虑到了将 OpenStack 运用在大规模部署环境中的情景，因此像这样体现了健壮性和提升性能的机制在 OpenStack 中随处可见。

③决定在哪台主机上启动

OpenStack 会将多台主机（虚拟机管理程序）捆绑到一起，并在这些主机上部署虚拟服务器等资源。于是就产生了这样一个问题：根据什么规则决定"要在哪台主机上部署虚拟服务器"。在传统的虚拟化环境中，是由管理员来判断并决定要在哪里部署虚拟服务器的，而到了 OpenStack 中，这一步可以自动完成，无须人为干预。

OpenStack 会将各主机的资源使用状况记录到内部的"状态管理数据库"中，并定期更新里面的信息。调度器从消息队列接收到创建虚拟服务器的请求后，会根据状态管理数据库中的信息选择资源充足的主机，并在上面启动虚拟服务器。如果资源紧张，找不到能启动虚拟服务器的主机，启动处理就会失败，此时配置管理数据库中的虚拟服务器的状态会变为ERROR。

在选取主机时，CPU 的核心数和内存容量是基本的考量因素。自己搭建 OpenStack 环境时，管理员不但可以根据这两个因素自由设定判断标准，还能够为判断标准添加更加复杂的条件。关于如何配置负责选择主机的调度功能，我们可以搜索到能够满足不同的使用需求的各种各样的配置方法。有兴趣的读者可以去查阅 OpenStack 的官方文档 *Configuration Guides* 中有关调度器的内容。

④向运行着虚拟机管理程序的主机发送命令

调度器只要决定了要在哪台主机上启动虚拟服务器，就会向该主机发送启动虚拟服务器的命令。在这个过程中，命令同样是借助消息队列发送的。发送消息时，除了"无论哪台主机都可以接收消息"的分发方式，调度器还可以向特定的某台主机发送消息。

⑤接收消息并创建虚拟服务器

主机从消息队列接收到了要求启动虚拟服务器的消息之后，就会开始创建虚拟服务器。在这一步中，除了要创建虚拟服务器以外，还有各种各样的事情需要处理，如获取待启动的模板镜像，获取分配给虚拟服务器的 IP 地址，为连接到指定的虚拟网络做准备等。不过，虚拟服务器也可能会在某些情况下无法创建。这时就要想一想是因为无法创建的原因，比如无法获取模板镜像，或者虚拟网络的配置不正确，等等。当创建虚拟服务器失败时，记录到配置管理数据库中的状态是 ERROR。

⑥变更虚拟服务器的状态

一旦虚拟服务器成功启动了，OpenStack 就会将配置管理数据库中的状态改为 ACTIVE。这样一来，用户只需通过 API 获取虚拟服务器的状态就能得知虚拟服务器已成功创建。

5.2.2 其他 API 的行为

在上一节中，我们举例讲解了创建虚拟机的 API，除此以外，OpenStack 中还有很多其他的 API，虽然用途不同，但这些 API 的使用方法都是相通的。使用 GET 的 API 基本上都会向用户返回配置管理数据库中的信息。而使用 POST/PUT/DELETE 的 API 基本都是在请求的内容刚一进入消息队列后，就会将响应返回给用户。把响应返回给用户后，真正的处理才开始。当处理全部完成后，配置管理数据库中的信息就会得到更新。用户只要在处理过程中发送 GET 请求，就能确认处理的完成状况。

5.2.3　操作服务器资源时的注意事项

本章以创建虚拟服务器为例讲解了如何使用 API 操作服务器资源，以及 API 内部所进行的处理。在创建过程中，由于各种各样的处理都是异步进行的，所以即便是调用 API 本身成功了，也不能确保后续的处理也一定成功，这一点要特别注意。如果在还没有理解这一点的情况下就使用 API 进行自动化处理，说不定会在意想不到的地方出错。

例如，创建完虚拟服务器后就立刻执行下一步处理的话，十有八九会产生如图 5.5 所示的错误，这是因为此时虚拟服务器实际上还没有创建好。不仅是创建虚拟服务器的 API，可以说所有能够改变资源状态的 API 都是如此。为了避免发生此类错误，在用 API 编写处理过程时，就需要确保在处理的前后资源都处于预期的状态。

也许有人会觉得每次调用完 API 都要确认状态很麻烦，但只要事先将通过调用 API 确认资源状态的过程封装为函数或方法，那么到了需要的时候，只调用这个函数或方法即可。而且，只要用程序将包括确认处理在内的流程自动化，就可以避免人为的误操作，使操作流程每次都可以安全执行。

在接下来的两章中，我们将继续介绍用于操作存储及网络的 API。大家不仅要学会这些 API 的使用方法，还要理解 API 的特性以及内部机制，向搭建更复杂更高级的系统发起挑战。

5.3 ║ 服务器资源组件的总结

在本章的最后，我们用组件图（图 5.10 和图 5.11）来总结一下服务器资源间的关系。两张图画的都是本书写作时组件间的关系，服务器、类型、镜像间的关系是根本。要点是服务器总是与一种类型和一个镜像相关联。

对于已经理解了虚拟化技术的人来说，服务器资源的内容还是很好理解的，由于服务器资源是基础设施的根本，所以请大家务必掌握相关的基础知识。

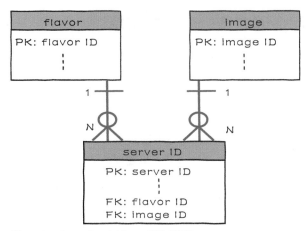

图 5.10 OpenStack Nova 的资源图

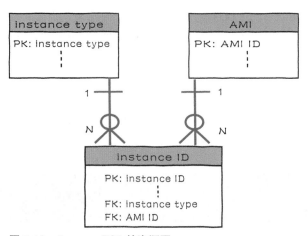

图 5.11 Amazon EC2 的资源图

第 6 章

块存储资源的控制机制

本章，我们来看一看控制云中块存储资源的 API，并讲解其使用方法和底层的工作原理。OpenStack 中的 Cinder 和 AWS 中的 EBS 都是块存储资源的组件。块存储本身只不过是数据的容器，只有与服务器联动起来才能充分发挥作用。因此，本章将着重讲解云计算架构中的虚拟服务器和块存储的联动。对于和上一章操作虚拟服务器重复的内容，本章就不再赘述了，所以希望大家能读完上一章再来阅读本章。另外，云中也有 NFS 组件，例如 OpenStack 中的 Manila 和 AWS 中的 EFS（Elastic File Services，弹性文件服务）。由于 NFS 组件今后势必会得到更广泛的应用，所以本章最后将简单介绍一下相关内容。

6.1 块存储资源的基本操作与 API

6.1.1 块存储资源

块存储资源大体上可分为卷和快照两大类。

卷是指实际连接到服务器上的磁盘，具有非易失性（nonvolatility）的优点。所谓非易失性，是指只要磁盘没有被物理删除或发生故障，数据就不会丢失。也就是说，就算服务器关机了，数据也不会消失。另外，第 2 章还介绍过具有易失性的临时磁盘，临时磁盘从属于服务器资源服务，是否存在要取决于服务器的类型。

快照类似于卷中数据在块级别上的副本，因此无法直接从服务器访问，除非先将其还原为卷。快照主要用于数据的备份和迁移，我们需要事先理解快照的存储位置。相关细节将在后续章节中讲解。

6.1.2 使用块存储的 API

我们来考虑这样一个场景：有一台服务器正在运行，为了扩充其磁盘空间，需要连接一个外部磁盘（图 6.1）。在传统环境中，存储设备的配置相当麻烦：要想在存储设备上创建磁盘空间（卷），就必须使用该存储设备专用的命令和软件；要想将卷连接到虚拟机上，还要设置 LUN[①] 和 WWN[②] 的映射等存储设备专用的配置项。那么，下面就来看一看连接磁盘的操作在云中是如何进行的。

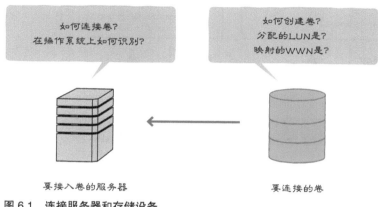

图 6.1　连接服务器和存储设备

在 OpenStack 中操作块存储时，要使用操作卷的 cinder 命令和操作虚拟服务器的 nova 命令。执行这两条命令后，内部就会调用 OpenStack 中的各种 API。

图 6.2 列举了一个要在实际创建卷时执行的命令。我们先用 cinder 命令创建一个 10 GB 的卷，然后通过 nova 命令将这个创建好的卷连接到虚拟服务器上。如果采用传统做法，就需要像图 6.1 那样把方方面面都考虑到，而在云中，不过是两条简单的命令而已。

---

① LUN（Logical Unit Number，逻辑单元号）是一个编号，用于标识存储设备内的空间。

② WWN（World Wide Name，全球通用名称）是一个唯一的标识符，用于标识存储区域网络（SAN）内的设备。

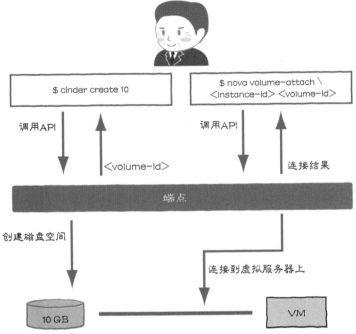

图 6.2 在 OpenStack 中块操作存储的方法

由于 EBS 服务已经包含在 ec2 命令里了，所以在 AWS 中操作块存储时使用的还是 ec 命令。该命令同样会调用 AWS 中的相关 API。下面我们就来具体看一看这些 API 是如何提升操作效率的。

6.1.3 操作块存储的 API 的流程

API 的执行流程如图 6.3 所示，下面就对照着这张图讲解整体流程和 API 的作用。有关认证和验证的内容上一章已经介绍过了，这里不再赘述。本节着重讲解"操作存储"的 API。

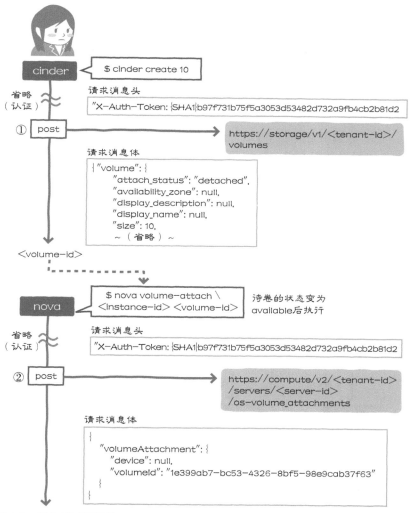

图 6.3 操作卷时调用的 API

◉创建卷

OpenStack Cinder 会在调用 Keystone 的 API 完成认证后，向 https://storage/v2/<tenant-id>/volumes 发送 POST 请求，以此来创建一个 10 GB 的

卷（图 6.3 ①）。虽然我们也可以将各种选项指定为用 POST 传递的数据，但最简单的创建卷的模式是只传递一个"容量"选项。请注意，在本例中，URL 中的主机部分变成了提供存储 API 的主机（记作 storage）。而在上一章中，URL 中的主机是 compute。在 OpenStack 中，由于服务器资源和块存储资源分别属于 Nova 和 Cinder 两种不同的服务，所以 API 的调用地址也不同。

　　用户在调用完①的 API 后，无须关注 OpenStack 内部实际运行的是什么存储设备（图 6.4）。存储设备分为很多种，但无论使用哪一种，OpenStack 都会按照调用 API 时给定的选项（如"容量"等）在适当的位置创建卷，并将创建好的卷的 UUID 返回给用户。可以看到，云 API 将这种抹平具体实现间差异的理念体现得淋漓尽致。由于 OpenStack 已对真正发挥作用的后端功能进行了抽象处理，所以用户只需要掌握 API 的使用方法，就可以搭建基础设施了。

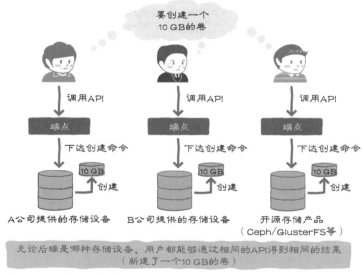

图 6.4　通过 API 抹平存储设备间的差异

　　由于这里调用的 API 使用了 POST 来"操作资源"，所以和操作虚拟服务器时一样，这里也会进行异步处理（不过，并不是说所有的 POST 请求都是异步处理的）。虽然 UUID 被立刻返回给了用户，但此时对应的卷还没有创建好，需要等待卷的状态变为 available 之后，我们才能开始下一步操作，如图 6.3 所示。与操作虚拟服务器时一样，通过向 https://storage/v2/<tenant-id>/volumes/<volume-id> 发送 GET 请求即可获取卷的状态。

在 Amazon EBS 中，由于服务器和块存储同属于 EC2 服务，所以 API 的调用地址也是同一个。我们在创建卷时要调用 "CreateVolume" 的 API。Amazon EBS 创建卷的过程与创建虚拟服务器的过程一样，会生成一个唯一的卷 ID 作为响应内容返回。另外，将卷 ID 指定为参数调用 DescribeVolumes 即可获取卷的状态。

◉ 连接卷和虚拟服务器

卷创建好以后，就可以将其连接到虚拟服务器上了。这步连接操作称为挂载（attach）。在 OpenStack 中，我们需要通过向 https://compute/v2/<tenant-id>/servers/<server-id>/os-volume_attachments 发送 POST 请求来完成挂载（图 6.3 ②）。此时，我们要将刚刚接收到的 "卷的 UUID" 作为数据发送。

只需要调用②的 API 即可完成卷的连接。调用后，OpenStack 会自动将卷连接到指定的虚拟服务器上，使用户能够从虚拟服务器访问卷。请注意，连接操作同样是以 "异步 POST" 的方式进行的。因此，虽然 API 返回了响应，但此时连接还没有建立好。在进入下一步操作前，我们需要通过向 https://storage/v2/<tenant-id>/volumes/<volume-id> 发送 GET 请求来确认连接处理是否已经完成。

若连接失败则会返回错误。错误的原因千差万别，"可用区不一致" 是较为常见的一种。只要虚拟服务器和卷所属的可用区不一致，就会产生这个错误。无论是在 OpenStack 中还是在 AWS 中，服务器资源都无法挂载另一个可用区中的块存储。以 OpenStack 为例，一旦发生跨可用区的连接，就会返回如下错误。

```
ERROR (BadRequest): Invalid volume: Instance and volume not
in same availability zone (HTTP 400) (Request-ID: req-383ebb0a
-c50b-484e-ba98-0b014fcd9fc0)
```

在 AWS 中，挂载卷的操作同样是对服务器进行的，此时要调用"AttachVolume"的 API。调用时要将标识服务器的实例 ID、标识卷的卷 ID 以及设备名称作为参数，以此来与挂载处理建立关联。

6.1.4 卷类型

块存储的后端是物理硬盘，因此其 I/O 特性取决于选用的物理硬盘。在云环境中，通过选择表示物理硬盘分类的卷类型，即可明确指出所需的 I/O 特性（图 6.5）。

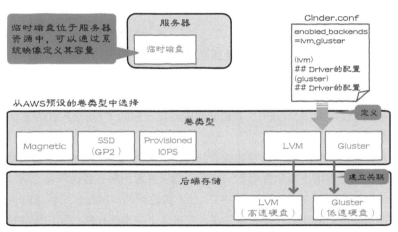

图 6.5 卷类型

在 OpenStack Cinder 中，可以用名为 cinder.conf 的配置文件来控制卷类型与后端存储的物理映射。例如，假设后端存储采用的是 Linux LVM 和 GlusterFS，那么为了分别启用这两个后端存储，就要在定义 enabled_backends=lvm,gluster 的同时进行相应驱动器的配置。接下来需要定义卷类型作为逻辑映射。进行逻辑映射的具体方法是先通过向 https://storage/v2/{tenant_id}/types 发送 POST 请求来创建卷类型，然后将卷类型作为 volume_type 参数，将后端存储作为 extra_specs 参数，向 https://storage/v2/{tenant_id}/types/{volume_type_id} 发送 PUT 请求。逻辑映射定义好以后，用户只需在调用创建卷的 API 时指定卷类型，即可随意创建特定类型的卷。

在 Amazon EBS 中，由于物理硬盘的规格没有公开，所以我们是直接从 AWS 预设好的硬盘类型中选择。除了一直提供至今的 Magnetics 类型，还有通用型的 SSD（GP2）和能够指定 IOPS 的 Provisioned IOPS，共计三种类型可供选择[①]。

6.1.5 卷的容量

卷的容量取决于创建时指定的容量（图 6.6）。在 OpenStack Cinder 中，容量是通过前面介绍的 "Create Volume" 的 API 中的 Size 参数指定的；在 AWS 中，容量同样是通过 "CreateVolume" API 中的 Size 参数指定的，二者的单位都是 GB。不过，由于卷毕竟是块存储设备（block device），所以服务器操作系统只有正确识别出了卷的容量，才能将这部分容量有效用作文件系统。例如，就算挂载了 1 TB 的磁盘，如果文件系统只能分配得到 500 GB，那么操作系统也就只能使用这 500 GB。如果使用了 Linux 的 ext4 文件系统，则可以通过 resize2fs 命令进行容量的缩放。

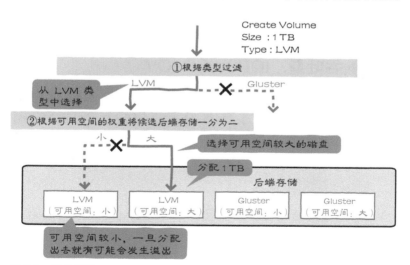

图 6.6 卷的容量

---

① 这是截止到 2015 年下半年的规格。

OpenStack 有一个针对卷的动作（action）资源，其 URI 为 https://storage/v2/{tenant_id}/volumes/{volume_id}/action，通过设置 new_size 参数的值并向该 URI 发送 POST 请求，同样能改变卷的容量。另外，虽然卷是连接到各个设备上的，但是也能通过操作系统将多个设备捆绑到一起搭建软 RAID。例如，在 Linux 下，我们可以在多个卷已挂载到服务器的状态下，通过 mdadm 等命令搭建软 RAID。

卷的容量是有限的。在 OpenStack Cinder 中，它主要取决于后端存储的可用空间。由于一个卷必定会与一个后端存储相关联，所以以较小的容量单位来划分后端存储空间更能充分有效地利用容量。在 OpenStack Cinder 内部运行的 Cinder Scheduler（调度器）会以"过滤器"和"基于后端存储可用空间计算出的权重"为条件，决定要分配出去的后端存储空间大小。过滤器就是之前提到的卷类型和容量上限。权重是"成本函数"（cost function）和由管理员指定的"权重因数"的乘积。可用空间越大，成本函数的返回值越大，而默认的权重因数为 1。这样一来，后端存储的可用空间越大越优先分配。

在 Amazon EBS 中，卷的容量上限是由服务（组件）指定的。对于 Magnetic 类型以外的卷，单个 EBS 卷的容量上限是 16 TB[①]。

6.1.6 吞吐量、IOPS、SR-IOV

在云中，服务器资源需要跨网络访问云中的块存储[②]。因此，除了后端存储自身的性能因素，服务器通过网络来控制块存储这种方式也会影响性能。衡量性能的具体指标包括吞吐量（每秒的传送带宽）和 IOPS（每秒的输入输出次数）[③]（图 6.7）。

---

① 这是截止到 2015 年下半年的规格。
② 这是截止到 2015 年下半年的规格。
③ 与此相对，我们可以姑且认为第 2 章介绍的临时磁盘是直接连接到服务器资源上的。

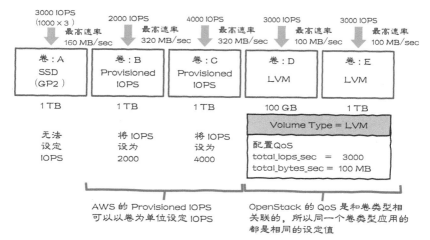

图 6.7 吞吐量、IOPS

OpenStack Cinder 包含了用于配置 QoS（Quality of Services，服务质量）的资源，只要向 https://storage/v2/{tenant_id}/qos-specs 发送 POST 请求，即可创建 QoS 并为其分配 UUID。QoS 的配置项 qos specs 中既有用于指定 IOPS 的参数 total_iops_sec，又有用于指定吞吐量的参数 total_bytes_sec。以 total_ 开头的参数用于设置 read（读取）和 write（写入）两部分的和值，只要将 total 部分换成 read 或 write，就可以分别控制读取和写入了。最后，将表示卷类型的 vol_type_id 作为参数，向带有配置好的 QoS UUID 的 URI，即 https://storage/v2/{tenant_id}/qos-specs/{qos_id}/associate 发送 GET 请求，即可建立起 QoS 和卷类型的关联。请注意，QoS 并不属于某个特定的卷，和它相关的是卷类型。因此要想针对不同的卷分别定义 QoS，就需要为其分别定义卷类型。另外，虽然有点啰唆，但笔者还是要强调一下，配置好的 IOPS 和吞吐量能够生效的前提条件是必须满足后端存储在性能和网络方面的物理条件。

在 Amazon EBS 中，IOPS 的高低主要取决于前面提到的卷类型。Magnetic 的平均 IOPS 为 100 左右，而 SSD 基本上可以达到以 G 为单位的卷容量的 3 倍，最高可达 10 000 IOPS。SSD 卷还具备在最开始的一段时间内保证达到 3000 IOPS 的特点（Amazon 将这段时间视作最大突增持续时间,并且卷的容量越大这段时间越长)①。想要提升 SSD 卷的 IOPS 时,人们往往会采用多分配容量的方法,不过当容量超过大概 3 TB 以后,就达到了 IOPS 的上限,此时将超过 3 TB 的卷分割为若干容量较小的卷,即可提升总容量的 IOPS。使用 "Provisioned IOPS"(预配置 IOPS)时,则可借助 "CreateVolume" API 的 Iops 参数直接设置 IOPS 的值。Amazon EBS 现在的规格是在每年 99.9% 以上的时间里,提供波动范围在指定值 ±10% 以内的预配置 IOPS。预配置 IOPS 也有限制,最多只能指定 10 倍②于卷容量的 IOPS,但若容量超过了 2 TB,那么最大 IOPS 只能设置为 20 000。从截止到 2015 年下半年的规格来看,我们无法从卷上下手更改吞吐量的上限。吞吐量的上限同样取决于刚刚提及的卷类型,Magnetic 的最大吞吐量为每秒 40 MB~90 MB,SSD 为每秒 160 MB,预配置 IOPS 为每秒 320 MB,各个卷类型的最大吞吐量是指标之一,在参考手册上都有记载。这样看来,虽然能够通过挂载多个卷提升总吞吐量,但反过来服务器端的网络又可能会成为瓶颈。在 Amazon EC2 中,最大的网络吞吐量取决于实例类型。因此,当 Amazon EC2 的总吞吐量遇到瓶颈时,我们可以采取升级实例类型的对策。

另外,由于块存储需要跨网络访问,所以在云环境中,这种架构的特性有时也会导致 I/O 成为瓶颈。虽然解决性能问题时往往都是从刚刚介绍的调节 IOPS 和吞吐量上下手,但是另一种优化性能的方法也是一个不错的选择,即充分利用服务器端的 SR-IOV(Single Root I/O Virtualization)技术。SR-IOV 有时也称作 PCI 透传技术(PCI passthrough)或扩展网络。

如图 6.8 所示,在虚拟化环境中,SR-IOV 技术在执行来自多台虚拟机的处理控制时,将执行位置由虚拟机管理程序转移到 PCI 设备,从而缓解了虚拟机管理程序的瓶颈。不过,启用 SR-IOV 有一定的限制,需要有支持 SR-IOV 的网卡、支持 Intel VT-d 或 AMD IOMMU 扩展的主机硬件(或是支持 SR-IOV 的实例类型),以及可供分配的虚拟功能(virtual function)的 PCI 地址。有关详细的限制条件和配置方法,请参考以下手册内容。

---

① 如果想深入理解有关块存储性能分析的基本思路,可参考书末的参考文献 [10]。

② AWS 在 2013 年将 IOPS 和卷容量的比例提升为 30:1,之后又于 2016 年将该比例扩大为 50:1。——译者注

- OpenStack 参考手册的 "Using SR-IOV functionality"
- AWS 参考手册的 "Enhanced networking on Linux"

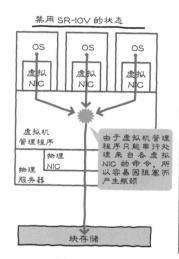
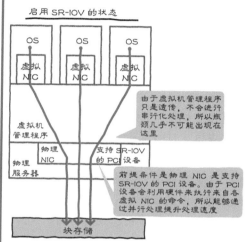

图 6.8 SR-IOV

6.1.7 快照、备份、克隆

快照可以将针对某个时间点的卷记录下来的块级别的数据存储起来。快照的创建速度很快。备份是将存储在卷中的数据存储到持久性更高的对象存储（将在第 10 章中讲解）中的处理过程。而克隆则是直接复制卷的处理过程。

下面来看一个 OpenStack Cinder 的示例（图 6.9）。由于快照是由现有的卷创建的，所以在向 https://storage/v2/{tenant_id}/snapshots 这个 URI 发送 POST 请求创建快照时，要指定卷的 UUID 作为参数 volume_id 的值。备份时也是如此，由于备份也是由现有的卷创建的，所以在向 https://storage/v2/{tenant_id}/backups 这个 URI 发送 POST 请求创建备份时，同样要指定卷的 UUID 作为参数 volume_id 的值。克隆时要用到前面讲到的 "Create Volume" 的 API，创建时要指定被复制的卷的 UUID 作为参数

source_volid 的值。

　　在 Amazon EBS 中，可以调用 "CreateSnapshot" 的 API 来创建快照，由于快照在内部是以实体的形式存储于 Amazon S3 中的，所以同时兼具了备份的意义 [1]。另外，还有一个稍微有点复杂的特性，由于 Amazon EBS 的快照是在块级别上创建的，所以再次对同一个卷执行快照处理时，只有自上一次创建快照后发生变化的块才会被上传至 S3。因此，Amazon EBS 的快照具备这样的特点：如果变化很少的话，备份处理很快就能结束，最终存储到 S3 中的是本次创建快照时发生变化的块加上之前历次创建快照时发生变化的块。另外，直到 2015 年 Amazon 还没有提供相当于克隆的功能，基本上只能通过根据快照创建副本来间接实现克隆。不过，Amazon 倒是提供了复制快照的功能，还支持跨区域复制快照。在 Amazon EBS 中，快照是备份与克隆的起点。与第 5 章介绍的 AMI 一样，在 AWS 中，快照也可以公开发布。不仅如此，AWS 还以快照的形式公开了各种公用数据集，任何人都可以免费访问。我们可以通过搜索 Registry of Open Data on AWS 来获取官方公用数据集的列表。

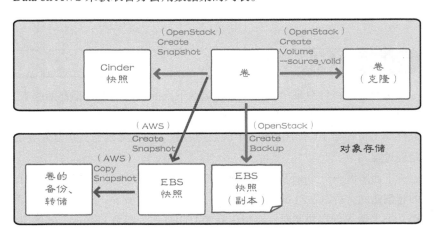

图 6.9　快照

---

[1]　使用 Amazon S3 时，用户往往会将文件存储到称作存储桶（bucket）的箱子里，但是快照并没有作为文件存储到存储桶中，而是以内部的方式存储在 S3 中，因此无法从存储桶中直接查看快照文件。查看时要使用 "DescribeSnapshots" 的 API。相关细节将在第 10 章中讲解。

6.1.8　快照和镜像的关系

由于块存储具备持久性和高性能的优点，所以我们通常会用块存储而非临时存储来作为根（root）卷。那么，2.4.2 节介绍的"从虚拟存储启动"与第 5 章讲的"镜像"有何不同呢？虽然二者在本质上十分相似，但最大的差异在于，快照以卷为起点，而镜像以服务器为起点（图 6.10）。若仅仅想通过根卷启动 Linux 环境，当然从快照启动也可以，但若是从镜像启动，就可以将多个快照以块存储设备映射（block device mapping）的形式一并存储起来，在启动时映射中的快照会还原为卷，并自动挂载到虚拟服务器上。

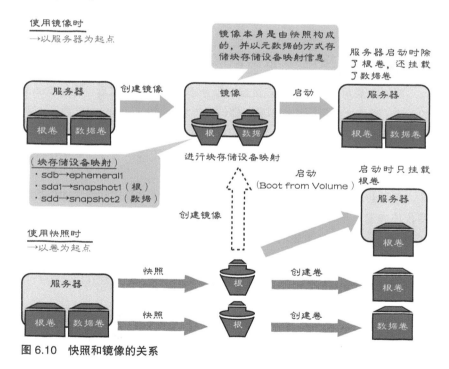

图 6.10　快照和镜像的关系

6.2 ‖ 块存储的内部结构

创建卷时所执行的操作与上一章中图 5.9 所示的操作大致相同。只要调用 API 发出了请求，请求就会先添加到消息队列中。接下来调度器会取出该请求并指定要在哪个存储上创建卷，然后再次将消息放回队列。最后，由负责操作刚刚指定的存储的代理（agent）取出消息，开始实际创建卷。这里与图 5.9 的区别仅在于要创建的是虚拟服务器还是卷而已。

而连接虚拟服务器和卷的 API 的行为就有些不同了。要想让二者相连，需要虚拟服务器和存储之间的联动。下面，我们就以 OpenStack 为例，来看看其运作机制，即如何让不同资源联动。

6.2.1 连接虚拟服务器和存储

图 6.11 展示了在调用了连接虚拟服务器和卷的 API 之后，OpenStack 的行为。首先，用于操作虚拟服务器的 API 端点 https://compute/ 会接收到用户为调用"连接 API"而发出的请求。由 API 端点接收的请求被存储到消息队列后，调度器会指定一台虚拟机管理程序主机作为处理对象，将消息送至这台主机。

实际上，每台主机上都运行着 OpenStack 的代理，接收消息的正是这些代理进程。此时，凡是仅依靠自身的虚拟机管理程序就能完成的操作，代理就会操作自己所管理的主机上的虚拟机管理程序完成处理。而遇到像本例这种需要连接存储的操作时，就必须与外部的存储联动。此时，主机上的代理会向操作存储资源的 API 端点发送请求，为连接操作进行必要的协调。

在图 6.11 中的第②步，为了进行连接操作所需的协调，接收到连接存储请求的代理会向用于操作存储的端点 https://storage/ 发送 API 请求。而接收到该请求的端点便会准备与指定的卷连接，待虚拟服务器和卷都各自准备就绪后，才会正式进行连接处理。由此可见，OpenStack 的 API 不仅能提供给用户使用，而且还能用于资源间的自主协调。

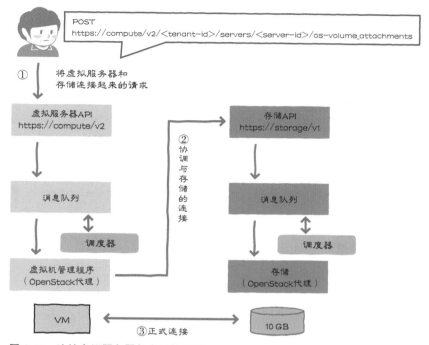

图 6.11 连接虚拟服务器与卷时的操作

6.2.2 不同基础设施资源间的自主协调

下面我们来看一看上述用于自主协调的 API 的内部细节，其流程如图 6.12 所示。图中所描述的过程是从用户调用了连接虚拟服务器和存储的 API 之后，虚拟机管理程序主机上的代理接收到了相应的请求开始的。虽然之后调用的 API 都是 "POST http://storage/v1/{tenant-id}/volumes/{volume-id}/action"，但请大家注意，每次调用时传递的数据并不相同。存储端的 API 会根据传递过来的数据对存储进行相应的处理。

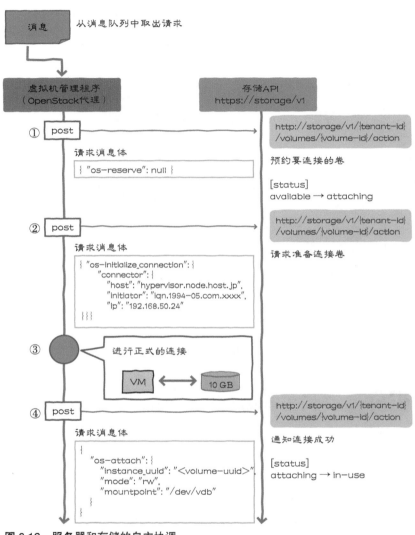

图 6.12 服务器和存储的自主协调

①预约卷

首先,接收到连接请求的虚拟机管理程序会调用存储 API 来预约将要连接的卷。这步是所谓的加锁处理，以免其他请求对同一个卷进行重复连接。如果卷已处于使用中的状态，或是被其他请求锁住了，处理就会失败。

一旦预约成功，卷的状态就会从 available（可用的）变为 attaching（正在挂载）。此时可以调用 API "GET https://storage/v1/<tenant-id>/volumes/<volume-id>" 来获取卷的状态。

②准备连接

预约成功后，虚拟机管理程序端就会将自身的信息传递给存储端，并请求准备连接。由于本例中使用的是 iSCSI，所以虚拟机管理程序端会将 iSCSI 启动器（initiator）的信息传递给存储端[①]。接收到该信息的存储端则会进行相应的配置，实现从 iSCSI 启动器到卷的连接。

③正式连接

存储端的准备工作就绪后，就该开始正式连接虚拟机和卷了。在本例中，虚拟机管理程序主机会调用 iscsiadmn 命令进行连接，若使用的是其他的存储结构，则会根据实际情况自动执行相应的连接方法。

④通知连接成功

成功连接上卷以后，虚拟机管理程序会通知存储端连接成功。通过调用相应的 API，卷的状态就会从 attaching（正在挂载）变为 in-use（使用中），连接处理到此结束。

6.2.3 在云内部也能使用的 API

从上面这个示例可以看出，通过将基础设施中的各种资源予以抽象，并为每种功能提供 API，就能使程序间的联动也变得简单起来。

就算没有 OpenStack，我们通过专门编写程序，可能也不难实现这种用于在资源间进行协调的功能。比如，只要准备好用于操作当前使用的虚拟机管理程序（比如 Linux KVM）的程序和用于操作存储（比如

---

① iSCSI 启动器是在通过 iSCSI 协议连接磁盘装置时，服务器端的功能组件，用于进行将 SCSI 协议封装到 IP 数据包中的处理。

GlusterFS）的程序，那么只需点击一下鼠标，就能创建出虚拟服务器和卷
并将二者连接起来。

但是，由于这样的程序只是针对 Linux KVM 和 GlusterFS 编写的，所
以当又想改用其他虚拟机管理程序或存储时，就不得不修改程序。另外，
个人编写的功能也难以与其他人编写的功能联动。更糟糕的是，为了使自
己的自动化构建程序能和其他软件联动运行，我们不得不开发在联动中起
中介作用的程序。这样一来，工时就会大幅度增加。

充分利用 OpenStack 就能避免上述问题。在此之上，再充分借助由开
源软件的生态系统创造的支持与 OpenStack 联动的工具，就能避免重复发
明轮子，进一步提升工作效率 [1]。

6.3 ‖ 操作存储资源时的注意事项

本章先介绍了用于操作存储的 API 的概要和使用方法，随后又讲解了
用 API 实现存储的抽象化以使程序间的联动简便化等内容。这里有一点需
要注意，虽然用 API 对存储功能进行抽象能够使我们在操作时无须关
注软硬件之间的差异，但这也意味着每一种存储所特有的功能会被砍去
（图 6.13）。

例如，假设存储 A 即便是在联机状态下卷还在访问时也照样能够备
份。而如果其他大多数存储不具备这项功能，API 就会被设计成禁止联机
备份。因此，在依赖某种存储所特有的功能进行运维时，就有可能遇到特
有的功能无法使用的情况 [2]。

话虽如此，但在实际的应用当中也没有必要过分担心这一点。现在我
们可以通过操作系统提供的文件系统或逻辑卷的功能来替代之前只有存储
本身才能提供的高级功能。只要让子操作系统提供的这类功能和云的存储

---

[1] 例如，一些流行的用于自动配置的工具软件，如 Ansible 和 Chef 等，就默认具备了
与 OpenStack 联动的功能。

[2] 但也有例外。如果是大多数存储有、只有一小部分存储没有的功能，就会少数服从
多数，保留该功能。

API 联动起来，就可以赶上甚至超过使用传统的存储功能进行运维时所能
达到的效果[1]。

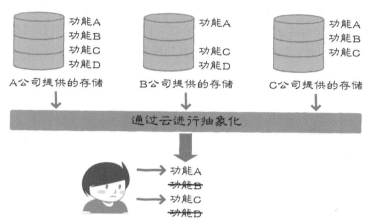

图 6.13　抽象化导致的功能缺失

　　在传统的搭建过程中，只需要记住每种存储产品所特有的便利功能就
能搭建系统了。可是如果在云中还是这样，那就无法充分发挥云的作用
了，因此我们还需要了解将存储 API 和什么样的功能进行联动才能实现既
安全又高效的系统，以及怎样将这些联动操作自动化等知识。

　　一方面，是否欢迎这些变化，取决于人们各自的立场，但可以肯定的
是，这无疑是一个学习新知识的机会。让我们把目标设定为掌握云时代的
新技能并应用新技能打造出更好的系统吧。

　　另一方面，早已习惯使用云 API 的新一代工程师应该再去了解一下在
API 的背后都有哪些功能被砍去了。在某些特定的用途上，有时候使用传统
存储所特有的功能，反倒比使用云更能打造出高效、高附加值的系统。

　　凡事都有好坏两个方面，没有哪一种方法"在任何情况下都是最好
的"。因此，重要的是具有广泛的知识和技能，人尽其才，物尽其用。探
寻隐藏在云背后的技术对于达到这一境界也是大有裨益的。

---

[1]　有关将操作系统的功能和辅助工具与 OpenStack 的 API 整合起来的实用案例，可参
　　考书末的参考文献 [2]。

6.4 ║ 块存储资源组件的总结

本节，我们用组件图（图 6.14 和图 6.15）总结了块存储资源间的关联。如前文所述，卷和快照的关系是块存储的根本。

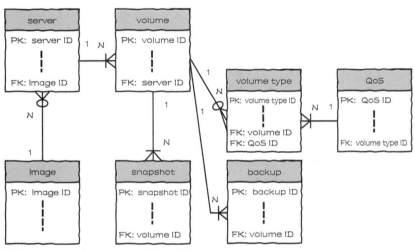

图 6.14　OpenStack Cinder 的资源图

也许有的读者已经从图 6.14 中的关系注意到，卷和快照的关系刚好与服务器和镜像的关系相反。如果将快照当作备份，那么常见的使用方法是从一个卷多次获取快照，因此就会有人认为这两种资源之间具有很强的依赖关系。如果只是这样想，那么自然就会认为这与从服务器获取镜像是为了从镜像创建服务器一样，获取快照也是为了从快照创建卷。但实际上并非如此，这当中最根本的区别在于服务器必须由镜像创建，而卷不一定非要由快照创建。因此，服务器的属性中一定会有镜像 ID，而卷的属性中却没有快照 ID，反倒是快照的属性中会带有创建该快照的原始卷的卷 ID。这就形成了这样一种树型结构：一个镜像下有多台服务器，每台服务器下面有多个卷，而每个卷下又有多个快照。我们只要牢牢地记住这个关系就应该能够轻松管理云计算架构了。

OpenStack 的特点是除了卷资源本身，还以附加资源的形式定义了卷类型、QoS 和动作，而在 Amazon EBS 中，类似的资源只不过是卷资源和快照资源中的属性。这是二者的一个差异。

下面，我们就以 Amazon EBS 为例，再来看看镜像与快照的关系。二者分别处于层次结构中的最顶层和最底层，即一个镜像下有多个快照，但二者之间却没有直接为二者赋予关联的项目，所以我们不妨使用 ER 模型中常用的中间表的思路来为其建立关联。在作为 AWS 镜像的 AMI 中，有所谓的块存储设备映射的属性，该属性用于将块存储设备与快照 ID 关联起来。虽然只是个属性，但若将其定义为资源，就能形成一个在镜像和快照间建立关联的资源，如图 6.15 所示。当资源间没有直接的关联，但又想为其建立某种关联时，寻找这样的属性也不失为一种方法。

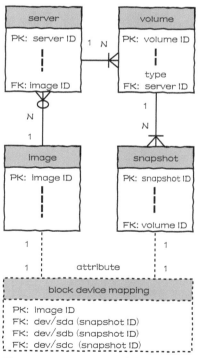

图 6.15 Amazon EBS 的资源图

6.5 有关其他存储功能的补充

看过了块存储组件之间的关联后，大家有没有这样的疑问呢？

由于服务器和卷是一对多的关系，所以反过来就会存在多台服务器无法与同一个卷建立关联的限制，进而导致无法创建共享磁盘。特别是很多依赖于共享磁盘的系统，往往要使用 NFS 来创建共享磁盘。通过为服务器资源启用 NFS 服务来创建共享磁盘固然可行，但服务器资源有可能会发生单点故障（SPOF），在大规模的应用中，可能还会在访问性能方面产生瓶颈。于是，NFS 组件应运而生，在解决上述问题的同时满足了共享磁盘的需求。

在 OpenStack 中，Manila 相当于 NFS 组件。作为 NFS 先驱的 Netapp 公司也为 Manila 的开发做出了贡献。其使用方法是由提供计算服务的 Nova 通过 NFS 等协议挂载 Manila，而 Manila 则会托管连接接口和共享存储（shared storage）。

在 AWS 中，EFS 相当于 NFS 组件。使用方法同样是由提供计算服务的 EC2 通过 NFS 协议挂载 EFS。EFS 虽然会将连接接口 "Mount Target" 保存到各可用区中，但由于存储是跨可用区分布部署的，所以依然能够维持较高的持久性。

NFS 组件的示意图如图 6.16 所示。

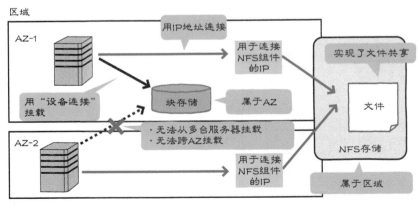

图 6.16　NFS 组件的示意图

第 7 章

网络资源管理的机制

前面两章先后讲解了服务器资源和存储资源，本章将在此基础上继续讲解用于连接云上各种资源的网络资源。

对于网络资源管理而言，OpenStack 中的 Neutron 和 AWS 中的 VPC 都是相应的组件。即便是在云计算架构中，网络基础也依然是 TCP/IP，云实现的网络环境与传统的网络环境大致相同，但是在搭建思路和实现方法上，不同的云之间会存在一些细微的差异。本章首先介绍在云上搭建网络的思路和需要调用的 API，然后再以 Neutron 为例介绍底层的机制。

在云计算架构中，对网络资源的操作虽然很基础，但非常重要。只有完全抓住其中的思路，才能进行高效且安全的设计和操作。而有关将云相连的 WAN 网络，我们将在第 11 章讲解多重云时再介绍。

7.1 网络资源的基本操作和 API

本节将介绍云网络资源的种类和操作这些资源的 API，以及在进行一般网络操作时调用 API 的流程。

7.1.1 云网络的特性和基本思路

我们首先来深入探讨一下在第 2 章讲解过的有关网络的内容。

即便是在云中，网络的基础也依然是 TCP/IP，而网络的功能大致可以分为两类：一类是相当于 OSI 七层模型中数据链路层的 L2 网络功能，用于支持同一网络内设备之间的通信；另一类是相当于 OSI 七层模型中网络层的 L3 网络功能，用于连接不同的 L2 网络（图 7.1）。

云网络比物理网络具备了更多方便的功能。例如，L3 网络不仅能够将云内部的 L2 网络连接起来，还能够将云内 / 云外连接起来。此外，云网络还具备安全组、访问控制、负载均衡器、VPN 等诸多方便的功能。不过，由于这些功能的基础都是 L2 网络和 L3 网络，所以接下来我们还是重点来看看这两种网络的功能。

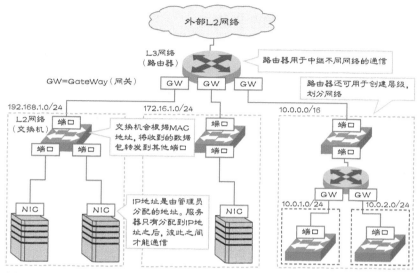

图 7.1　L2 网络与 L3 网络

　　如何处理 IP 地址是一个重点。云网络具备管理 IP 地址的功能。对于网络管理员来说，在物理网络中分配 IP 地址是件很头痛的事。他们需要绘制出管理表格，细心地登记每一个已分配的 IP 地址以免重复分配，除此以外还要看管好空闲的 IP 地址，以免被他人擅自挪用。而为了减轻这些工作，OpenStack 或 AWS 等云环境下的网络采用的方法，则是由系统自动分配 IP 地址，服务器通过 DHCP 获取 IP 地址后再用其通信。

　　如果我们在明明能够利用 API 自动配置虚拟服务器或虚拟网络的环境中，依旧采用由管理员事先决定 IP 地址并加以管理的运维方式，那么管理 IP 地址台账等"与系统本质毫无关系的工作"就会成为阻碍我们充分利用云的瓶颈。为了充分发挥云的诸多优势，比如第 3 章中提到的利用 DNS 实现可扩展性，以及稍后会讲解的自动扩容、缩容与自动修复（auto healing）等功能，我们在设计时就要确保系统的配置不会依赖 IP 地址。这一点很重要。

　　后面的讲解将会以"分配给服务器的 IP 地址都是通过 DHCP 获取的"为前提。当然，使用传统的方法，即将某个 IP 地址固定分配给某台虚拟服务器也是可以的。

7.1.2 网络资源的全貌

首先，我们来看一看云网络中都有哪些资源，以及如何通过 API 来操作这些资源。

OpenStack 与 AWS 中的服务器资源和存储资源并没有太大的差异，但关于网络资源，这两种云环境却采用了不同的模型。这是因为在将以前那些要借助机器或人的管理才能搭建起来的网络功能交由程序管理时，功能的映射单位不同。因此我们要特别注意，不要混淆这两种模型。不过大家也不用紧张，模型虽然不同，但基本的思路还是相通的。

◉ 网络功能的对应关系

首先，我们整理出了 OpenStack 和 AWS 中网络功能的对应关系。如图 7.2 所示，网络的基本功能由三部分构成，分别是定义在 L2 网络上的子网、用于将子网连接起来的路由规则，以及在将服务器接入网络时作为连接点使用的逻辑端口。可以看到，OpenStack 和 AWS 在表示这些功能时，使用了不同的方法。

OpenStack Neutron

Neutron 采用了近似于物理环境的模型。该模型会在租户内创建虚拟交换机（虚拟网络）、虚拟路由器和逻辑端口。

AWS VPC

AWS 采用的模型会在租户内创建代表整个虚拟网络环境的资源 VPC，并在 VPC 内搭建子网、路由表和 ENI（Elastic Network Interface，弹性网络接口）等功能要素。如果说 OpenStack 的模型是在模拟现实中的网络设备，那么 AWS 的模型就是对网络功能的再现。

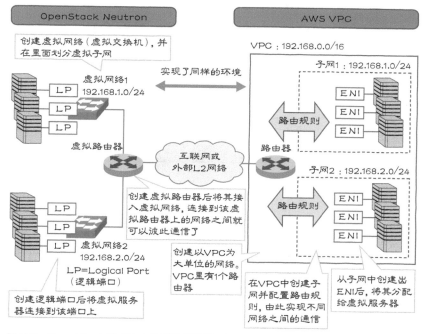

图 7.2 OpenStack 和 AWS 的网络模型的差异

◉ **网络资源的对应关系**

表 7.1 整理了 OpenStack 和 AWS 网络资源的对应关系，其中还包含了后面会讲解的有关安全的功能。

另外，所谓的"整个虚拟网络环境"是指可以在其中创建交换机、路由器、端口等网络资源的资源。这里可以回顾一下第 2 章的图 2.7（图 7.3）。如图所示，在 OpenStack Neutron 中，我们可以直接在租户内创建交换机和路由器等资源，而在 AWS VPC 中，要先创建名为 VPC 的彼此独立的专用网络，再在里面创建子网和路由器等资源，而且一个租户内可以创建多个 VPC。

表 7.1　OpenStack 和 AWS 的网络资源的对应关系

网络资源	OpenStack Neutron	AWS VPC
整个虚拟网络环境	没有相应的资源 [1]	VPC
交换机	网络	没有相应的资源 [2]
子网	子网	子网
路由器	路由器	网关、路由表
端口	端口	ENI
安全组	安全组	安全组
网络访问控制	FWaaS（还在开发中）	网络访问控制列表（NACL）

[1] 直接在租户内创建资源。

[2] 没有与交换机对应的资源，相应的功能由子网提供。

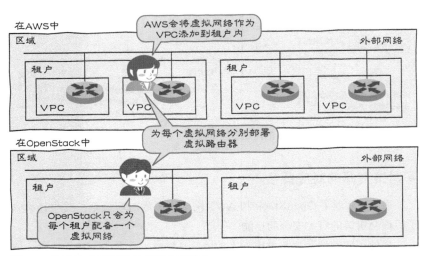

图 7.3　租户和虚拟网络的关系（回顾）

　　此外，云网络的特性还体现在租户内的用户可以自由地创建或删除这些网络资源上。传统的管理办法往往需要将网络交给专职的网络管理员负责，而在云环境中，一般用户也能拥有相应的管理权限。

　　下面就来逐一看看这些网络资源。

7.1.3 虚拟交换机和子网

◉ 虚拟交换机

　　虚拟交换机相当于网络交换机，提供了 L2 网络的功能（图 7.4）。接入到同一台虚拟交换机上的云服务器之间可以直接通信，不需要配置路由规则。

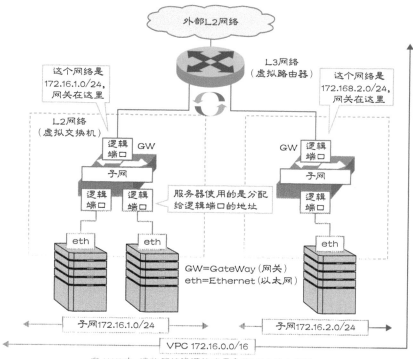

图 7.4　虚拟交换机和子网

　　另外，还可以将 L3 网络使用的 IP 地址范围（也称为 CIDR，例如 172.16.1.0/24）作为"子网"关联到虚拟交换机上。在云中，我们可以自由指定 IP 地址范围。云网络之间是完全隔离的，因此就算出现了重复的

IP 地址范围也没有关系，除非网络之间需要直接相连。尽管如此，为了避免与公有 IP 地址重复，在搭建云网络时，往往还是会采用私有 IP 地址的地址范围。

OpenStack Neutron

在 Neutron 中，虚拟交换机通常被叫作"网络"，而子网仍叫作"子网"[①]。用户可以任意指定子网的 IP 地址范围，还可以将多个子网（例如 IPv4 的子网和 IPv6 的子网）关联到一个网络上，这一点反映出 Neutron 的网络模型是在模拟物理网络。

AWS VPC

AWS VPC 仅仅定义了"子网"，并没有定义与虚拟交换机对应的资源。这就说明，在大多数情况下，虚拟交换机和子网是一一对应的，只要是在 TCP/IP 下使用，那么只需要定义"子网"，就完全可以通信了。

用户在 AWS VPC 中可以任意指定 IP 地址范围，不过指定过程要分为两个阶段完成：第一阶段是在创建 VPC 时，指定用于该 VPC 的 IP 地址范围；第二阶段是在创建子网时，从创建 VPC 时指定的 IP 地址范围中选择要用于子网的 IP 地址范围。虽然 AWS 允许在 VPC 中创建多个子网，但 VPC 的 IP 地址范围一旦确定就无法修改，因此我们要在确定 IP 地址范围前就先规划好要使用的范围。

◉子网

来自子网中的 IP 地址被分配给已接入该子网的服务器后，服务器就能在启动时通过 DHCP 获取该 IP 地址，进而开始通信了。

值得注意的是，并不是服务器每次启动时都要通过 DHCP 获取一个新的 IP 地址，而是由云端事先决定要分配哪个 IP 地址，然后通过 DHCP 将这个 IP 地址分配给服务器。这套机制保证了服务器一旦启动过，那么无论之后重启多少次，获取的都是相同的 IP 地址。由于服务器自始至终都

---

① 在 Neutron 中，通常是将相当于 L2 网络的"虚拟交换机"称作"网络"，但有时又会用"网络"或"虚拟网络"来指代"整个虚拟网络环境"，这就使我们不得不结合上下文来理解这些术语。这一点还望大家多加留意，笔者也觉得这些术语的用法有些混乱。

固定使用同一个 IP 地址，所以这个分配给服务器的 IP 地址又称为"固定IP"（Fixed IP）。

另外，由于虚拟网络、虚拟子网的运作方式是"只允许服务器用分配到手的 IP 地址通信"，所以用户擅自修改服务器上的 IP 地址会导致服务器无法通信。

而且，对于已创建了子网的网络而言，服务器只能在被分配的网络之内相互通信，所以我们无须关注云上的其他租户在使用哪些子网和 IP 地址。也就是说，在一个云环境中有可能会出现重复的子网和 IP 地址。

在云中，上述地址自动分配机制与通信隔离机制，使得过去必须要由网络管理员严加看管的网络变得就连一般用户也能轻松操作了。

◎ IP 地址范围

实际调用 API 时就会看到，无论是在 OpenStack 中还是在 AWS VPC 中，创建子网时所指定的"IP 地址范围"都被称为 CIDR。CIDR 是 Classless Inter-Domain Routing（无类别域间路由）的缩写。可人们为什么要用一个表示路由规则的术语来表示 IP 地址范围呢？

这就要从 IP 地址的结构和路由规则的建立过程说起了。IP 地址由标识子网的网络地址和标识子网内每台主机的主机地址构成，其中，网络地址的长度（比特数）被称为子网掩码。

早期的互联网采用的方案是用 IP 地址中前几个比特位的值来决定子网掩码（图 7.5）。例如，将第 1 个比特位为 0 的 IP 地址（0.0.0.0~127.255.255.255）称为 A 类地址，由于 A 类地址规定其子网掩码要占 8 个比特位，所以每个子网中大约有 1600 万个 IP 地址；与之类似，将前 3 个比特位为 110 的 IP 地址（192.0.0.0~223.255.255.255）称为 C 类地址，由于 C 类地址规定其子网掩码要占 24 个比特位，所以每个子网中有 256 个 IP 地址。

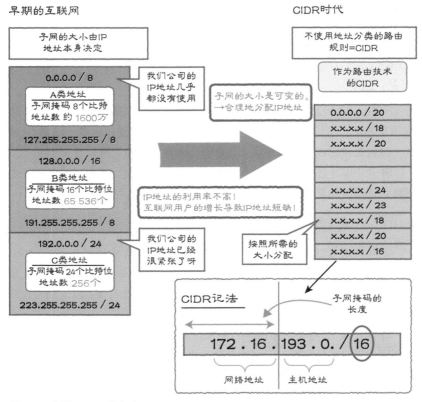

图 7.5 术语 CIDR 的由来

但是，几乎没有哪个组织的用户规模会大到要动用 1600 万个 IP 地址，因此如果选用 A 类地址就会造成 IP 地址的大量浪费。面对不断增长的互联网用户，根据 IP 地址决定网络大小的方案并不能解决合理使用 IP 地址的问题。

于是，人们就放弃了通过 A 类、B 类、C 类这种地址分类来决定子网掩码的方案，而是引入了新方案——通过可变长的子网掩码来进行路由。新的路由方案不再使用地址分类，故而被称为 Classless Inter-Domain Routing，简称 CIDR。也就是说，CIDR 原本是一个表示路由技术的术语。

可是，改用 CIDR 的路由技术后，子网掩码的长度就无法从地址分类推算出来了，因此需要另想办法把它指出来。于是，人们又引入了形如 xxx.yyy.zzz.sss/N 的记法，并将其称作 CIDR 记法。大家常见的 172.16.1.0/24 采用的就是这种记法。后来又索性进一步简化，将用 CIDR 标记的子网地址也称为 CIDR，通过这种记法使子网掩码的长度一目了然。

这就是 IP 地址范围被称为 CIDR 的经过，从中我们也可以窥探到互联网发展的脉络。

7.1.4 虚拟路由器

与物理路由器一样，虚拟路由器也具备连接不同网络的功能，并提供了"①内部→内部""②内部→外部""③外部→内部"三种网络间互联的功能（图 7.6）。这里所说的"内部"是指云网络。

所谓的"①内部→内部"功能，具体来说就是通过连接多个网络来实现服务器之间的跨网络通信。该功能多用于连接同一租户内或 VPC 内的多个网络。虚拟路由器通常还会提供在不同租户之间进行跨网络路由的方法。在 AWS 中，使用 VPC Peering 即可为跨租户的 VPC 进行路由；而在 OpenStack Neutron 中，我们要使用网络共享功能来实现不同租户之间的通信。

虚拟路由器的另一个重要作用在于能够将云环境的专用网络和互联网等外部网络连接起来。"②内部→外部"功能可以使已接入虚拟网络的服务器访问互联网或公司内部的网络。在从内向外的通信过程中，虚拟路由器会进行 NAT 转换（IP 伪装），将内部网络使用的私有 IP 地址转换为公用的公有 IP 地址。

而"③外部→内部"功能使我们能够从外部网络访问云网络内部的服务器。具体实现方法如下：用户先从地址池申请公有 IP 地址——这个 IP 地址在 OpenStack 中叫作浮动 IP[①]，在 AWS 中叫作弹性 IP（也称 EIP）——成功申请后要将该 IP 地址关联到服务器的逻辑端口上。这样一来，通过在虚拟路由器上进行网络地址转换（NAT），将公有 IP 地址转换为服务器的私有 IP 地址，即可实现从外部网络访问云网络内部的服务器。

---

① 　与分配给服务器的固定 IP 相对，浮动 IP 能够随时同服务器解除关联，所以才得此名。

在 AWS 中，以区域为单位预留了若干个公有 IP 地址的地址池，最新的公有 IP 地址范围能够以 JSON 格式查看（参见 AWS 参考手册）。

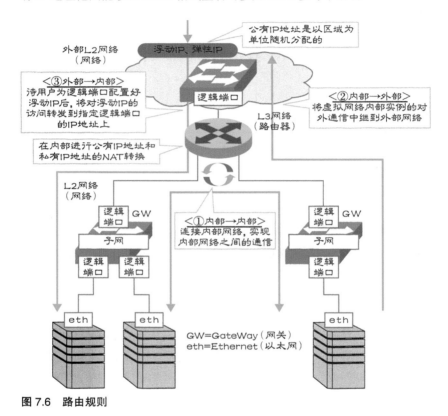

图 7.6 路由规则

◉实际的资源

前面介绍了虚拟路由器的功能，下面再来看看实际的虚拟路由器资源。鉴于虚拟路由器资源在 OpenStack Neutron 和 AWS VPC 中有所差异，下面分别予以说明。

OpenStack Neutron

Neutron 的资源模型由"虚拟路由器"和"路由器与子网的连接"两部分构成。该模型模拟了网线插入物理路由器接口的过程。创建好和前面介绍的"虚拟路由器"相对应的"路由器"后，我们还要将路由器的接口连接到子网上。

在连接子网时，Neutron 内部会先在子网所属的网络上创建逻辑端口，然后将该逻辑端口关联到目标路由器上。逻辑端口的内容将在后面讲解。和连接内部网络时一样，将路由器连接到对应于外部网络的虚拟网络后，即可与外部网络连接。

虚拟路由器会根据自身与子网的连接状况更新路由表，并将流量转发到相应的接收方。由此可见，OpenStack Neutron 的特征在于如实反映物理网络的工作方式。具体的示例将通过 7.2.1 节的图 7.14 进行说明。

另外，图 7.6 中的两个子网能够通过路由器相互通信，但在某些情况下，我们并不希望这样。此时可以先创建两个虚拟路由器并将它们都连接到外部网络上，然后将这两个子网分别连接到不同的虚拟路由器上。这样一来，这两个子网就无法互相通信了，但依然都可以连接到外部网络。

AWS VPC

在 AWS VPC 中，虚拟路由器采用了有别于 Neutron 的另一种模型。该模型由"网关"和"路由表"两部分构成。

为了与外部网络连接，我们需要先在 AWS 中准备好典型的"网关"。然后将网关连接到 VPC 上，再在子网的"路由表"中将所需的网关指定为路由规则中的目标地址，这样就可以通过路由器与外部网络通信了。

网关分为很多种：有用于访问互联网的互联网网关（IGW），用于与网络节点建立专用通信的虚拟专用网关（VGW），用于在同一区域内的 VPC 之间建立连接的对等连接（PCX），还有 VPC 端点，等等。其中，VPC 端点使用户在无法从 VPC 内部访问互联网的情况下，依然能够访问 Amazon S3 等面向互联网的托管服务（managed services）。

如图 7.7 所示，如果只对公有网段（172.168.1.0/24）应用目标地址为任意 IP 地址的路由规则"0.0.0.0 → IGW"，那么就可以限制只有公有网段才能访问互联网，而如果只对私有网段（172.168.2.0/24）应用分公司内部网络 CIDR 对应的路由规则"10.0.0.0/8 → VGW"，那么就可以限制只有私有网段才能访问网络节点的网络。

在 AWS 中，尽管从概念上来看路由器的确属于 VPC，但人们往往不把路由器看作资源，而是将配置在路由器上的"路由表"视作资源。我们可以选择是将路由表应用于整个 VPC，还是仅将其应用于某个子网。应用于整个 VPC 的路由表叫作"主路由表"，而仅与某个子网相关联并应用于其中的路由表叫作"子路由表"。后者在仅想将路由规则应用于某个子网的情况下使用。

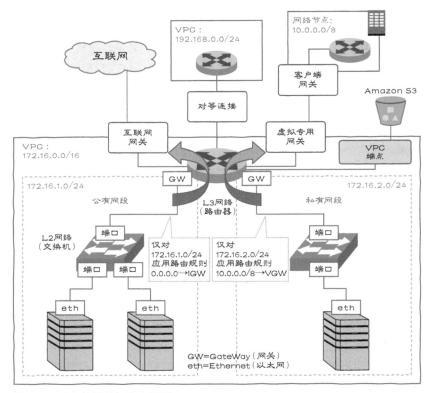

图 7.7　VPC 的网关与路由规则

7.1.5　逻辑端口

我们可以将逻辑端口想象成在虚拟网络上创建的交换机端口。OpenStack Neutron 和 AWS 中都有逻辑端口的概念，只不过在 Neutron 中它是连接到虚拟交换机上的，因而被称为"（逻辑）端口"，而在 AWS 中是服务器接入网络的接口，因而被称为 ENI（Elastic Network Interface，弹性网络接口）。

服务器和虚拟路由器在使用前都要先连接到逻辑端口上。在物理交换机中，端口只是用于插入网线后进行电子通信的连接器。逻辑端口基本上也可以这样理解，但逻辑端口还提供了一些很方便的功能。

在创建逻辑端口时，云会从逻辑端口所属的虚拟子网中获取一个 IP 地址，然后将这个 IP 地址分配给逻辑端口（图 7.8）。云只允许虚拟服务器使用刚刚分配给逻辑端口的 IP 地址进行通信。一个逻辑端口可以分配到多个 IP 地址，因此虚拟服务器的 NIC 也可以带有多个 IP 地址。另外，还可以为一台服务器关联多个逻辑端口。

关联到服务器上的逻辑端口可以随时同服务器解除关联。如果服务器与所有逻辑端口都解除关联就无法通信了，因此有的云环境还会对逻辑端口的解除关联有所限制。例如在 AWS 中，默认关联到服务器的 ENI 为 Ethernet 0，这个逻辑端口不能同服务器解除关联，但从第二个逻辑端口 Ethernet 1 开始就都可以随时同服务器解除关联了。由于 IP 地址的分配是以逻辑端口为单位的，所以只要将逻辑端口更换到另一台服务器上，就可以继续使用之前的 IP 地址与这台服务器通信了[①]。

另外，逻辑端口不仅用于将服务器接入虚拟网络，还用于连接虚拟网络和虚拟路由器。这就如同在物理网络中，将物理路由器连接到物理交换机的端口上一样。逻辑端口与虚拟路由器连接后，分配给逻辑端口的 IP 地址就成为该虚拟网络的网关。服务器通过该网关就能与云内的其他网络或外部网络通信了。

---

① 在 AWS 中，人们有时还会通过切换路由规则和更换 ENI 的方式实现服务器的故障转移（failover）。

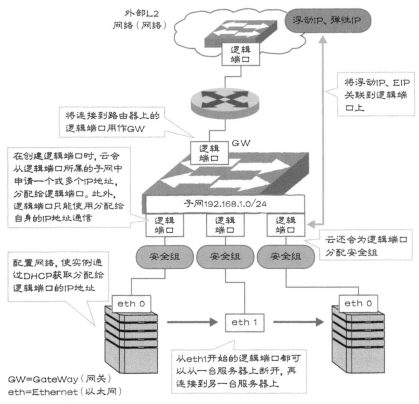

图 7.8　逻辑端口（网络接口）

而用于从外部网络访问内部网络的浮动 IP（等同于 AWS VPC 中的弹性 IP）同样会分配给逻辑端口。经过虚拟路由器的 NAT 处理，对分配给逻辑端口的浮动 IP 的访问，最终会被转发到逻辑端口的 IP 地址上。

逻辑端口还带有 MAC 地址。IP 地址是逻辑 L3 网络的信息，而 MAC 地址是物理 L2 网络的信息。逻辑端口的 MAC 地址通常会被用作服务器中与逻辑端口相连的 NIC 的 MAC 地址。

7.1.6　安全组

安全组是在理解云网络时需要掌握的另一个重要概念，它提供了对进出虚拟服务器的网络流量进行过滤的功能。

在运维服务器时，为了避免不必要的通信，我们往往需要进行包过滤。在物理网络中，最常见的方法是利用防火墙控制 L2 网络之间的流量（图 7.9）。当需要以服务器为单位精准进行流量控制时，主流的做法是使用服务器操作系统所提供的功能（如 iptables 等），将如何控制交给服务器端去管理。但这样做可能会因服务器端的错误配置导致过滤规则失效，而且也无法满足一些需求，比如在服务器配置好之前就要应用规则，或者想要将管理包过滤规则的工作交给网络端等。倒是可以将规则配置到物理交换机提供的 ACL（控制访问列表）中，但由于 ACL 要根据服务器的增减来修改，维护起来太过麻烦，所以实际使用它的人并不多。

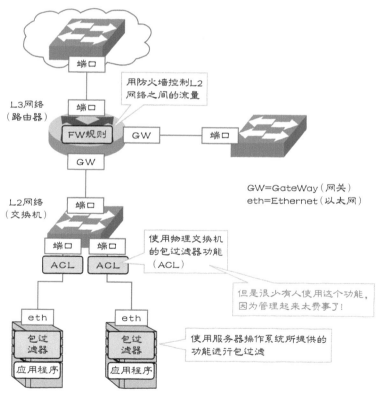

图 7.9　物理网络上的包过滤

云会默认提供一种名为安全组的包过滤器功能，可进行精准的包过滤（图 7.10）。安全组的应用以逻辑端口为单位，用户可指定虚拟服务器在启动时应用的安全组。安全组采用了安全优先的模型，如果没有指定任何规则，那么所有流量都会被丢弃（DROP），因此需要先将允许的流量依次添加到规则中。

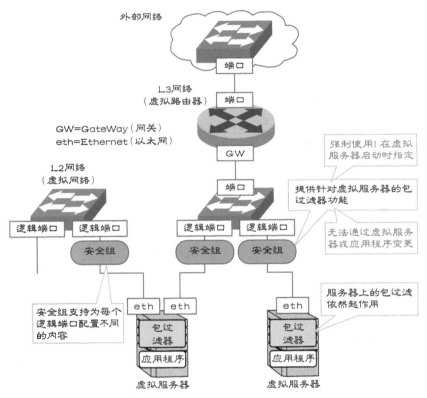

图 7.10　用安全组实现包过滤

从云中租户网络管理的角度来看，重点在于安全组的应用是在网络层级上进行的。由于对安全组的管理和控制不依赖于虚拟服务器的操作系统和应用程序，所以应用安全策略的过程相对来说比较简单。

例如，只要服务器或网络的结构确定了，服务器能够进行哪些通信也就大体确定了。因此，我们可以先在安全组中进行配置，拒绝不需要与外部网络进行的通信。这样一来，就算服务器内部发生了异常状况，至少也可以在网络层级切断服务器与外部网络的通信。

◉ 安全组中的规则

下面来看看如何在安全组中指定规则。

我们可以在规则中指定流量的方向（输入 / 输出）、协议类型（TCP、UDP、ICMP 等）、端口号（仅用于 TCP 和 UDP）以及通信对象。在流量的方向上，"输入"表示从外部网络到虚拟服务器的方向，"输出"表示从虚拟服务器到外部网络的方向。

如果规则中的流量方向是输入，那么通信对象就是发送方，反之则是接收方。指定通信对象有两种方法：一种是指定 IP 地址范围，如 10.56.20.0/24；另一种是指定整个安全组。如果把安全组指定为通信对象，那么所有属于该安全组的虚拟服务器都会成为通信对象。若能将这种指定方法运用自如，操作起来就会很方便。但考虑到有不少人并不熟悉这个方法，稍后会对此进行详细讲解。既可以在一个安全组中定义多个规则，也可以定义多个安全组。

将定义好的安全组关联到逻辑端口上，其中的规则就可以实际应用到逻辑端口上（图 7.11）。对一个逻辑端口可以应用多个安全组。在对流量应用规则时，只要流量与应用到逻辑端口上的安全组中任意一条规则匹配，安全组就会允许（ACCEPT）通信，而当流量与所有规则都不匹配时，安全组就会丢弃（DROP）流量（默认为 Deny）。若在逻辑端口上应用了多个安全组，那么在对流量应用规则时，就要检查在这些安全组的规则中，流量是否与其中某条规则匹配。如果都不匹配，该流量就会被丢弃。

反过来，将同一个安全组应用到多个逻辑端口上也没问题。这样一来，创建通用的安全组，并将其统一应用到功能相同的逻辑端口上，就能提升规则管理的效率。

另外，只要安全组中的规则一更新，新规则就会作用到所有关联的逻辑端口上。由于一个逻辑端口可以关联多个安全组，所以在实际应用中，我们可以事先为每种功能分别创建一个安全组。如用于 Web 服务器的安全组、用于 DB 服务器的安全组、用于控制访问的安全组，等等。等到应用时再将这些独立的安全组组合起来，如将用于 Web 服务器和用于控制访问的安全组组合起来应用到 Web 服务器上。

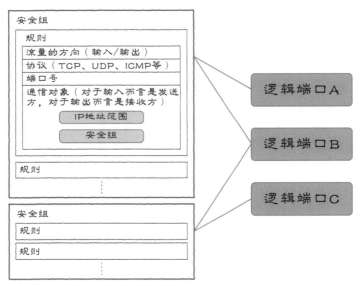

图 7.11　安全组中的规则和逻辑端口的关系

◉ 将安全组指定为通信对象

最后再来讲解一下用安全组指定通信对象的方法。在云中，经常要增加或减少具有某种功能的服务器。如果能熟练运用用安全组指定通信对象的方法，就能提升管理安全组的效率。

安全组明明是用来定义包过滤规则的，为什么要把它指定为通信对象呢？相信不少人会有这个疑问。

我们来考虑这样一种情况：假设有如图 7.12 所示的多台 Web 服务器和多台 DB 服务器，应用到 DB 服务器上的安全组规则是只允许 Web 服务器访问 DB 服务器。此时，我们要如何应对 Web 服务器的增减呢？最先能想到的方法很可能是定义出某种"组"，用来表示 Web 服务器的集合，然后在规则中将这个组指定为通信对象。

　　而 Web 服务器上已经应用了"用于 Web 服务器的安全组"。由于所有 Web 服务器都要应用"用于 Web 服务器的安全组",所以这个安全组本身就能"表示 Web 服务器的集合"。只要将这个安全组指定为通信对象,就不用去管理不必要的组了,只管理好安全组的应用对象就能轻松应对服务器的增减。可以说这是一种更加周全的指定方法。

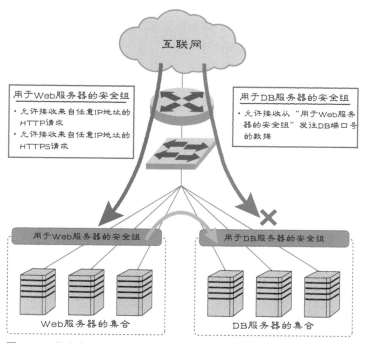

图 7.12　将安全组指定为通信对象的示例

7.1.7　网络访问控制列表

　　在 AWS 中,除了安全组,我们还会经常用到网络访问控制列表(NACL)功能。它用于对进出子网的流量进行过滤。无论是想要借助子网进行网络设计,明确指出要过滤的内容,还是想要分离权限,都会用到该功能。

在 NACL 和安全组中，基础的过滤要素是一样的。只不过安全组的默认行为是拒绝，而 NACL 的默认行为是允许。因此，NACL 更适用于需要明确指出丢弃哪些流量的情况（图 7.13）。

另外，在 NACL 中配置的规则是无状态的。这就意味着即使接收方向上的通信（IN）被允许了，能否对此进行应答也要取决于发送方向上的通信（OUT）规则。而在安全组中配置的规则是有状态的。这就意味着一旦接收方向上的通信（IN）被允许了，那么该接收方向上的通信（IN）和其反方向上的应答通信（OUT）就都会被允许。

OpenStack Neutron 也开发了相同功能的组件，并将其作为防火墙即服务（FWaaS，FireWall as a Service）来运用。但在写作本书时，该功能尚处于实验阶段。

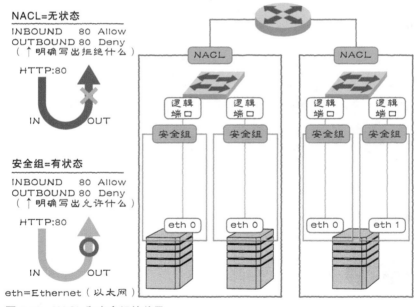

图 7.13　NACL 和安全组的差异

7.2 网络资源的 API 操作

7.2.1 用于搭建网络的 API 的调用流程

下面，我们通过一个具体示例来看一看如何使用 API 操作网络。

首先来看用于搭建网络的 API 的调用流程。请大家看图 7.14，图中画出了在 OpenStack Neutron 中从创建虚拟网络到为虚拟网络分配子网，再到创建逻辑端口的流程。在实际应用中，人们很少会直接创建逻辑端口。正如接下来要在 7.3 节讲解的那样，逻辑端口绝大部分是由 Nova 等使用了 Neutron 的模块在内部创建的。尽管如此，创建逻辑端口依然是搭建网络的基本环节。

Neutron API 的调用方法很简单，只需要向各种资源对应的 URL（网络资源对应的 URL 为 https://network/v2.0/networks.json；子网资源对应的 URL 为 https://network/v2.0/subnets.json；端口资源对应的 URL 为 https://network/v2.0/ports.json）传递 JSON 数据即可。这里的要点在于可以用第 3 章介绍的 JSON 来定义网络的 CIDR 等配置信息。统一管理网络的配置信息（config）很重要，即使在物理环境中也不例外，只是到了云中，我们能够用 JSON 来统一管理。

创建虚拟网络时，只需要传递网络的名称即可。创建子网时需要传递 CIDR 和网关的 IP 地址，而为了表示新建的子网要关联到哪个虚拟网络上，还需要传递虚拟网络的 UUID。接下来，只需要指定虚拟网络的 UUID 就可以创建逻辑端口进而获取 IP 地址了。向用于创建逻辑端口的 API 发送 POST 请求后，由 Neutron 自动分配的 IP 地址和 MAC 地址等信息就会出现在相应的响应中。

接下来创建虚拟路由器（图 7.15），并与图 7.14 中创建好的子网相连接。创建虚拟路由器时只需要提供名称，连接时需要指定要连接的子网并向虚拟路由器资源发送 PUT 请求，这样就可以将两种资源连接起来了。

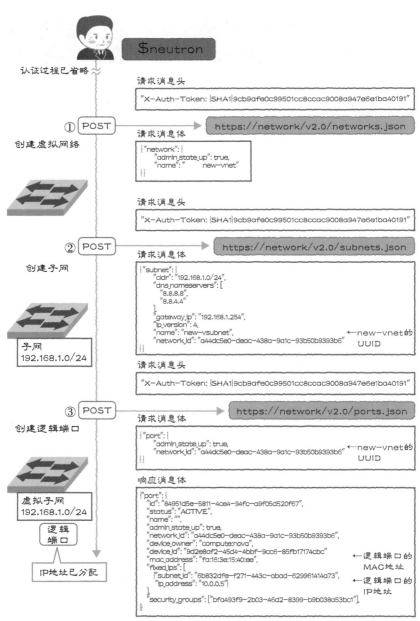

图 7.14 搭建网络时调用的 API 1（虚拟网络、虚拟子网、逻辑端口）

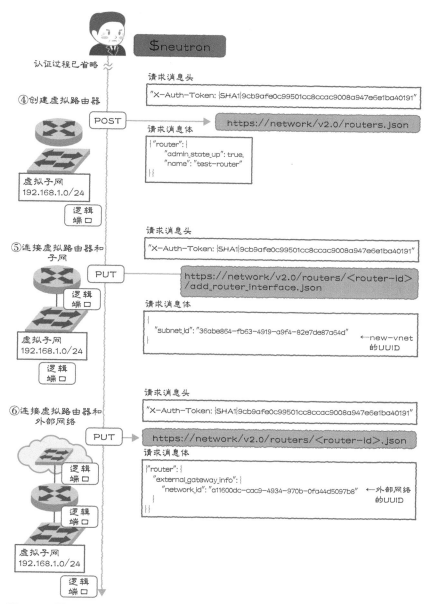

图 7.15 搭建网络时调用的 API 2（虚拟路由器、连接子网、连接外部网络）

最后将虚拟路由器连接到外部的 L2 网络上。外部的 L2 网络和普通的虚拟网络一样，也带有 UUID，所以把它连接到虚拟路由器上，即可创建出虚拟路由器到外部网络的连接。经过这一番操作，我们就能通过刚刚创建好的虚拟网络中的逻辑端口访问互联网等外部网络了。

在 AWS 中，搭建网络时要先调用创建 VPC 的 API "CreateVPC"（ VPC 代表整个虚拟网络环境 ），然后对创建好的 VPC 先后调用创建子网的 API "CreateSubnet" 和创建网络接口的 API "CreateNetworkInterface"。CIDR 等配置信息是通过查询参数指定的，但配置结果能够以 JSON 的格式输出。这些 JSON 数据还能与第 8 章讲解的编配功能配合使用。

由此可以看出，与物理环境相比，网络的搭建过程得到了大幅度的简化。

最后，只需指定逻辑端口并启动虚拟服务器，虚拟服务器就能立刻与外界通信了。在物理环境中，如何配置路由器的路由规则、应该将哪个 IP 地址分配给服务器等问题都需要讨论。不仅如此，要想配置网络设备，还必须记住每种设备的配置方法，光是搭建一个网段就要花费大量精力。而云网络提供的功能能够将烦琐的传统搭建过程隐藏起来，云也可以替我们做出大部分判断，搭建效率因而得到了大幅度提升。

7.2.2 用于将服务器接入网络的 API 的流程

上一节举例说明了如何通过调用各个 API 完成网络环境的搭建。由于网络 API 的调用在大多数情况下会与虚拟服务器的创建产生交互，所以接下来我们就以 OpenStack 为例，看一看网络 API 与服务器的交互过程。

图 7.16 画出了 Nova 收到创建虚拟服务器的请求后的流程。

首先，调用 Nova 的 API 来创建虚拟服务器。为了判断指定的数据是否有效，Nova 先要进行数据验证，所以会向 Neutron 确认有关网络和安全组等信息的有效性。接下来，只要找到合适的服务器，能在上面启动指定套餐的实例，Nova 就会委托 Neutron 创建逻辑端口。

接收到创建逻辑端口的委托后，Neutron 会先把 IP 地址、MAC 地址等信息分配给逻辑端口，然后将创建好的逻辑端口返回给 Nova。分配给逻辑端口的 IP 地址，来自图 7.14 中创建的那个子网被指定的 IP 地址范围。这样虚拟服务器一启动，就能通过 DHCP 获取这个 IP 地址了。

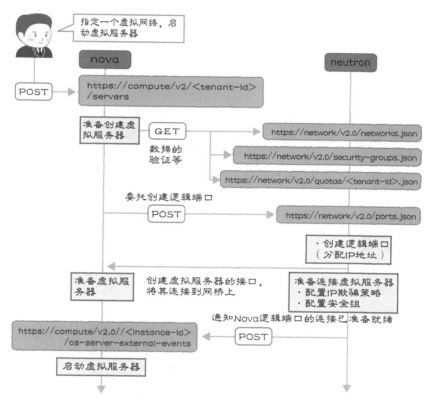

图 7.16　Nova 和 Neutron 在虚拟服务器创建过程中进行交互的流程

　　Nova 通过接收来自 Neutron 的创建逻辑端口的响应数据，集齐了启动虚拟服务器所需的信息。至此为止，仅仅是在逻辑上准备好了数据，虚拟服务器等实体尚未被创建。

　　下面就该准备启动虚拟服务器了。Nova 会先创建虚拟服务器的接口，然后将其与虚拟机管理程序上的网桥相连（细节将在稍后讲解）。此时二者虽然连接上了，但由于网络端的准备工作还没有就绪，所以 Nova 会进入等候状态。

　　若发现虚拟服务器的接口已连接到网桥上，Neutron 就会通过 Neutron API，基于指定的信息将该接口加入到相应的虚拟网络中。而且还会为逻辑端口配置 IP 欺骗（IP spoofing）策略，并为其应用安全组。完成这些必要的工作后，Neutron 就会告知 Nova 逻辑端口已准备就绪。

处于等候状态的 Nova 一旦接到通知，就会正式开始创建虚拟服务器。

由此可见，云 API 不仅能用于功能调用，还能用于以状态通知等方式进行交互，从而构建出更加可靠的环境。

7.3 网络资源的内部结构

下面，我们基于内部结构公开的 OpenStack Neutron 来看一看云是如何操作网络并实现虚拟网络环境的。

7.3.1 云网络的隔离

前文讲解了如何利用云来轻松操作云网络。不过，相信还有不少读者对多租户环境中不同用户共用同一子网地址的情况下，云是如何实现网络隔离的更感兴趣。

虽然 Neutron 能够利用驱动程序操作 Cisco 和 Juniper 等网络设备，但在本节中，我们重点要看的是使用由 Neutron 开源代码实现的 Linux 下的 Open vSwitch（OVS）时，Neutron 在内部进行了怎样的操作。

◉操作虚拟网络的进程

首先，我们来看图 7.17，确认一下运行在 Neutron 内部的组件。

在 OpenStack 中，运行着 nova-api、neutron-server 等进程的主机称为"控制节点"。这些进程负责接收来自用户的 API 调用请求。

另一种主机叫作"计算节点"，主要负责利用 KVM 实际启动虚拟服务器并通过 Open vSwitch 搭建虚拟网络。计算节点中运行着操作 KVM 的 nova-compute 进程和控制 Open vSwitch 的（Neutron 的）L2-agent。

用户将创建虚拟服务器或操作虚拟网络的请求发送给控制节点后，控制节点就会一边控制 nova-api、neutron-server 及其他 OpenStack 进程处理接收到的请求，一边操作计算节点来搭建环境。

◉ **跨多个节点的租户虚拟网络**

假设我们要在图 7.17 的环境下搭建如图 7.18 所示的虚拟网络，并将虚拟服务器接入到该网络中，那么此时在计算节点上实际创建了怎样的环境呢？

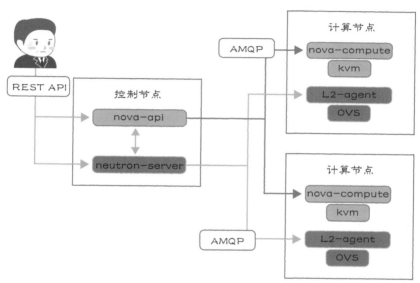

图 7.17 用于操作虚拟网络的 OpenStack 进程

图 7.18 中搭建的虚拟网络有两个租户 A、B，它们各拥有一个子网，且这两个子网的 IP 地址相同。两个租户分别启动了两台部署在不同计算节点上的虚拟服务器。部署在每个租户中的两台虚拟服务器使用同一个 IP 地址。

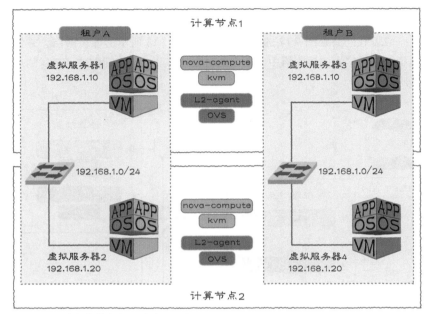

图 7.18 跨多个节点的租户虚拟网络

虽然 Neutron 支持这样使用网络，但这种使用方法在一般的物理环境或虚拟化环境中并不可行。在虚拟化环境中，在一台主机上创建了两台 IP 地址相同的虚拟服务器之后，如果不同时使用这两台虚拟服务器尚且没什么问题，但一旦打算用它们与另一台主机上的虚拟服务器通信，就会因为系统无法判断通信来自哪台虚拟服务器而失败。

为了避免产生这样的冲突，在物理环境或虚拟化环境中，网络管理员或虚拟化平台的管理员不得不加强管理，严格记录每台主机上部署的虚拟服务器，以及这些虚拟服务器使用的 IP 地址等。但 Neutron 并没有用避免冲突的方法解决该问题，而是通过技术手段确保即便出现了重复的 IP 地址也能正常通信。

◉ **标识网络**

下面就来看看 Neutron 是如何解决这个问题的。

图 7.19 展示了 Neutron 在计算节点上实际搭建的网络环境。如图所

示，两个计算节点上分别部署了两台使用同一 IP 地址的虚拟服务器。

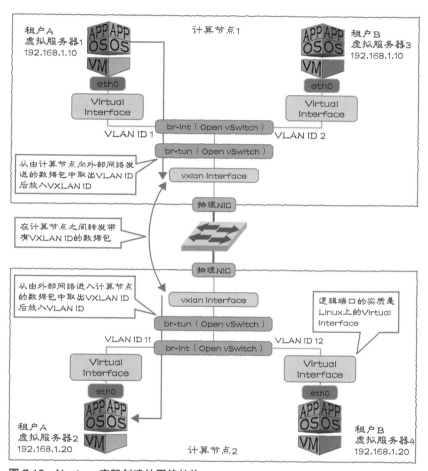

图 7.19　Neutron 实际创建的网络结构

Open vSwitch 会在计算节点上创建名为 br-int 和 br-tun 的网桥（OVS 网桥）。虚拟服务器通过 Linux 的虚拟接口（virtual interface）和 OVS 网桥 br-int 连接在一起。这里的虚拟接口实际上就是逻辑端口。如图 7.16 所示，接收到创建逻辑端口的请求后，Neutron 会先创建虚拟接口，然后配置基于安全组的包过滤器和 IP 欺骗策略，待这些配置全部完成后通知 Nova。

OVS 网桥 br-int 要连接到 br-tun 上，由 br-tun 负责在计算节点之间转发数据包。转发时会用到 VXLAN（Virtual Extensible Local Area Network）。VXLAN 通过已连接到 br-tun 上的 VXLAN 接口，将带有 VXLAN ID 的数据包从一台计算节点转发到另一台计算节点。VXLAN 是比较新的技术，是一种通过封装以太网帧在 L3 网络上搭建出逻辑 L2 网络的隧道协议。

VXLAN 会根据要到达的虚拟接口，识别出虚拟服务器发出的数据包所属的虚拟网络，并为其分配用于标识虚拟网络的 VLAN ID。在同一个计算节点中，云网络正是根据这个 VLAN ID 来隔离各个虚拟网络的。因此，IP 地址相同的虚拟服务器即便被部署在同一台主机上，也不会影响通信。

如图 7.19 所示，当部署在租户 A 中的虚拟服务器 1 与虚拟服务器 2 通信，即从计算节点向外部网络发送数据包时，br-tun 会先删除数据包中的 VLAN ID，再为其附上 VXLAN ID。接下来，VXLAN 会通过连接到 br-tun 上的 VXLAN 接口，将带有 VXLAN ID 的数据包转发到另一计算节点中。作为接收端的计算节点则会通过 br-tun 先将来自外部网络的数据包中的 VXLAN ID 删除掉，然后重新为其附加 VLAN ID。每个计算节点上的 VLAN ID 都是彼此独立的，因此计算节点的增加并不会影响虚拟网络的总数。

由此可见，通过将虚拟网络的标识符从一个计算节点带入另一个计算节点，就能确保即便通信双方是在不同计算节点上启动的同一租户内的虚拟服务器，虚拟网络也是彼此隔离的。

上面的示例是用 VXLAN 来标识虚拟网络的，而这种用某个 ID 来标识虚拟网络的手段并不罕见，几乎所有的网络虚拟化技术都会采用。在选用网络虚拟化技术时，我们一般要考虑的是能够标识的虚拟网络数量。除此以外，还要权衡性能与运维成本。

例如，使用 VLAN 能够区分 4094 个虚拟网络，而且人们从很早以前就开始使用 VLAN，积累了丰富的经验，因此当云中所容纳的虚拟网络数量较少时，我们往往要选用 VLAN。

而 VXLAN 所使用的 ID 由 24 个比特组成，能够标识约 1600 万个虚拟网络，适用于云或其他需要容纳大量用户的环境。在近几年用户规模较大的项目中，偶尔也会遇到虚拟网络数量达到 VLAN 上限 4094 的情况。
此时，VXLAN 就可成为解决问题的方案。

7.4 || 网络资源组件的总结

7.4.1 网络资源的组件

网络资源基本上是由交换机、子网、路由器、端口、安全组和 NACL 构成的。下面我们先用组件图来整理一下这些资源之间的关系。图 7.20 和图 7.21 分别是 OpenStack Neutron 和 AWS VPC 的资源图。在 OpenStack 和 AWS 中，虽然资源间的关系多少有些差异，但基础资源都是网络、子网和端口，而且子网与 NACL，端口与安全组也都是多对多的关系。关于路由器资源，二者的表现方式有所不同：在 OpenStack 中，路由器是与端口相关的；在 AWS 中，路由表则是与 VPC 和子网相关的。

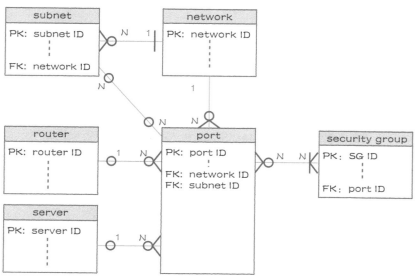

图 7.20 OpenStack Neutron 的资源图

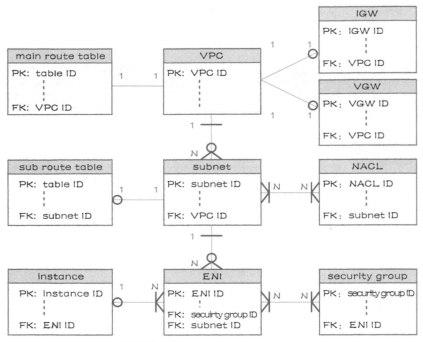

图 7.21 AWS VPC 的资源图

本章讲解了网络、子网、路由器、端口、安全组和 NACL 等用于搭建云网络基本资源的概念，并介绍了通过 API 使用这些资源的方法。相信大家能从中体会到，用户只需将这些资源组合起来，就能借助 API 自行规划网络的拓扑结构。

除了本书提及的功能，OpenStack 和 AWS 等云环境还以资源的形式提供了负载均衡器、VPN 以及防火墙等高级网络功能。我们可以像操作虚拟网络或虚拟路由器那样，通过 API 操作这些资源，从而轻轻松松地搭建出复杂的网络（图 7.22）。

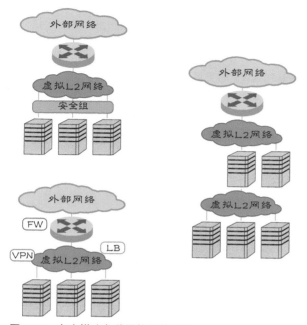

图 7.22　自由搭建各种网络拓扑结构

　　在云上搭建系统时，网络安全非常重要。不论项目的规模是大是小，都必须要研讨这方面的网络设计和制定过滤策略。由于安全组和 NACL 的自由度很高，又很容易形成多对多的关系，所以通过什么样的规则来简化设计，以及如何使规则的变更生效就成为了重点。此外，还需要常常研讨 VPC 对等连接和优化 VPC 端点等与服务间联动相关的问题，以及将在第 11 章中讲解的多重云的网络配置问题。

　　另外，比起前两章介绍的云服务器和块存储与传统服务器和传统存储的差异大小，云网络与传统网络的差异可谓更加明显。设计和排错时还应考虑到带宽和 MTU（数据包大小）等因素。大家在负责实际业务时，通过回想在本章学到的有关资源的概念及其内部结构，就一定能将问题处理得更加完美。由于这些概念就是 SDN（Software-Defined Network，软件定义网络）的思路，所以我们最后再来看一看云网络与 SDN 的关系。

7.4.2　云网络和 SDN

既然提到了云网络，就不能不说 SDN。因此，本章的最后就再来梳理一下 SDN 与 OpenStack 和 AWS 的关系。

SDN 是一种思路，旨在从负责传输的数据平台（data plane）中分离出进行控制的控制器平台（control plane）——二者在传统的设备上是一个整体——然后使用 API 来控制网络。这个思路是不是与前面讲解的云网络的思路很相似呢？

图 7.23 整理出了 SDN 的组件之间的关系。这些组件包括云网络控制器、网络编配器（network orchestrator）以及网络设备。

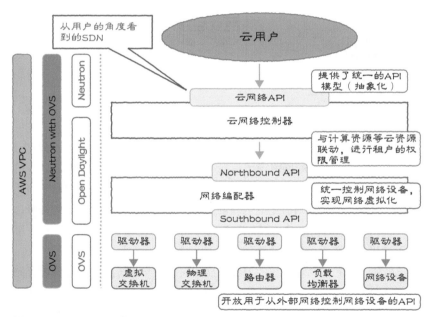

图 7.23　SDN 和云网络

网络设备是实际处理数据包的机器。为了便于从外部网络控制这些机器，网络设备开放了相应的 API。

网络编配器负责控制各种网络设备，实现虚拟网络等各种网络功能。

尚处于开发阶段的开源软件 OpenDaylight 以及 MidoNet、Ryu 和 OpenContrail（后更名为 Tungsten Fabric）等都是网络编配器的实例。

云网络控制器负责执行一些必要的任务，以便在云中开启虚拟网络的功能。任务包括与计算资源等云资源（如 OpenStack Nova 等）进行联动、为与租户相关（tenant-aware）的资源提供权限管理等。为了便于理解，大家不妨对比一下计算资源的控制方式。可以发现网络编配器就好比是实现了虚拟服务器的虚拟机管理程序，而云网络控制器则相当于 OpenStack Nova 之类的组件。

云网络控制器肩负的另一项重要工作是向用户提供统一的 API 模型。本章讲解的 Neutron 和 AWS VPC 的 API 负责的正是这部分工作。由于 API 是用户直接操作的部分，所以云网络好不好用，很大程度上取决于 API 有没有对云网络上的用例进行合理的抽象。

图 7.23 的左侧展示了本章所提及的 OpenStack Neutron 与 AWS VPC 分别覆盖了 SDN 的哪些组件。在 Neutron 中，如果网络配置中使用了 7.2 节提及的 Open vSwitch，那么 Neutron 就能同时充当云网络控制器和网络编配器的角色，而如果使用的是 OpenDaylight 等系统，那么 Neutron 就只能扮演云网络控制器的角色。

从图中可以看到，使用 SDN 时，作为用户入口的云网络 API 是核心，而 OpenStack Neutron 和 AWS VPC 所实现的正是云上的 SDN。我们不仅要善于使用这些 API，还要去思考为什么要这样设计。只有这样才能加深对云网络和 SDN 的理解，扩大其使用范围。

第8章

编配（基础设施即代码）

从第 3 章到第 7 章，我们先后了解了 API 的基本机制及用于控制服务器、存储、网络等资源的 API。相信大家已经对 OpenStack 和 AWS 等云环境中的 API 所提供的功能，以及调用 API 时内部所进行的处理有所了解了。

如果能更简单，或者说更自动地定义出资源间的关系，是不是就能减少人为判断呢？基于这个设想，"编配"（orchestration）功能诞生了。OpenStack 中的 Heat 和 AWS 中的 CloudFormation 都是有关编配的组件。

本章的前半部分主要讲解编配的基础知识、语法与相关工具，旨在说明编配功能如何通过定义云中资源之间的关系，将人为判断的部分交由计算机处理，最终实现系统的自动部署；而后半部分则会一边梳理编配与面向资源的 REST API 之间的关系，一边说明使用编配的好处与引入编配的方法。

8.1 ‖ 编配的基础知识与模板的语法

相对于之前讲解的"服务器""网络""存储"等内容，或许有些读者还不是很了解编配与自动化的概念。因此，下面先来简单介绍这两个概念。在阐明它们的必要性及思路后，再针对相关的机制进行讲解。

8.1.1 编配与自动化的概要

这里应该有不少读者主要从事软件开发的工作吧？熟悉 DevOps 这个词的人应该也不在少数。所谓 DevOps，是一种通过开发团队与运维团队合作，来加快系统生命周期中各环节间转换速度的方法，主要为提供网络服务的企业所使用。

DevOps 中的编配、DevOps 中的自动化、云中的编配与云中的自动化，这四个概念之间多少有些差异。本书的主题是云 API，在对编配和自动化的认知方面可能与 DevOps 存在一些差异，因此下面就来稍微对比一

下这些差异 [①]。

如图 8.1 所示，我们以 DevOps 与云中的基础设施为纵轴，编配与自动化（automation）为横轴来对比这四个概念（四个概念中有重叠的部分）。

	编配（自动化任务）	自动化
DevOps	使用由团队定义的 DevOps 流程，用自动化工具和任务落实流程 在由 AWS 或 OpenStack 的 API 构成的云管理平台上实现	使用用于进行持续集成的 CI 工具构建软件 自动提交中间件等软件的配置（配置管理） 配置管理可采用相同的工具
云基础设施	包含 4 个功能层 ①API 的门户访问层 ②服务管理层 ③编配层 ④资源管理层	借助云中的自动化工具实现以下流程的自动化 ①在物理服务器上部署虚拟服务器 ②安装操作系统 ③配置网络设备及相应的功能 ④部署应用程序并提交相应的配置

图 8.1　DevOps 中的编配和自动化与云基础设施中的编配和自动化

从 DevOps 的角度来看，编配是"为实现软件开发的自动化而编写任务的过程"，而自动化是"利用 CI（持续集成）工具，将构建或缺陷检查自动化的过程"。尽管在 DevOps 的编配与自动化中有很多值得学习的部分，但本章还是以云中的编配与自动化为主。

在云中使用编配的目的在于通过云管理平台提供的各种资源的 API 来减少人为判断。请看图 8.1 右下角，对于云基础设施中的自动化，我们可利用云管理平台中的编配功能将前三点自动化，而"④部署应用程序并提交相应的配置"则超出了编配功能的范畴。本书篇幅有限，无法对④所提及的内容进行讲解。不过，AWS 等各种 PaaS 都提供了相应的功能。

◉ **基础设施即代码**

近几年，大家可能经常会看到基础设施即代码（infrastructure as code）这个术语。之所以将基础设施看成代码，是因为编配与自动化使我们能够

[①]　本书并非讲解 DevOps 的图书，想要进一步了解 DevOps 或 CI 的读者，可参考书末的参考文献 [18]。

以便于人类阅读的纯文本格式（如 YAML 或 JSON 等）定义云基础设施与系统状态，并通过编配工具、API、各种脚本语言及自动化工具的组合，最终将涉及人为判断的部分自动化。这样一来，我们就可以像处理程序中的代码一样处理云基础设施了。

这些功能与工具能够使系统处于预定义的状态，无论用户执行了多少次操作，得到的都是相同的环境，从而防止系统的配置与系统的状态出现不一致的情况。我们将这种无论执行多少次操作都能复现相同环境的性质称为"幂等性"。幂等性是编配或自动化需要满足的性质之一，请大家先把这个词记下来。

一般来说，编配与自动化的实现方式分为以下两种。

- 过程式工具——像程序设计语言那样将配备应用程序所需的步骤依次列出来，并将这些步骤自动化
- 声明式功能——事先将最适合应用程序的基础设施状态定义为模板，并确保系统处于该状态

Chef、Puppet 与 Ansible 都是典型的过程式工具[1]。这些过程式工具由负责管理构成信息和配置信息的服务器与提交配置的客户端构成。服务器端会查看客户端的构成信息和配置信息，以确认系统是否处于正常状态。一旦发现系统处于异常状态，或是向客户端发送用于恢复至正常状态的命令，或是进行配置变更，以使系统恢复至正常状态。例如，在 Chef 中，配置信息被称为 recipe，由于 recipe 是基于 Ruby 语言编写的，所以我们可以直接使用 Ruby 的语法，甚至可以在编写时按照 Ruby 的语法实现条件分支等复杂逻辑。

AWS CloudFormation 和 OpenStack Heat 则是典型的声明式功能。过程式工具是将命令与配置直接写出来，而声明式功能是将构成整个系统的各个资源定义到一个模板中，以此来实现基础设施的服务开通（provisioning）。由于声明式功能会以 AWS、OpenStack 等云管理平台上的组件形式实现，所以一般将其称为"功能"，而不是工具。

就模板使用的语言而言，AWS CloudFormation 中的模板使用的是

---

① Chef Solo、Puppet（单机模式）、Ansible 均可在没有服务器的单机模式下运行。

JSON，OpenStack Heat 中的模板使用的是 YAML 或 JSON。虽然这两种语言都很适合以纯文本格式描述资源，但不太适合嵌入条件分支等逻辑结构。不过在实际应用中，Chef 等的用户要想更轻松地使用 AWS CloudFormation，还可以使用通过 Ruby 而不是 JSON 来控制的转换工具，例如 Kumogata。

AWS CloudFormation 和 OpenStack Heat 还可以借助 cfn-init 等功能以过程式的方式编写模板，因此在实际应用中，不用太在意声明式和过程式之间的差异，只需理解概念即可。

◉ 声明式与过程式的应用范围

从技术层级上考虑，一般系统的部署流程从下往上依次可划分为如下四个层级。

① **准备网络与块存储**
② **从镜像启动服务器**
③ **安装操作系统**
④ **部署应用程序**

声明式功能与过程式工具的应用范围（技术上的层级）本来就不同（图 8.2）。从应用的对象来看，相信大家都能看出，上面的①与②属于基础设施，③是操作系统，④属于中间件与应用程序的范畴。

在 IaaS 中，①与②都在云所提供的范围之内，对应于声明式功能的 AWS CloudFormation 与 OpenStack Heat；③与④则在云所提供的范围之外，对应于过程式工具的 Chef、Puppet 与 Ansible。不过，由于这两部分之间有重叠的部分，所以在选用工具前一定要先厘清各个工具的应用范围，这一点很重要。

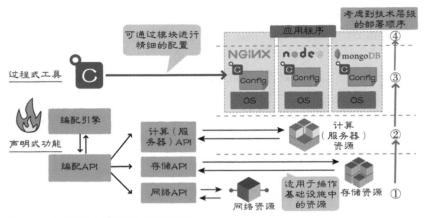

图 8.2 声明式与过程式的应用范围

过程式工具

下面以典型的过程式工具 Chef 为例进行讲解。由于 Chef 已经为各种操作系统和中间件提供了相应的模块，所以能够轻松实现配置管理的自动化。不过，截止至 2015 年年底，还没有提供能统一管理服务器、网络、存储等云中资源的扩展功能。

AWS OpsWorks 通过将 Chef 与自身具备的功能相结合，提供了支持操作系统和中间件配置的功能。我们可以认为，在 AWS 中，只要结合使用 AWS OpsWroks，凡是支持 Chef recipe 的软件，都可应用于整个①～④层。Ansible 也提供了用于操作云的插件，因此也能应对整个①～④层的需求，只是 Ansible 支持的云或资源比较有限。

声明式功能

由于能够统一管理云资源的 AWS 或 OpenStack 都具备声明式功能，所以二者都能够利用该功能在最佳状态下，通过资源间的紧密呼应来实现云资源的服务开通。但声明式功能并不适于配置操作系统或中间件。好在我们还可以在 AWS CloudFormation 中通过 cfn-init、cfn-signal、cfn-get-metadata 及 cfn-hub 等辅助脚本或第 5 章介绍的 userdata 功能进行配置。

- cfn-init——从名为 AWS::CloudFormation::Init 的键读取并执行模板元数据。示例配置如下所示

```
"Type": "AWS::EC2::Instance",
"Metadata" : {
  "AWS::CloudFormation::Init" : {
    "config" : {
      "sources" : { : },
      "packages" : { : }
      "files" : { : }
      "services" : { : } }
  }
},
```

- cfn-signal——将表示 Amazon EC2 实例是否已成功创建或成功更新的信号发送给 AWS CloudFormation
- cfn-get-metadata——从 CloudFormation 获取元数据块
- cfn-hub——提供守护进程，用以检测资源的元数据是否已发生变更。若有变更，则执行用户指定的操作

有关语法与选项的细节，请参考 AWS 参考手册中 CloudFormation 帮助程序脚本 cfn-init 的内容。

此外，AWS 还提供了一些关于将 Chef 或 Puppet 集成进 CloudFormation 的指南和示例模板，大家可根据具体情况自行参考。

①～④都属于广义上的基础设施即代码的范畴，但其中的③、④在很大程度上依赖于具体的平台，因此接下来我们还是专注于本书的主题，主要讲解与云基础设施关系紧密的①、②两点。

8.1.2　编配功能中的资源集合的概念

从第 5 章到第 7 章，通过调用用于操作资源的 REST API，我们分别对服务器、块存储和网络这些独立的资源进行了创建、获取、更新和删除的操作，以此来控制这些资源。

虽然通过调用 API 也能控制资源，但随着资源数的增加，API 的调用次数也会增加。特别是当资源数膨胀到一定程度以后，为了不受资源间依赖关系（资源图中的关系）的制约，我们不得不开始考虑 API 的调用顺序。最关键的是，当资源数膨胀到一定程度时，如果没有对资源分组管理，就会导致单凭人力无法管理所有资源。

从本质上来讲，编配定义了资源的集合。在后面的讲解中我们还会看到，使用编配就意味着将以往基于各独立资源的动作 API 设计出的搭建方法切换成基于资源组设计的搭建方法，完全以 ROA（面向资源的架构）的角度考虑如何设计与操作。

如图 8.3 所示，逐一创建资源时需要分别调用各资源的 API，而使用了编配以后，就能从后述的模板中调出资源的集合，并向这个被称作"栈"（stack）的资源集合发送请求调用 API。

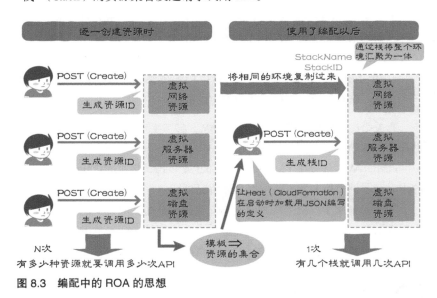

图 8.3　编配中的 ROA 的思想

如图所示，随着 API 调用次数的减少，初始环境的创建也变得更加容易。除此以外，由于我们能够以"栈"为单位将资源汇聚成一个整体，所以使用编配还带来了便于在创建后对环境进行更新与删除的好处。

8.1.3　使用 API 操作编配

下面就来具体看一看如何使用 API 操作编配。

编配的基本单位是"栈"。这里就以 OpenStack Heat 的 API 为例，介绍与栈相关的基本操作。

　　在 OpenStack Heat 中，只需调用 Create stack 这个 API 即可创建栈。调用时，我们要向"https://orchestration/v1/{tenant_id}/stacks"这个 URI 发送 POST 请求。由于资源的配置本身会记录在 YAML 或 JSON 文件中，所以要将这些文件指定为查询参数才能使配置生效。若模板就在本地文件系统中，则可使用 template 参数[1]；若在对象存储[2]等远程文件系统中，则可使用 template_url 参数来指定模板的 URL。待栈创建完成后，OpenStack Heat 会将预先指定好的栈名与唯一的栈 ID 分配给栈。

　　要想删除已创建好的栈，则需要调用 Delete stack 这个 API。调用时，我们要向指定了栈 ID 的 URI "https://orchestration/v1/{tenant_id}/stacks/{stack_name}/{stack_id}"发送 DELETE 请求，以此来执行删除处理。

　　而要想更新已创建好的栈，则需要调用 Update stack 这个 API。由于每次更新栈时都需要调用，所以该 API 的使用频率较高。更新过程能够体现编配所特有的功能（图 8.4）。通过向"https://orchestration/v1/{tenant_id}/stacks/{stack_name}/{stack_id}"这个 URI 发送 PUT 请求，即可执行更新处理。而具体的更新内容则取决于通过 template 或 template_url 参数指定的模板"更改集"（change set）。所谓的"更改集"，即新指定的模板与旧模板之间的差异部分。虽然 OpenStack Heat 按照更改集进行更新，但在内部有很多种资源都会被重新创建。

　　在 AWS CloudFormation 中，操作栈的方式与 OpenStack Heat 类似，并同样提供了分别用于创建、删除和更新栈的 API "CreateStack" "DeleteStack" 和 "UpdateStack"。我们在调用时要向"https://cloudformation.region.amazonaws.com"这个端点发送请求。另外，OpenStack Heat 中的 template 参数在 AWS CloudFormation 中叫作 TemplateBody。

---

[1]　从 OpenStack 的文档来看，template 参数的值是一个字符串，字符串的内容是 YAML 或 JSON 格式的模板。——译者注

[2]　对象存储是以文件为单位管理数据的存储，相关内容将在第 10 章中详细讲解。

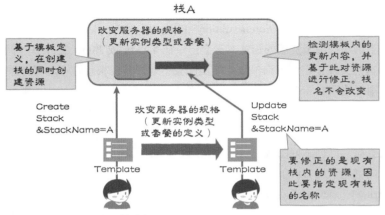

图 8.4 Update Stack 的流程

8.1.4 模板的整体定义

接下来讲解在编配中处于核心地位的、用于定义资源的模板。

编配中的模板是由云服务供应商定义的。具体内容请参考 AWS CloudFormation 或 OpenStack Heat 的模板指南。

编配中的模板起源于 AWS CloudFormation，因此很多云服务供应商都会基于 AWS CloudFormation 中的规则来定义自己的模板规则。也就是说，只要掌握了 AWS CloudFormation 的模板，就能轻松应对其他云中的模板。鉴于此，我们接下来就主要讲解用 JSON 定义的 AWS CloudFormation 的模板，同时与 OpenStack Heat 中用 YAML 定义的模板进行对比，看看二者有何不同。

图 8.5 对比了 AWS CloudFormation 与 OpenStack Heat 中的模板。两种模板都是由多个元素（section）构成的，看起来大同小异。在这几个元素中，只有作为编配功能核心的"资源"元素是必不可少的，其他元素只是辅助，使编配功能更易于使用。例如，灵活使用"参数"元素与"输出"元素即可进行变量的输入 / 输出，进而提升模板的复用率。

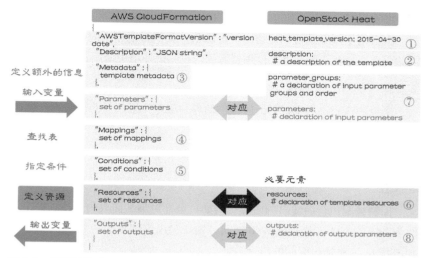

图 8.5 模板的格式

每个元素都是以元素名开头的。元素名的下一级是元素中的属性
（attribution）。通过灵活应用这些属性即可定义出资源间的依赖关系。

首先，我们基于如图 8.5 所示的两种模板的对比结果来介绍各元素的
概要。

①模板版本

模板也有版本的概念，元素的属性会因模板版本的升级而发生变化。
因此，在创建模板时，我们要留意模板版本及各元素的属性。

②描述

对模板内容的说明。描述不会对编配的行为产生直接影响，因此只要
能使模板的用途更易于理解，我们可以编写任意内容作为描述。

③元数据（仅限于AWS CloudFormation）

以 JSON 对象的形式添加与模板相关的信息。

④映射表（仅限于AWS CloudFormation）

以键值对的形式指定可在"资源"元素和"输出"元素中使用的查找表。

⑤条件（仅限于AWS CloudFormation）

决定用于判断是否创建特定资源的值。我们可根据不同的环境使用不同的资源，如在线上环境中使用资源 A，在测试环境中使用资源 B。

⑥资源

模板的核心，用于记录云所提供的各种服务（组件）的资源。

⑦参数

定义并指定可在资源中使用的变量（参数）。

⑧输出

控制编配执行后输出的内容。例如，可针对编配而成的系统，输出访问该系统的方法（若通过 Web 访问，则要输出管理页面的 URL、用户名和密码），或是输出编配的执行结果。

请大家至少记住资源、参数与输出这三个两种模板共有的基本元素。下面我们就基于用 JSON 编写的模板，重点讲解这三个元素的要点[①]。

8.1.5 资源

首先来介绍作为模板核心的资源元素。我们在前文关于服务器、块存储和网络那三章的结尾处分别绘制了资源图，图中的内容与资源是一一对应的。

资源图中的实体就是模板中的资源，而实体的属性就是资源内的属性。我们可以通过 AWS CloudFormation 文档或 OpenStack Heat 文档中的资源类型来确认模板所支持的资源与属性，以及在编写模板时使用的正式资源名与属性名。随着云的发展变化，新的资源与属性会不断增加，这就促使我们要经常去了解最新的信息。另外，OpenStack Heat 中也有一些与 AWS 兼容的资源与属性。

如图 8.6 所示，我们在 "Resources" 之后的 "{}" 里定义了两个

---

① 在实际应用中，AWS CloudFormation 中特有的元数据、映射表和条件也能提供很方便的功能，有兴趣的读者可以去查阅 AWS CloudFormation 的用户指南。

资源。名称、类型与属性合在一起构成了资源的定义。多个资源需并列
书写。

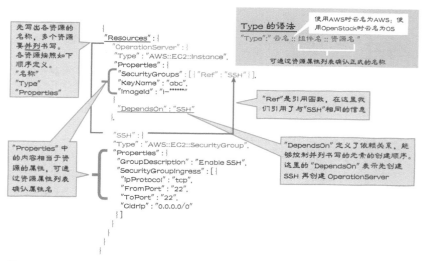

图 8.6　资源

"Type" 的格式为 " 云名 :: 组件名 :: 资源名 "，"Properties" 依次定义
了资源具备的属性。二者具体的命名规则可通过刚刚提及的资源类型来
查看。

有时候我们需要基于 UUID 等信息维护多个资源之间的创建顺序。例
如，在创建服务器之前必须先创建镜像。为了在这种有依赖关系的情况下
保持一致性，需要引用其他资源的属性，或控制资源的启动顺序。要想引
用属性信息，可使用名为 Ref 的引用函数，以 "Ref": "×××" 的格式书
写。这样便能引用属性信息 ××× 了。

而要想控制资源的启动顺序，则需要将启动顺序定义为依赖关系。通过
为资源定义 "DependsOn": "×××"，即可让该资源晚于 ××× 启动。

下面来对比 AWS CloudFormation 中 JSON 格式的模板与 OpenStack
Heat 中 YAML 格式的模板的异同。如图 8.7 所示，我们使用 AWS
CloudFormation 的模板通过 Amazon EC2 配置了一台 Web 服务器，使用
OpenStack Heat 的模板通过 Amazon EC2 配置了一台 Web 服务器，通过

OpenStack Nova 配置了一台应用程序服务器。

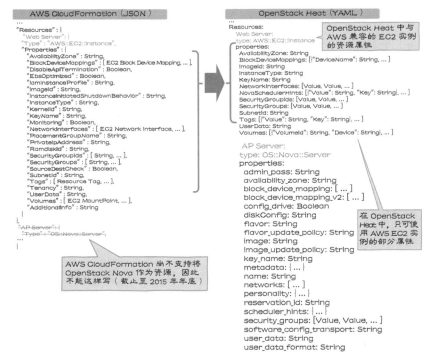

图 8.7 资源属性的对比

经过对比可以看出，两种模板的基本语法没有什么差异，此外 OpenStack Heat 还支持 AWS 中的部分资源。OpenStack Heat 虽然支持 Amazon EC2 的实例，但并不是所有属性都支持。这就意味着 OpenStack Heat 跟不上 Amazon EC2 实例的属性列表的更新速度。请大家注意，云中的资源和属性都在飞速增长，因此经常会遇到编配功能所支持的资源和属性与最新情况有较大差异。

使编配充分发挥作用的关键在于要按照云基础设施的需求，厘清资源之间的关系并将这种关系如实定义为模板。总之，请大家一定要熟记资源定义的基本内容。

8.1.6　参数

虽然模板的核心是资源，但如果用户只能使用固定的资源与属性，模板就会很难复用。通过加入可变信息来形成通用模板——相信很多用户都有这种需求。这时我们可以充分利用参数元素，为模板提供输入信息。

参数的示例如图 8.8 所示。基本的语法与资源相同，重点在于向 AWS 提供的资源属性（如本例中的 KeyName）输入参数时，要像定义资源那样，通过 Type 指定 AWS 特有的参数类型。而要想在资源中引用通过参数输入的内容，可使用前面介绍的 Ref 参照函数。

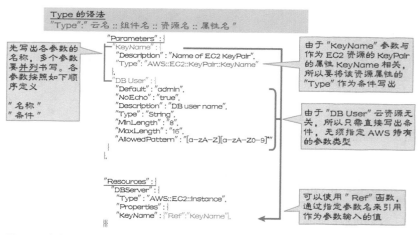

图 8.8　参数

8.1.7　输出

我们有时需要在模板的执行结果之后输出一些信息，这时候输出元素（outputs）就派上用场了。输出元素提供了来自模板的输出信息（图 8.9）。

输出元素的基本语法结构与资源元素和参数元素一致，"Value": 部分既可以定义为纯文本或参数，也可以通过引用资源属性信息的变量来定义，甚至可以使用 Ref 参照函数。另外，"Fn::GetAtt": 函数可直接引用资源属性的信息，使用时要以 [" 资源名 "," 属性名 "] 的格式指定其参数。

　　在如图 8.9 所示的例子中，我们获取了两个信息：一个是 KeyPair 的名称，另一个是访问地址的 URL。后者是先通过 Fn::GetAtt 函数获取 AWS 资源 Elastic Load Balancer 的 DNS 名称，然后在前面加上"http://"而得到的。

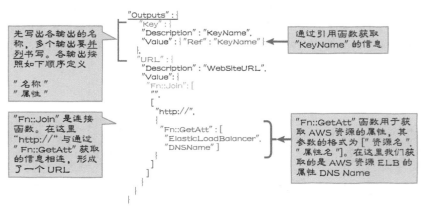

图 8.9　输出

8.1.8　验证模板

　　我们可以通过一些方法从逻辑上来验证复杂的模板。OpenStack Heat 与 AWS CloudFormation 均提供了用于验证模板的 API。

　　在 OpenStack Heat 中验证模板时，要先通过查询参数 template 或 template_url 来指定要验证的模板，然后向"https://orchestration/v1/{tenant_id}/validate"这个 URI 发送 POST 请求。

　　在 AWS CloudFormation 中验证模板时，则要先将查询参数 Action 指定为 ValidateTemplate，然后通过查询参数 TemplateBody 或 TemplateURL 来指定要验证的模板，最后向"https://cloudformation.region.amazonaws.com/"这个 URI 发送请求。需要注意的是，这种验证方法只能检查模板的语法是否正确，无法确保资源或属性在实际环境中的有效性。另外，在写作本书时，AWS CloudFormation 还不支持空运行（在实际环境中进行验证）的功能，所以我们需要根据需求一边进行预演，一边验证资源与属性的有效性。

8.1.9 模板的兼容性

综上所述，理想的编配功能是模板简单易懂，且其中大部分元素无论在哪种云环境中都是通用的。不过，无论是在 AWS 中直接使用 OpenStack 中的基础设施配置，还是反过来在 OpenStack 中直接使用 AWS 中的基础设施配置，假定了系统生命周期的集成配备（多重云环境、混合云环境）都会因资源与模板的兼容性问题而无法顺利开展（图 8.10）。

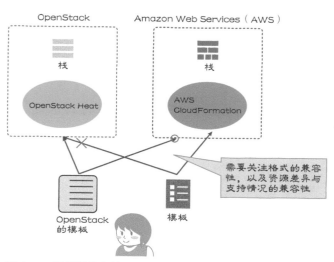

图 8.10 模板的兼容性

要想让某个云环境可直接使用另一个云环境中的基础设施，可利用 Ruby fog 等云编配的库，或通过编写脚本，将各个云的 API 和对应的客户端整合起来。相关的方法将在第 11 章中介绍。

8.1.10 执行中的状态与故障排除

编配功能创建的是资源的集合，所以在创建过程中一旦发生错误或耗时过多，就很难确认执行情况或排除故障。为此，编配功能提供了用于查看各资源或事件状况的 API。

为了查看资源的状态，OpenStack Heat 提供了名为 List stack resources 的 API，只需向 "https://orchestration/v1/{tenant_id}/stacks/{stack_name}/{stack_id}/resources" 这个 URI 发送 GET 请求，即可查看隶属于指定栈的资源列表，进而得知资源的状态。

AWS CloudFormation 则提供了名为 ListStackResources 的 API，只需向 "https://cloudformation.region.amazonaws.com/" 这个 URI 发送 GET 请求，即可获取所有隶属于指定栈的资源列表，进而得知资源的状态。

在 OpenStack Heat 中执行 API 的示例如图 8.11 所示。

```
{
    "resources" : [
        {
            "creation_time" : "2015-06-25T14:59:53",
            "links" : [
                {
                    "href" : "http://hostname/v1/1234/stacks/mystack/629a32d0-ac4f-4f63-b58d-f0d047b1ba4c/resources/random_key_name",
                    "rel" : "self"
                },
                {
                    "href" : "http://hostname/v1/1234/stacks/mystack/629a32d0-ac4f-4f63-b58d-f0d047b1ba4c",
                    "rel" : "stack"
                }
            ],
            "logical_resource_id" : "random_key_name",
            "physical_resource_id" : "mystack-random_key_name-pmjmy5pks735",    ← 用唯一的 UUID 表示资源
            "required_by" : [ ],
            "resource_name" : "random_key_name",
            "resource_status" : "CREATE_COMPLETE",    ← 显示资源的创建情况
            "resource_status_reason" : "state changed",
            "resource_type" : "OS::Heat::RandomString",    ← 显示资源类型
            "updated_time" : "2015-06-25T14:59:53"
        }
    ]
}
```

图 8.11　资源的创建情况

在实际应用中，如果想要按时间顺序详细查看栈创建或更新时的状态，推荐大家去查看事件的状态。

OpenStack Heat 提供了名为 List stack events 的 API，只需向 "https://orchestration/v1/{tenant_id}/stacks/{stack_name}/{stack_id}/events" 这个 URI 发送 GET 请求，即可查看隶属于指定栈的事件列表。

AWS CloudFormation 则提供了名为 DescribeStackEvents 的 API，只需向 "https://cloudformation.region.amazonaws.com/" 这个 URI 发送 GET 请求，即可获取隶属于指定栈的事件列表。

　　光凭文字描述可能有些抽象，下面我们就以 AWS Management Console 为例，看一看发生了错误的事件。如图 8.12 所示，这是一个运行用于启动 AWS CloudFormer 的栈时所发生的事件。

　　我们从下往上，按照事件发生的先后顺序来看。可以看到，在中途启动 Amazon EC2 时，因 EC2 实例（服务器）达到了最多 40 台的上限而发生了错误，紧接着 AWS CloudFormation 执行了回滚处理，并对已在该栈内启动的资源进行了删除处理，待所有资源都被删除后，回滚处理结束。

　　由此可见，使用编配功能既简化了定位错误的过程，又可以对整个栈进行彻底的回滚，从而简化了故障排除的过程。

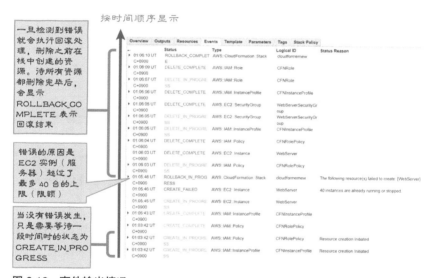

图 8.12　事件输出情况

8.1.11　根据现有资源自动创建模板

　　从零开始手动编写模板既费时又费力。另外，人们有时也需要将现有的云环境做成模板。

　　AWS CloudFormation 提供的 CloudFormer 功能可以将现有环境中的资源信息作为元数据收集起来，然后将其转换成模板。CloudFormer 本身需

要运行在 Amazon EC2 中，因此我们可以如图 8.13 所示，使用预制的
CloudFormer 专用模板来创建栈，进而启动 CloudFormer。待栈创建完成
后，CloudFormer 会利用输出元素输出用于访问的 URL，点击该 URL 就
能进入 CloudFormer 的页面。

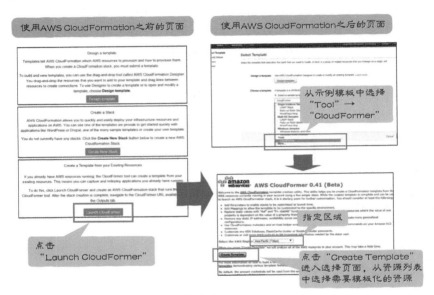

图 8.13 启动 AWS CloudFormer 的方法

　　CloudFormer 会在内部提取现有环境的资源信息，并将资源列表按组
件的顺序显示在页面上。接下来我们就可以按顺序指定需要模板化的目标
资源（图 8.14）。最后 CloudFormer 会以 JSON 的格式自动生成选定的资
源集合所对应的模板。此时，我们就可以按照基于现有资源信息生成的模
板，在栈内另外启动一套资源。

　　需要注意的是，这套机制并没有使现有资源进入栈内，而是"在栈内
又另外启动了一套资源"。

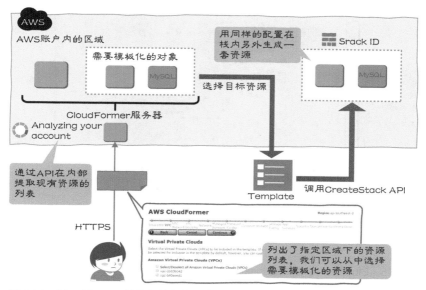

图 8.14　CloudFormer 的执行流程与示意图

8.1.12　模板的可视化

JSON 或 YAML 格式的模板虽然采用了便于人类理解的声明式语法，但随着系统规模的扩大，模板中的代码量也会不断膨胀，仅仅通过模板我们恐怕很难理解配置的全貌与资源之间的关系。

AWS CloudFormation Designer 的主要功能是根据模板的信息将基于资源的配置呈现为 AWS 图标，但除此以外它还提供了一些其他的功能。使用 CloudFormation Designer 功能创建的模板如图 8.15 所示。我们只需点击页面上的资源图标，即可查看指定资源的属性、策略及条件的配置信息，从而简化维护过程。此外，修改过后的配置信息可以直接反映在模板上，而且通过新建资源的图标可以实现模板创建的可视化。功能的全面普及离不开工具，自动生成器和可视化工具正是降低引进编配功能门槛的重要工具。

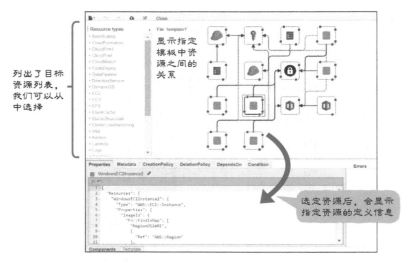

列出了目标
资源列表，
我们可以从
中选择

显示指定
模板中资
源之间的
关系

选定资源后，会显示
指定资源的定义信息

图 8.15　CloudFormation Designer

8.2　使用编配的好处、编配的使用方法及注意事项

前面讲解的是模板的创建方法、编配的行为等基本内容。接下来要讲解编配的适用场景、使用方法，以及注意事项。

从云用户的角度来看，或许有些用户会觉得既然通过 GUI 或 CLI 逐个操作资源同样能配置好系统，那还有什么必要使用编配工具呢？但实际上即便在那种情况下，也还是会有需要编配工具出马的时候。此外，对于那些已经理解了使用编配有哪些好处的用户来说，要想把现有系统切换成基于编配的系统，还需要一个思维上的转变，即将传统思维转变成以栈和资源为中心的系统管理思维（下文将就此详述）。最后，在实际运维中使用编配功能时，还有几点需要格外注意。

下面笔者将结合以往的经验，谈一谈在实际运维中引入编配功能之后能够获得哪些实实在在的好处，以及如何使用编配和使用时的注意事项。

8.2.1　环境搭建自动化带来的好处

在创建服务器、网络和存储时，我们往往使用的是 API 和用于操作这些资源的命令或程序。云本身会按照用户指定的选项，在判断完平台的状态后自动创建指定的资源。但是以创建服务器为例，即便使用了 API，如果服务器的种类不同，所执行的命令也就不同，为此我们不得不多次执行命令。

表 8.1 列出了利用 OpenStack 的 CLI 启动规格不同的虚拟机时需要执行的命令。由于套餐、启动镜像与待启动实例的数量都不相同，所以我们不得不带上不同的选项将同一条命令输入并执行三次。

表 8.1　启动规格不同的虚拟机的示例

次数	命　　令
1	nova boot --flavor **small** --image **ubuntu15.10** --key-name secret --security-groups sshable --num-instance 10
3	nova boot --flavor **learge** --image **ubuntu14.04** --key-name secret --security-groups sshable --num-instance 5
4	nova boot --flavor **small** --image **fedora** --key-name secret --security-groups sshable --num-instance 20

本例中只展示了用于操作服务器资源的 nova 命令，而对于一个完整的系统，还需要执行用于操作网络的 neutron 命令等各种系统相关的命令。

即便将 Shell 脚本和自动化工具结合起来，需要指定的选项数量也还是没有减少，我们还是需要耗费大量的时间进行各种各样的确认。而且因为输入和确认都是人工进行的，所以免不了会出错。例如本该指定 10 台虚拟机，却不小心指定了 100 台，又或是忘记删除不再使用的虚拟机等。一旦发生这种情况，在 AWS 中就可能会产生额外的费用，或是与事先设定的条件发生冲突；而在 OpenStack 中则可能会耗尽配额有限的资源，导致同租户中的其他用户无法正常使用。

总之，凡是需要多次输入命令的地方，都不得不考虑发生误操作的

可能性 ①。

　　同样是上面这种启动规格不同的虚拟机的情况，使用编配功能以后，用户只需在模板中定义资源的关系与状态，编配引擎就会自动做出判断，配备好适当的资源并维持系统的状态，从而大幅减少之前一直无法避免的确认过程。也就是说，只要管理员能确定编配功能的栈处于“正常”状态，资源的配备就也一定没有问题。而且，由于资源的限额也是定义在模板中的，所以还能避免过度消耗大量资源之类的误操作。

　　总之，编配功能不但有助于实现环境搭建的自动化，还能优化操作过程。即便资源的种类或数量增加了，API 的调用次数也不会随之增加，在搭建效率得到提升的同时，误操作也会减少，使资源的状态更易于管理。

8.2.2 运维上的好处

　　在环境搭建阶段，前面提到的效率提升主要体现在环境搭建时间的缩短上。而在长期运维阶段，由于运维时间并没有因编配的引入而缩短，所以评价标准在于减少各种运维工作的工作量与预防误操作这两点上。因此，运维自动化就十分重要了。下面我们就来看一看使用编配功能能为运维工作带来哪些好处。

　　通过在模板中定义“①资源间的依赖关系”和“②自动扩容/缩容与自动修复”，我们不仅能配备资源，还能在资源配备时和配备后都得到辅助。只要定义出资源间的依赖关系，就能通过自动化防止一些误操作，如不小心使用了额外的服务器资源或以错误的顺序启动了资源等。除此以外，就连在传统环境中要凭借人为判断与人工操作来实现的故障恢复也能自动完成。

①定义资源间的依赖关系

　　例如，我们可以定义只有数据库服务器创建好以后，才能启动应用程序服务器（图 8.16）。

---

① 为了避免服务因用户的误操作而停止运行，云管理员应当事先为每个用户或租户设定资源的限额，以免用户间互相争夺资源。例如在 AWS 中，管理员要为各资源提前设定上限，待需要扩充资源时，再由用户提出放宽上限的申请。

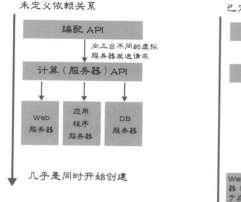

图 8.16 定义依赖关系

②定义自动扩容／缩容与自动修复

通过与监控服务器、监控 API 联动，即可将系统异常状态的报警作为触发器，执行资源的自动重新部署处理（图 8.17）。

自动扩容／缩容功能可以根据按条件配置的负载等指标自动增减服务器数量。自动修复功能则能够根据按条件配置的状态，自动将服务器恢复为正常状态。

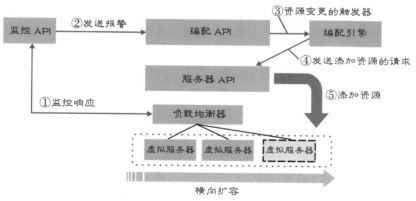

图 8.17 自动扩容／缩容的示例（当负载增加或发生故障时）

在传统的 IT 基础设施中，人们往往会用监控软件来检测故障，并根据故障内容手动定位问题。

但就笔者的经验而言，除非经常接触系统搭建的工作或长期管理同一套系统，否则很难定位到问题并做出如何修复的判断，更何况这一过程还会耗费大量的时间。此外，由于负责运维系统的人手不足，或是没有专门的运维团队，不得不安排一个人值夜班的情况也时有发生。此时只能依赖专门从事系统搭建的工程师，或是具备丰富运维经验、运维知识的工程师。

在发生大规模故障后，为了保障服务质量，首选自然是尽可能投入大量人力进行早期修复。但不难想象，同时工作的人越多，人力成本就越高，运维成本也会随之升高，最后导致公司的总体收益下滑。

使用编配功能以后，编配引擎就能从其他 API 接收到与编配功能相关联的资源的异常状态（触发器），因此通过 API 确认状态，即可实现与上述自动修复、自动扩容 / 缩容功能的联动。

自动扩容 / 缩容与自动修复功能也可以不与编配功能一起使用。例如，通过在脚本中调用 API 等方式嵌入逻辑，同样可以指定启动这两个功能的条件。

在 AWS 中，我们可以在提供监控功能的 CloudWatch 组件中创建警报，以此来实现自动修复功能。具体做法就是让针对 EC2 的操作"恢复此实例""重启此实例"与"状态确认指标"联动起来。自动扩容 / 缩容功能则可通过独立的组件 AWS Auto Scaling 实现，该组件能直接与作为启动来源的机器镜像联动起来。但是，随着资源数量的增加，逐一为每个资源进行这些配置不仅工作量大，管理起来也容易产生遗漏。而且，从系统管理上来看，这些配置项都是非常重要的内容。使用编配功能以后，我们只需在模板中定义好这些配置，就能如期启用这两个功能。

相对于手动搭建的环境，使用编配功能以后，因为可以通过 JSON 格式的模板来管理云环境的配置，所以我们不费吹灰之力就能掌握云计算架构的逻辑结构。同时，也比较容易找出环境不匹配之处或新旧环境之间的差异。此外，鉴于线上环境要考虑对业务的影响，所以我们往往会受此制约，无法进行深入的问题排查。但只要充分使用模板，就能通过复制环境，随时配置好与线上环境相同的临时环境。

系统运维的故障往往源于"变更"。但在云中情况恰恰相反，我们可以放心大胆地变更。从这个角度来看，大家不妨将编配功能视为一种能够适当且准确执行变更的控制功能。

8.2.3 通过复用模板来复制环境的好处

我们可以通过编配功能将用于定义环境的模板导出为 JSON 文件。也就是说，只需以一个 JSON 文件为"蓝本"，多次调用 CreateStack 的 API，且每次调用时重新指定名称等参数，即可轻松复制出多个相同的环境（图 8.18）。

这种方式既可用于实现不可变基础设施（immutable infrastructure，将在第 12 章中介绍），即一种通过搭建多个版本的线上环境来切换现有环境的模式；又可用于根据需要部署测试环境，并行开展 AB 实验。此外，通过将区域等指定为参数，还可将"蓝本"用作配置灾难恢复的模板。

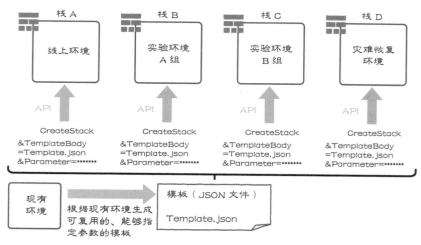

图 8.18 复制环境

"蓝本"还可用于在其他机器上搭建相同的系统。另外，若已将服务器的数量或规格等设成了参数，那么只需要变更参数，即可在确保系统整体设计和配置一致的前提下，分别提升各个环境的系统性能。由于我们在定义资源元素时，可以单独编写每个资源，所以从测试阶段迁移至线上运行阶段时，可一边关注其他资源，一边新增资源。

　　环境复制的效果往往会视为云环境与传统环境之间的本质区别——特别是在 AWS 中——"接近无限的资源限额"与"能通过代码将资源信息定义为模板"这两点正是云的巨大优势所在。

8.2.4　用编配实现持续集成的好处

　　编配功能以云提供的部分组件为核心，实现了基础设施即代码。而基础设施即代码是 DevOps 中 CI（持续集成）的基础。

　　CI 的目的在于提升应用程序的发布效率，缩短发布的生命周期，从而提升服务交付的竞争力。传统的 CI 关注如何部署应用程序层和环境配置层，因此更适用于小规模应用程序的缺陷修复与发布，并不一定适用于包含服务器、存储和网络配置变更在内的大规模发布。不过在云中，由于基础设施已经过抽象化处理，所以我们可以借助编配功能，将服务器、存储、网络等基础设施也指定为资源，并将其纳入 CI 的对象。这样做除了可将伴随着配置变更的、传统的大规模发布也视作 CI 的对象，还具有以下好处。

①**基础设施的变更与应用程序的发布同时进行**
②**结合预估的业务量对资源进行合理的微调**
③**应用云中的最新功能**

①基础设施的变更与应用程序的发布同时进行

　　在实际的发布过程中，经常会因应用程序和基础设施的配置不匹配而产生缺陷。不过，只要使用编配功能，我们就可以在模板中同时定义应用程序与基础设施，使二者并存于栈内。实践中常用的方法是将应用程序的执行体存储至机器镜像或 Git 等代码仓库中，待资源启动时从中调用（图 8.19）。

　　通过执行同时含有应用程序与基础设施的栈，即可先在一体化的环境中进行测试，然后再以相同的栈将二者部署到线上环境，这样就能避免因应用程序与基础设施的配置不匹配而产生的缺陷。

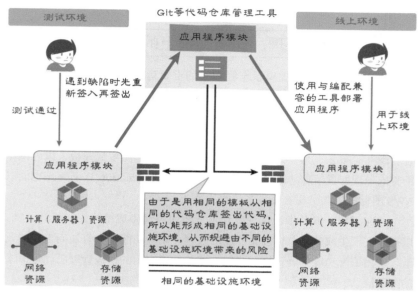

图 8.19　将基础设施纳入 CI 的示意图

②结合预估的业务量对资源进行合理的微调

正如"运维上的好处"一节所提及的那样，由于编配具备自动扩容/缩容与自动修复等自动扩充的功能，所以能吸收细微的尖峰负载。不过，若想彻底改变这些上限/下限或启动条件，就必须变更定义，而使用编配功能即可在降低影响的前提下使这些变更生效。

③应用云中的最新功能

在云中，为了扩充功能，经常需要添加组件或资源。我们可以利用编配功能逐步应用这些新功能。

包括基础设施的 CI 是一种主要用于 Google、Amazon、Facebook 等大型服务企业的高级更新手段。而在云环境中，我们只需使用编配功能，即可通过类似的手段进行更新。使用了编配功能的 CI 还衍生出了一种新概念，即先局部复制环境再进行环境切换的"不可变基础设施"。这种新概念我们将在第 12 章中介绍。

8.2.5　配置管理、逆向工程上的好处

"配置管理"是大规模系统管理中的重要运维项目。在传统环境中，我们往往要通过将基础设施的配置信息汇入 CMDB（配置管理数据库）或利用资产管理的台账来进行配置管理。而在云中，作为模板的 JSON 文件本身就相当于资源的集合。在某种意义下，模板就是所谓的配置信息的集合。现在有很多工具（如知名的 VisualOps 等）都能根据模板，以可视化的方式呈现配置信息。使用 AWS 提供的 CloudFormation Designer 也能以 AWS 图标的形式呈现各资源之间的关系。

逆向工程一般是指根据现有环境或程序自动生成结构图或设计文档，以提升文档生成效率及标准化程度的过程。编配功能就含有逆向工程的元素。使用编配功能部署环境使我们能够基于所应用的模板管理已固定下来的配置信息。

此外，配置管理的对象只限于在编配功能的栈中创建的资源。AWS CloudFormer 虽然能根据现有环境生成 JSON 文件，但要想将现有环境纳入栈中管理，还需要调用 CreateStack 这个 API。由于这样做只不过是重新创建了一套资源，所以原始的现有环境依然不在编配功能的栈的管理之下。

而 AWS 提供的 AWS Config 功能则支持资源状态的变更管理。使用 AWS Config 以后，凡是该功能支持的资源，即便未通过编配功能部署，依然能够进行包含资源信息管理、资源状态管理等在内的变更管理。

8.2.6　从面向动作到面向资源的转换与设计模式

通过上面的讲解认识到使用编配的种种好处后，想亲身尝试的读者接下来就可以研究一下怎样才能将传统的部署方式转换成基于编配功能的部署方式了。笔者认为，在实际应用中最终应采取什么方案取决于以下两个判断基准。

- 运维工程师能否转变自己的思维，将对云的操作管理从面向动作转换成面向资源
- 开发者是否同意这种转换

具体来说，就是如在"环境搭建自动化带来的好处"一节所提及的那样，我们要转换管理方式，从依次对各资源分别调用动作 API 的"面向动作"的方式，转换成在调用 API 之前先将资源整合为一个叫作栈的集合这种"面向资源"的方式。虽说云环境很轻松就能搭建好，可当配置的规模膨胀起来后，云环境的搭建几乎就等同于将配置变更时的固定规则实现为机制。

最后，只要这种从面向动作到面向资源的转换能步入正轨，能根据需求将配置模式化，我们就能将模板本身作为一种设计模式，在公司内部广泛应用。这样一来，系统配置的标准化也就指日可待了。

8.2.7 使用编配时的注意事项

从原理和原则出发，使用编配时需要事先掌握的注意事项有以下三点。

①不要使用资源自身的动作 API 来变更通过栈创建的资源
②资源变更时要确认资源的状态
③事先确认不支持编配功能的组件和资源

我们依次来看一看这三点。

①不要使用资源自身的动作 API 来变更通过栈创建的资源

通过编配创建的资源与定义在模板中的资源显然是一一对应的。因此，在变更资源时，如果又通过资源自身的动作 API 对资源进行了操作，栈内资源的实际状态就会与原始模板产生差异（图 8.20）。

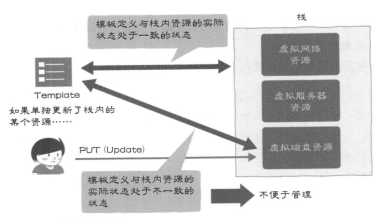

图 8.20 模板的一致性

一旦直接变更了资源，就违反了幂等性和配置管理的思路，最新的资源环境处于哪种状态也就无从得知了。因此应当极力避免这种操作。而另一方面，若时刻都遵循这条方针，即便发生了再细小的变更，也必须调用编配功能的 API，又不免让人觉得很麻烦。因此在实际的项目中，有时要明确区分出哪些是需要通过编配功能控制的资源，哪些不是（我们将在后面的最佳实践中予以详述）。

② 资源变更时要确认资源的状态

编配功能具有更新栈的功能，通过读取新旧模板之间的更改集，即可将最新的模板信息应用到资源上。各资源因变更而产生的行为，都已记录在各种云的资源类型用户指南中，建议大家仔细阅读。

下面以 AWS 的资源为例进行讲解。标有 "Update requires: No interruption" 的资源表示即使在进行变更（调用 UpdateStack 这个 API）时资源也不会停止运行，因此我们在部署这类资源时无须考虑服务停止时间（downtime）。而标有 "Update requires: Replacement" 的资源表示在变更后资源会被重新创建，从而导致短暂的服务不可用。若不能接受服务停止时间，可以考虑使用不可变基础设施，即先在另一个栈中重新创建一套环境，然后把现有系统切换过去。

③事先确认不支持编配功能的组件和资源

随着功能的扩充，组件、资源及属性都会定期增加，因此偶尔会出现编配功能的模板不支持最新的组件、资源或属性的情况。此时，我们无法将这些新增内容导入到编配功能中，所以建议大家事先通过资源类型等文档来加以确认。

无论是 AWS CloudFormation 还是 OpenStack Heat，与发布之初相比，都是用户越来越多，对新功能的支持也越来越快。

8.2.8 栈与模板的最佳粒度与嵌套

我们管理的系统规模越大，资源的数量就越多。而且，还时常会出现资源发布频率或服务等级不同的系统群。这时就应该考虑栈的分解了。

根据不同需求，栈的分解粒度可以套用多种模式，但基本思路都是"依照系统设计上的通用元素与子系统划分的原则"。如果子系统都变成了栈，就会形成一种低耦合的架构，从而降低子系统之间的依赖程度，提升发布的速度。由此就产生了划分子系统的倾向，而这正是微服务的概念。

如图 8.21 所示，以下几个栈就是在 AWS CloudFormation 中，从子系统分解出来的典型通用元素。

- 运维上的通用服务
- 网络（VPC）
- 认证（IAM）
- 前端（DMZ）
- 数据存储区（DB、Storage）

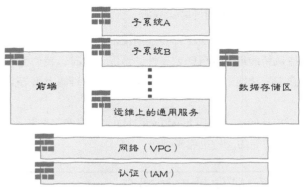

图 8.21　栈的分解

我们把栈分解以后，有时还需要在栈之间传递数据。为此，可以先从要传递数据的栈中通过前面讲到的"输出"元素输出数据，然后在要接收数据的栈中利用同名的"参数"元素获取这些数据（图 8.22）。

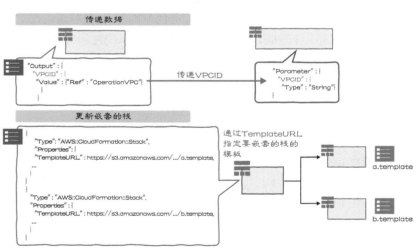

图 8.22　栈之间的联动

此外，在 AWS CloudFormation 中，我们还可以将多个栈嵌套起来，通过更新被包含的栈来使模板内的资源变更生效。通过在模板中指定 CloudFormation 的栈的资源类型即可实现栈的嵌套。

8.2.9 编配的最佳实践

AWS 致力于从务实的角度积极普及编配功能在大规模环境中的应用，并提供了大量的最佳实践。除了 CloudFormation 的用户指南以外，AWS 还会在每年举办的 re:Invent 大会上发布最佳实践。

CloudFormation 的用户指南、会议资料 CloudFormation Best Practice@re:Invent2015 和 CloudFormation Best Practice@re:Invent2014 都可以从网络上获取。

用户指南中还记录了与安全和参数控制方法相关的内容，有兴趣的读者不妨去翻阅一下，以便获取最新的信息。

8.3 ‖ 编配的基本操作与 API

前面讲解的是编配功能的行为与作用，接下来将以内部结构已公开的 OpenStack Heat 为例，讲解编配功能的 API 如何与其他资源的 API 进行交互。

从 OpenStack Heat 的 API 的参考手册可以看出，比起其他资源的 API，编配 API 的内容要简单得多。

只需用 HTTP 的 POST 方法向指定的租户发送内含模板的 JSON 文件，Heat 引擎就会开启自动管理。Heat 引擎会持续对资源进行配置，直到资源达到预定义的状态。OpenStack Heat 还提供了用于暂停（suspend）和恢复（resume）栈的 API，以达到"临时释放资源""随时开启自动管理"等目的。只要将栈暂停，即便我们删除了服务器，Heat 也不会再使用相应的资源恢复该服务器[①]。此外，当栈创建好以后，如果所需的机器规格发生了变更，只需更新栈，即可自动调整机器的规格。

---

① 调用暂停栈的 Heat API 后，栈会暂停服务器等资源，达到临时释放资源的目的。若在栈的运行状态下删除服务器，Heat 引擎一旦检测到服务器已被删除，就会调用 Nova API 来还原栈，最终恢复被删除的服务器。虽然 Heat 不会在栈的暂停状态下恢复服务器，但为了确保幂等性，服务器还是会随着栈的恢复而恢复。因此，要想永久释放资源，只能修改 Heat 的模板。——译者注

8.3.1 编配 API 的行为

OpenStack Heat 由 Heat API 和 Heat 引擎两部分组成。

Heat API 既可以接收来自客户端的 API 请求，又可以向其他 API 发送请求并接收响应。通过向其他 API 发送请求，即可借助各个资源的 API 操作云中的所有资源。总而言之，Heat API 就是用于整合资源的 API。

而通过 Heat API 接收到模板以后，Heat 引擎会将定义在模板中的状态视作资源的集合加以管理，这种资源的集合被称为栈。如果有需要，Heat 引擎会向 Heat API 发送要求操作资源的请求。

注册完模板以后，Heat 的行为与流程如下所示。

① 模板一经注册，Heat 就会为定义在模板中的资源创建栈
② 为了维持云的状态，Heat 引擎会通过 Heat API 向各 API 发出必要的指令
③ 通过调用各 API 使云达到定义在模板中的状态
  →若所剩的资源不足以维持预定义的状态，则栈创建失败
④ 与所有 API 交互完毕后，若云已达到了定义在模板中的状态，则认为相应的资源已正常运行
⑤ Heat 引擎会定期检查状态，若出现异常状态，则将相应资源标记为异常状态

8.3.2 编配 API 的实际行为

下面来逐步确认编配 API 的实际行为。

◉ 用于创建栈的 API 示例

只需向 "http://orchestration/v1/{tenant_id}/stack" 这个 URI 发送 POST 请求即可创建栈。调用该 API 时，消息体中必须包含模板信息。正因为包含了模板信息，我们向该 API 发送的请求才会比向其他资源的 API 发送的请求长。

示例：调用创建栈的 API

```
curl -g -i --cacert "/opt/stack/data/CA/int-ca/ca-chain.pem" -X POST
http://orchestratiion/v1/{tenant_id}/stacks ?~ 略 ~
-d '{
  ~ 略 ~
  "disable_rollback": true,
  "parameters": {},
  "stack_name": "teststack",
  "environment": {},
  "template": {
    "heat_template_version": "2015-04-30",
    "description": "Simple template to deploy a single compute instance",
    "resources": {
    ~ 略 ~
      "my_instance": {
        "type": "OS::Nova::Server",
        "properties": {
          "key_name": "my_key",
          ~ 略 ~
          "flavor": "m1.small",
          "networks": [
            {
              "port": {
                "get_resource": "my_instance_port"
              }
            }
          ]
        }
      }
}}}}'
```

响应内容

```
{"stack": {"id": "36a0faa0-1fd8-4178-9732-131b8c4b57b8", "links":
[{"href": "http://192.168.33.10:8004/v1/aee128258f514dbf95696587ea9fff3f/
stacks/teststack/36a0faa0-1fd8-4178-9732-131b8c4b57b8", "rel": "self"}]}}
```

　　像这样，只需调用编配的 API，就能省去之前搭建系统时的一系列复杂操作。无论是复杂的操作、烦琐的过程，还是需要人为判断的部分，统统交由作为编配引擎的 Heat 引擎处理。也就是说，Heat 引擎会替我们向其他资源发送请求。

　　通过浏览 Heat 引擎或资源 API 的日志即可了解 Heat 引擎做了哪些工作。例如，使用以网络与服务器为资源的模板进行编配后，只需浏览网络 API 与服务器 API 的日志，就能看到先后出现了操作这两种资源的客户端已连接的信息。

从网络的示例日志可以看出，Heat 引擎使用 neutron-client 启用了作为网络资源的端口。

示例：记录在 Heat 引擎日志文件中的来自 neutron-client 的请求

```
REQ: curl -i http://192.168.33.10:9696//v2.0/ports.json -X POST -H "User-
Agent: python-neutronclient" -H "X-Auth-Token: e9f09e904c7446cf97f764861d
36eb8c" -d '{"port": {"name": "stacker-my_instance_port-bbkutstlhd5o",
"admin_state_up": true, "network_id": "fbd7fe69-d511-4fd1-907d-
b56af6c148f1", "security_groups": ["1ed81a91-8b96-4c9e-a3cc-
8a70e0cada60"]}}'
```

8.4 ║ 编配资源的组件与总结

最后，我们通过一张组件图来整理编配资源之间的关系（图 8.23）。编配通过 JSON 格式的模板将资源的集合汇总成了称为栈的单位。因此，从编配的角度来看，栈本身就是一种资源。事件或模板就保存在栈内的属性中。

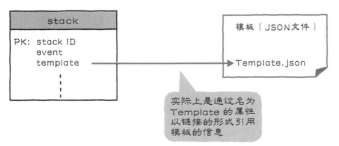

图 8.23　OpenStack Heat、AWS CloudFormation 的资源图

本章讲解了编配的基础、声明式编配的使用方法以及 API 的行为等内容，同时还解释了为什么 IT 工程师需要掌握这类技术，以及使用这类技术的好处。

无论是在公司负责基础设施或项目执行的工程师，还是负责运维的员工，相信大家每天都在线上有限的资源中奋斗。若能在工作当中充分使用编配工具，就能正确而迅速地完成系统的搭建过程。即使发生了故障，只要系统能自动恢复，不也算是降低了运维层面的负担吗？

近几年，几乎所有的应用程序和计算资源都提供了 API。这种趋势也逐渐成为了常态。能用代码定义并编写基础设施中的资源，意味着适用于软件开发的工具本身就适用于设计基础设施的代码（如模板等）。例如，我们既可以使用版本控制工具，如 Git、Subversion、Mercurial 或 RCS 等，来控制模板代码的版本，又可以借助代码检查工具（如 gerrit 等）加上持续集成工具（如 Jenkins 等），为提交和推送的模板代码提供授权流程、工作流乃至代码测试环境。读完本章之后，请大家一定要亲自动手实践，尽情享受编配、自动化与基础设施即代码带来的好处。

本书的主题是基础设施，因此我们几乎没有提及这些工具。AWS 中有一系列托管服务，能提供与这些支持工具集（如 Git 或 Jenkins）相当的功能，这些服务包括 AWS CodeCommit（代码仓库存储服务）、AWS CodePipeline（CI 控制服务）、AWS CodeDeploy（代码部署服务）。除此以外，还有 AWS OpsWorks（内置了 Chef 的服务）和 AWS Elastic Beanstalk（内置了 Docker 与语言执行环境的服务）。这些服务都是以云服务的形式提供的，这就意味着我们可以通过 API 来控制。由于只要是编配（AWS CloudFormation）支持的资源，就能通过模板定义，所以这些组件的资源应该也能通过编配统一管理。

随着基础设施即代码实现门槛的降低，编配功能、面向资源、幂等性的概念也渐渐成为了一切的基础。云的出现使我们能够通过模板定义基于 REST API 的面向资源的架构，而编配功能可谓是最能彰显云的这一特征的服务。也许在不久的将来，这些知识就会成为基础设施工程师必备的常识。要想实际应用这些知识，关键在于理解本书所提及的概念，并以此为基础在实际环境中进行反复的尝试与个案研究。因此，请大家务必于实际环境中调试示例模板，同时思考自定义系统配置的要点有哪些。

第 9 章

认证与安全

从第 5 章开始，我们基于第 3 章介绍的 API 的机制，详细讲解了几种组件的行为。

在云中，由于人们会以共享的方式使用 API 与资源，所以安全就成为了最应优先考虑的问题。若使用 HTTP 协议与云 API 通信，通信的内容就是未经加密的明文。因此，在注重安全的环境下，实际上使用的都是 HTTPS 协议。此外，由于端点也是共享的，所以几乎所有场景都需要明确区分访问端点的用户。

因此，才会出现第 3 章提及的认证与权限控制机制，以及简化认证处理的机制。具体来说，OpenStack 中的 Keystone 以及 AWS 中的 IAM（Identity and Access Management，身份和访问管理）和 STS（Security Token Service，安全令牌服务）就是相应的组件。

本章将着重讲解上述与认证相关的机制及安全的基础知识。

9.1 HTTPS 协议

9.1.1 HTTPS 协议的机制

我们在 Web API 中使用的 HTTP 协议会以明文进行通信，因此通信的内容很可能被监听。为了避免这个问题，人们在云中访问重要的元数据时，往往会采用 HTTPS 协议[①]。

众所周知，HTTPS 协议是一种用于重要网站的常见技术。HTTPS 协议本质上是 HTTP over SSL/TLS，默认端口号为 443，通过在 OSI 七层模型中的第五层加入 SSL/TLS 层，以及将在下面讲解的证书实现了安全通信。HTTPS 协议可用于数据加密，作为防窜改策略保护数据的完整性，同时还兼具确认 URI 是否可信的证书认证功能。

云 API 的请求数据和响应数据非常重要，绝不允许被监听或窜改，因此很多云 API 默认采用 HTTPS 协议。

---

① 仅限内部用户在专用网络中使用 OpenStack 的情况下，根据对安全要求的高低，有时也可以使用 HTTP 协议。

9.1.2 证书

证书分为服务器证书和客户端证书两种。

在云中，虽然使用证书是为了认证云本身，但由于云中的端点位于服务器端，所以主要使用的还是服务器证书（图 9.1）。

而对于客户端的认证，即验证客户端的身份及来源，主要使用的是云提供的认证功能和 HTTP 消息头中的用户代理（user agent）。

另外，加密过程与解密过程都需要密钥。对称加密与非对称加密是两种典型的加密方式，而 HTTPS 协议采用了结合这两种方式的混合加密方式。具体步骤是先使用非对称加密方式进行加密通信，待安全地传递完共享密钥后，改用对称加密进行加密通信。

用户之所以能够通过 HTTPS 协议调用云 API，是因为云中的端点都配置了服务器证书。这些服务器证书大都来自证书现行标准 Symantec（旧称 Verisign）等公司。这种情况下，域名的认可与认证是由 Symantec 等公司的 CA（Certificate Authority，数字证书认证机构）来进行的。

上面说的都是证书（URI 与 HTTPS）的认证，用户的认证则另有方法。如会员制网站会进行 ID 与密码的认证一样，在云中也有用户认证。后面会讲一讲云中的用户认证机制。

另外，端点在通过 HTTPS 协议实现用户认证机制的过程中，除了用户认证本身，还需要将在 9.2.6 节介绍的签名过程。

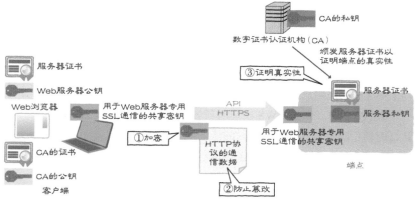

图 9.1　HTTPS 协议与证书

9.2 ║ 用户、组、角色和策略

OpenStack 中的 Keystone 和 AWS 中的 IAM 都是负责对活动者（用户）[①]进行认证的组件。下面先来看看这些组件中的元素及其权限控制机制。

9.2.1 租户

如第 2 章所述，在云中，租户是位于最顶层的概念。OpenStack 中的 Keystone 组件将租户定义为项目，AWS 则将其定义为账户。

由于租户（账户）之间是彼此独立的，所以用户一般无法跨租户操作。每种资源都需要单独认证，而所有资源都位于租户下。也就是说，给定的资源一定隶属于某个租户。不过，用户可进行跨租户的扩展配置，关于这一点我们将在后面详述。

9.2.2 用户

活动者是执行处理的人，相当于用户。在云中，用户也是一种资源，我们可以以某个用户的身份通过 API 创建、修改或删除这个资源。但在最开始云中还没有任何资源时，自然也就没有用户资源，那么我们该以哪个用户的身份创建第一个用户资源呢？

原来，云中有一种特殊的管理员用户，可以与租户（账户）关联。该用户相当于 Linux 中的 root 用户或 Windows 中的 Administrator 用户。第一个用户资源就是以这个特殊用户的身份创建的。与操作系统中的管理员用户一样，我们难以对该管理员用户进行权限控制，所以在实际操作中，原则上不会使用该用户。这点与操作系统的用户管理原则是相通的。

在 AWS 中，创建 AWS 账户时所输入的电子邮箱就代表管理员用户，认证时使用的是与这个邮箱关联的认证信息。

OpenStack 提供了角色功能，并支持 Admin（管理员）和 Member（一

---

① 第 3 章曾经讲过，API 中的"活动者"就是待认证的用户。

般用户）两种角色。因此，拥有 Admin 角色的用户就是管理员用户。

接下来介绍云中的用户，即一般用户的创建过程。

在 OpenStack 中，只需向 "https://identity/v3/users" 这个 URI 发送 POST 请求即可创建用户。

在 AWS 中，由于 IAM 不属于任何区域，所以需要向不包含区域信息的 URI "https://iam.amazonaws.com/" 发送请求，调用 CreateUser 的 API。

由于刚创建好的用户还没有权限，所以我们无法以这个用户的身份进行任何 API 操作。要想为其赋予权限需要先创建后面会讲解的策略，然后将策略分配给指定用户（图 9.2）。

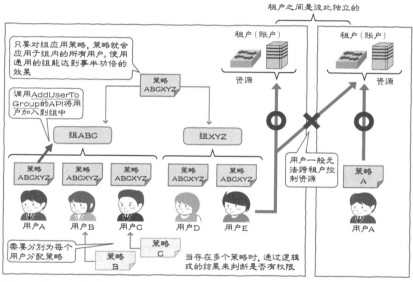

图 9.2 租户、用户与组

9.2.3 组

与操作系统一样，云中也有组的概念，可以集中管理用户。

因为存在逐一对用户应用策略的需求，所以当用户数急剧增加后，修改策略会成为一件很麻烦的事。不过，只要将多个用户放入到一个组中，再对该组应用策略，策略就会应用于组内所有用户，从而解决掉这个麻烦。除此以外，这样做还便于集中管理用户。在用户数骤增或需要依照组织结构等为权限分类的情况下，使用组能达到事半功倍的效果。

在 OpenStack 中，只需向 "https://identity/v3/groups" 这个 URI 发送 POST 请求，即可创建组，而向 "/v3/groups/{group_id}/users/{user_id}" 这个 URI 发送 PUT 请求，即可将用户添加到组中。

在 AWS 中，只需向 "https://iam.amazonaws.com/" 这个 URI 发送请求，调用 CreateGroup 的 API，即可创建组，而发送请求调用 AddUserToGroup 的 API，即可将用户添加到组中。

9.2.4 策略

负责权限控制的策略功能非常重要。下面就连同其定义与概念一起说明。

云中有许多组件、API 与资源，若用户什么都可以操作，就会产生安全隐患。不过，我们可以编写策略，通过权限来控制用户的操作。

策略是用第 3 章与第 8 章介绍过的 JSON 编写的，其基本作用是控制 API 的调用。因此，针对图 3.6（第 56 页）中的动作与资源的关系图，我们能够像图 9.3 那样控制 API 的调用。也就是说，权限控制的机制与构成 API 的要素是一一对应的。

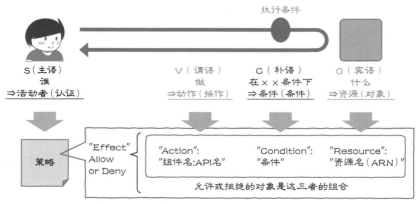

图 9.3　策略与 API 构成要素的对应关系

尽管不同云服务中使用的配置项会有差异，但策略的书写格式基本上是一样的：都要先将表示允许或拒绝的配置项作为结果（effect）放入由动作与资源构成的集合，然后将该集合放入 JSON 数组。

◉ AWS IAM 策略的基本元素

AWS IAM 中的策略包括结果、动作和资源三个基本元素（element），其语法结构如下所示。

结果——"Effect"

"Allow" 表示允许，"Deny" 表示拒绝。

动作——"Action"

指定允许或拒绝调用的 API。

资源——"Resource"[①]

指定允许或拒绝访问的资源（ARN）。

语法结构 AWS IAM 的策略

```
{
  "Effect": " Allow ",
  "Action": " 组件名:API 名 ",
  "Resource": " 资源名（ARN）",
  "Condition": " 条件 "
}
{
  "Effect": " Deny ",
  "Action": " 组件名:API 名 ",
  "Resource": " 资源名（ARN）",
  "Condition": " 条件 "
}
    （隐式的 Deny）    ←什么都没写（指定）
```

什么都没指定就等同于拒绝（隐式的 Deny）。因此，当对相同的动作或资源定义了多个以 "Effect" 开头的语法结构时，AWS IAM 将按以下优先级处理。

---

① 资源元素只支持云中的部分组件，并不是所有组件都可以指定为资源。而有关 ARN 的语法结构，请参考 3.2.6 节（第 73 页）的内容。

显式的 Deny > Allow > 隐式的 Deny

当需要指定多个动作或资源时，可将这些动作或资源用","连接起来放入"[]"内，即写成 ["","","",""] 的形式。此外，由于以 "Effect" 开头的语法结构可以并列书写任意数量，所以还可以为每个动作或资源分别写一个 "Effect"。

"Action" 后面的 API 名与 "Resource" 后面的资源名都可以用通配符 ① 替代。例如，要想指定 Amazon S3 中所有以 Get 开头的 API，就可以写成 "s3:Get*"。极端一点，想要指定所有资源时，只写一个 "*" 就可以表示将所有资源视作对象。

◉ AWS IAM 策略的其他元素

除上述三个元素外，AWS IAM 策略中还有另外几个元素。

条件—— "Condition"（只可在AWS中配置）

可将发送者的 IP 地址或时间等各种内建条件指定为条件。

版本—— "Version"

AWS IAM 策略的语法会发生变化，该元素用于定义语法的版本 ②。

ID—— "ID"

可通过该元素明确指定要将哪个 ID 赋予策略。

语句—— "Statement"

将以 "Effect" 开头的语法结构汇集起来形成的单位。

语句ID—— "Statement ID"

用于明确指定要将哪个 ID 赋予语句。

委托人—— "Principal"

使用后面将要讲解的基于资源的策略时，用于指定作为控制对象的活动者的 ARN。

---

① 通配符写作"*"，即可表示任意字符。
② 写作本书时的最新版本为"2012-10-17"。

Not·····—— "NotPrincipal"或"NotAction"等

可以指定带有否定含义的元素。随着资源数量的增加，可以通过配置"除······以外"的规则来减少 JSON 文件的行数。

◉ AWS IAM 策略的示例

下面来看一个 AWS IAM 策略的具体示例，请看图 9.4。

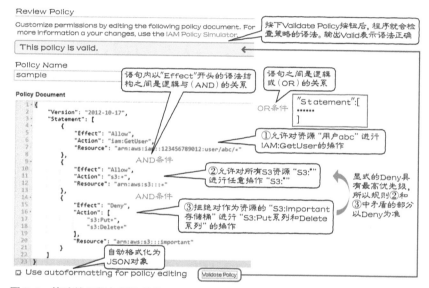

图 9.4　策略的示例与语法检查

图中所示的示例策略由以下三条规则组成。

①允许查看作为 IAM 用户的 abc

②允许所有 Amazon S3 的功能

③禁止更新或删除名为 important 的 S3 存储桶（容器）

这三条规则基本上是依照刚刚介绍的语法结构编写的，其中还用到了通配符。规则①指定了 IAM 资源，是一条单独的规则，而后两条规则都是针对 S3 资源的规则。规则②允许对所有 S3 存储桶进行任意操作，在资源和操作上与有关 important 存储桶的规则③有矛盾的部分。

语句内以 "Effect" 开头的语法结构之间是逻辑与的关系，具体到本例中就是 "② AND ③"。这两条规则中矛盾的部分会因 Deny 的优先级较高而以 Deny 为准。不同语句中以 "Effect" 开头的语法结构之间是逻辑或的关系。

另外，AWS 还提供了检查 IAM 策略的语法结构是否正确的功能。为了便于理解，我们在图 9.4 中是使用控制台来演示检查过程的。当然，也可以使用 API 来检查。只要显示出 Valid，就表示语法正确。若有错误，则会显示错误所在的行号与内容。不过要注意的是，该功能只能检查语法结构是否正确，无法确认逻辑上是否正确。

◉ OpenStack Keystone 策略的示例

OpenStack Keystone 策略在概念上与 AWS IAM 策略基本一致，只是在语法结构上有细微的差别。例如没有显式的 Deny 和条件元素，但有预设的角色，等等。

例如，在下面的示例中，虽然任何用户都能创建实例（compute:create），但只有拥有 admin 角色的用户才能在创建的同时，指定要在哪台主机上启动实例（compute:create:forced_host）。我们可以使用任何已在 Keystone 中创建好的角色（admin 是预设的角色）。

另外，为了限制只有属主和管理员才能删除实例（compute:delete），我们定义了名为 "admin_or_owner" 的规则，并基于该规则定义出了策略。

OpenStack Keystone 中的策略示例

```
"admin_or_owner" : "role:admin or project_id:%(project_id)s",
"compute:create" : "",
"compute:create:attach_network" : "",
"compute:create:attach_volume" : "",
"compute:create:forced_host" : "role:admin",
"compute:delete" : "rule:admin_or_owner",
```

只要掌握了前面讲解的 API 和 JSON 的基础知识，相信大家都能理解策略的大致结构。

◉编写策略

AWS IAM 与 OpenStack Keystone 中的策略在有些部分是相通的，如二者都是对 API 进行控制、都使用 JSON 格式的对象结构来定义策略等。尽管如此，它们各自所特有的功能还是要依赖策略中的语法细节，因此建议大家在编写时参考 IAM JSON 策略手册和 OpenStack Keystone 配置手册。

当然也可以直接用 JSON 编写策略，不过借助辅助工具可能更方便。

例如在 AWS 中，我们可以使用如图 9.5 所示的 GUI 工具 AWS Policy Generator（AWS 策略生成器）这个编写策略。只需指定好条件，该工具就会自动生成策略。

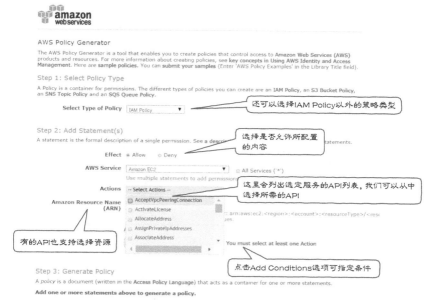

图 9.5 AWS 策略生成器

此外，条件越复杂，JSON 的内容就越长，就越难一眼看出动作是被允许还是被拒绝的。为此，AWS 还提供了 AWS Policy Simulator（AWS 策略模拟器）的功能，只要把策略加载进去，就能显示出被允许或拒绝的 API（图 9.6）。在本例中，我们用该功能解析了图中的 "iam" 策略。可以看到，GetUser 被设为允许，显示为 allowed，而其余的 IAM 动作都被设为拒绝，显示为 denied。

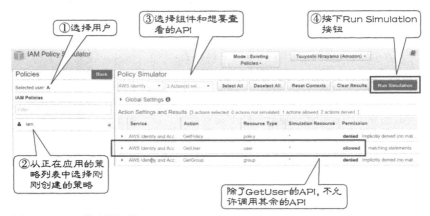

图 9.6 AWS 策略模拟器

在传统的思路中，通常都是将创建好的策略分配给一个用户或组，形成一体化的内联策略（inline policy）。但在 AWS 中，还可以生成独立于用户或组的托管策略（managed policy），使同一个策略应用于多个用户或组，以实现策略的重复利用，提升便利性。此外，由于 AWS 能够管理策略的变更历史，所以也支持回滚操作。

9.2.5 认证密钥、令牌

◉认证密钥

用户在调用 API 时，除了 ID，还需要提供认证密钥。认证密钥具有认证功能，相当于传统的密码，在不同的云服务或由同一个云服务提供的不同用户接口（API、CLI、SDK 或控制台）之间，其形式有细微的差别。

例如在 OpenStack 中，认证密钥的形式就较为简单。我们只需为 OpenStack Keystone 的 ID 配置好密码，就能让上述四种接口使用统一的认证密钥。

而在 AWS 中，使用控制台时需要输入 IAM 用户对应的密码，使用 API、CLI 或 SDK 时则需要配置访问密钥与秘密访问密钥，这两个密钥相当于配合 IAM 配置的 ID。

◉令牌

以上便是认证密钥的基本配置，但在通信过程中，如果我们直接把密码嵌入到了 CLI/SDK 的初始配置中，或在调用 API 时放到了消息头或查询参数中，就会产生安全隐患。因此，大多数的云环境会提供相当于临时密码的令牌功能（图 9.7）。

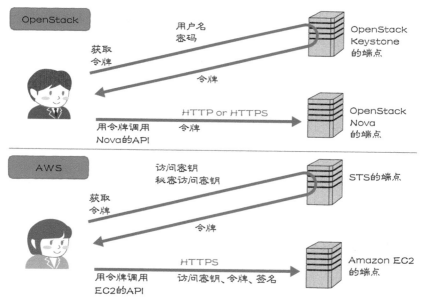

图 9.7　令牌

OpenStack 提供了将用户名与密码转换成令牌的 API。如下所示，只需将租户名、用户名与密码放入数据部分（由参数 -d 指定）后，再向 API 发送请求，即可获取令牌。

在 OpenStack 中获取令牌信息

```
$ curl -s -X POST http://identity/v2.0/tokens \
        -d '{"auth": {"tenantName": "'"$TENANT_NAME"'",
        "passwordCredentials":
        {"username": "'"$USERNAME"'", "password":
        "'"$PASSWORD"'"}}}'
```

将令牌信息放入到 HTTP 的扩展消息头后，就可以像下面这样带着令牌信息调用 API 了。

将令牌信息放入到 HTTP 的扩展消息头中

```
$ curl -s -X HTTP 方法 -H "X-Auth-Token: 令牌信息 " URI
```

AWS 中可以使用简称为 STS 的令牌，不过这种令牌不能单独使用，需要在获取后与访问密钥搭配使用。AWS 的 STS 与 AWS IAM 是不同的组件，因此，还要向 "https://sts.amazonaws.com/" 这个 URI 发送请求，通过调用 GetSessionToken 的 API 来获取令牌信息。

在 AWS 中获取令牌

```
HTTP 方法 路径 HTTP/1.1
Authorization: AWS4-HMAC-SHA256****…略…（API 请求的签名。参考 9.2.6 节）
Host：域名
X-Amz-Security-Token：令牌信息
```

STS 令牌还可用作具有一定使用期限的临时密码，后面介绍的 IAM 角色、联合身份验证（federation）功能都在内部使用了该功能。

9.2.6 签名

像 AWS 这样端点散布在全球各地的云环境，除了使用 HTTPS 协议确保通信安全外，还需要从验证客户端的真实性（确认请求者的 ID）及防止数据被窜改等方面确保安全，因而有必要在请求 API 时加入签名的过程。使用 CLI 或 SDK 时，签名过程是在内部进行的，无须关注。而直接调用 API 时，就必须要了解如何生成签名了。因此，下面就以 AWS 为例来讲解签名的机制与生成过程。

为了对调用 API 的 HTTP 请求进行签名，我们需要先计算出请求的散列值，然后通过计算好的散列值和请求中的其他参数，以及秘密访问密钥来创建签名。创建签名的算法称为 SHA（Secure Hash Algorithm，安全散列算法）。我们可根据所需散列值的长度来指定要使用的版本，如 SHA-1、SHA-2 或 2015 年发布的新版本 SHA-3。

AWS 用版本定义了签名的类型，而不同区域、不同服务所支持的版本有所不同，这一点需要大家事先确认好。写作本书时的最新版本是"签名版本 4"，下面就以该版本为例，说明签名的过程（图 9.8）。

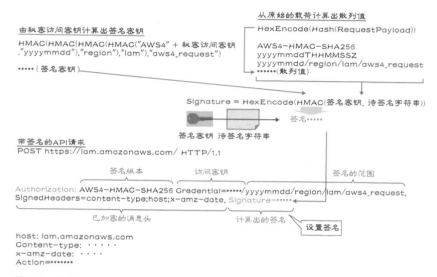

图 9.8　签名

为了计算签名，我们需要先使用 HMAC（Hash-based Message Authentication Code，基于散列的消息验证代码）函数计算出待签名字符串和签名密钥。而在计算之前，需要准备好载荷（payload）[1]与秘密访问密钥。

AWS 的参考手册中提供了使用 HMAC 函数计算签名密钥的程序示例[2]。

接下来，只需将计算出的签名密钥用作散列键，对待签名字符串进行散列操作即可计算出签名。在签名版本 4 中，最后一步是将计算出的签名放置到 Authorization 这个 HTTP 消息头中，这样就完成了签名。

---

[1]　所谓"载荷"，就是请求消息体的 SHA256 摘要。
[2]　AWS 一般参考→ AWS API →签署 AWS API 请求→如何派生签名密钥。

9.2.7　IAM 角色、基于资源的策略

　　将策略分配给作为活动者的用户或组是比较常见的操作，也比较容易理解，但是在云中，我们要用面向资源的架构来思考[①]。为此，AWS 提供了两个面向资源分配策略的功能：IAM 角色和基于资源的策略。对一直以来习惯于从活动者的角度出发进行系统设计的人来说，这两个功能也许有些难懂，因此在接下来的讲解过程中，我们会着重讲解其概念。

　　由于 AWS 中的角色在功能上有别于 OpenStack 中的角色，所以下文明确将其写作"IAM 角色"。将 IAM 角色赋予资源后，无须认证密钥就能从该资源调用 API。只要分配了 IAM 角色，就会在内部使用 STS 实现免密钥调用 API，进而提升安全性。

　　IAM 角色原本是为防止用户直接把秘密访问密钥嵌入代码中，同时兼顾简化 STS 的使用而开发的功能。近几年，AWS 中新增了一批后端运行在 Amazon EC2 中的托管服务，而这些托管服务在内部调用 API 时使用的也是 IAM 角色。

　　理解 IAM 角色的关键，在于理解策略的定义表示的是"对来源（from）资源的控制"（图 9.9）。例如，只要为服务器（Amazon EC2）分配了策略为允许更新对象存储（Amazon S3）的 IAM 角色，就意味着"无须认证密钥（在内部使用 STS），即可'从'Amazon EC2 更新 Amazon S3"。而对于基于资源的策略，其定义表示的是"对目标（to）资源的控制"，因此我们需要在策略中配置委托人（由谁来执行）（图 9.10）。对 Amazon S3 的存储桶分配"允许用户进行更新"的基于资源的策略后，只有指定的委托人能够更新存储桶，其余的用户都无法更新。

---

① OpenStack 也支持活动者和组，但 IAM 角色和基于资源的策略是 AWS 独有的。

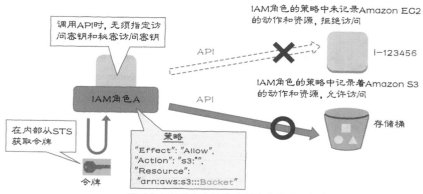

图 9.9　IAM 角色

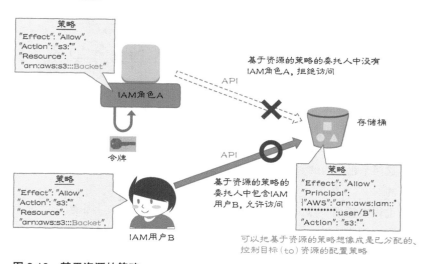

图 9.10　基于资源的策略

9.2.8　跨租户的操作权限

我们还可以创建跨租户的策略（图 9.11）。

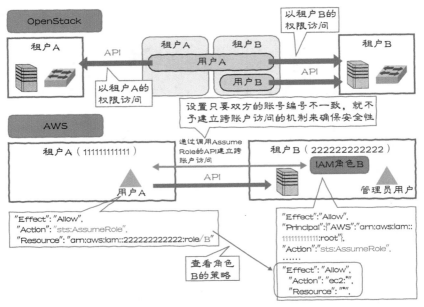

图9.11 跨租户的操作权限

在 OpenStack 中，一个用户可以同时隶属于多个租户，因此我们可以为用户和租户的组合配置角色。即便是同一个用户，如果作为操作对象的租户不同，便也可改变角色。例如，同时隶属于两个租户的用户虽然能够操作这两个租户内的资源，但资源的操作归根到底还是在其各自的租户内进行的。

说得更详细一点，就是 9.2.5 节说明的令牌只能与某一个租户产生关联，我们无法使用一个令牌操作多个租户，操作其他租户时需要重新获取令牌。为租户分配用户的工作是由管理员用户及域管理员（使用 Keystone v3 的 API 时）负责的。

在 AWS 中，管理员用户是电子邮箱对应的用户，而并非 IAM 用户，因而无法以操作组件的方式操作相当于租户的其他账户。为此，需要先在 IAM 角色的委托人中指定账户编号，然后调用 AssumeRole 的 API，这样才能允许来自其他租户（账户）的访问。AWS 将这种配置称为跨账户访问（cross-account access）。

只要为需要限制访问的资源指定好允许访问的第三方账户编号，就可以防止来自第三方的恶意访问。

无论云中的设计要素多么繁杂，在任何项目中，如何设计与划分账户都是看似基础又最为重要的问题之一。对于应该将重点放在权限分离上，还是放在操作的便利性上这个问题，并没有统一的答案，重要的是要根据必要条件与功能进行账户设计。

9.3 联合身份验证

将权限委派给其他 ID 的联合身份验证机制（federation）是令牌的应用方法之一。要使用 API 就需要先通过认证，而为了提升认证过程的效率，很多互联网服务都充分使用了联合身份验证。

例如，相信大家都曾用 Google、Amazon、Yahoo、Microsoft、Facebook、Twitter 或其他网站的 ID 访问过支持单点登录的网站吧？同样的访问方式也适用于基于 HTTP 实现的 Web API。在联合身份验证中，ID 提供者[①]（IdP）就相当于替代用户（alternate-user），通过在 ID 提供者与其他 ID 之间建立信任关系来实现联合身份验证。

对于现有的 ID 管理系统，既可使用 SAML 或 OpenID Connect 等访问方法，也可使用通过 Google、Amazon、Facebook 等 WebID 进行联合身份验证的方法，不同的云服务支持不同的方法。

SAML（Security Assertion Markup Language，安全断言标记语言）是一种标记语言，用于编写与用户认证、属性及访问许可相关的信息。通过用 HTTP 协议交换 SAML，即可实现单点登录。而通过应用云提供的SAML 元数据，即可建立其他 ID 与 ID 提供者之间的信任关系。

OpenID Connect 以基于 HTTP 的认证标准 OAuth 2.0 为标准，提供了一套对 Web API 的调用进行许可的方法。该方法会根据 OpenID[②] 提供的认证信息，在其他 ID 与 ID 提供者之间建立信任关系。

---

① 在 AWS 中称为"身份供应商"。——译者注
② 由 OpenID 基金会运营的 ID 标准化组织。

下面我们以 AWS 为例，来看看联合身份验证的过程（图 9.12）。信任关系建立好以后，即可与 ID 认证建立联合身份验证，认证完成后，要调用用于获取联合身份验证专用令牌的 API，获得令牌后，就能通过该令牌调用 API 了。

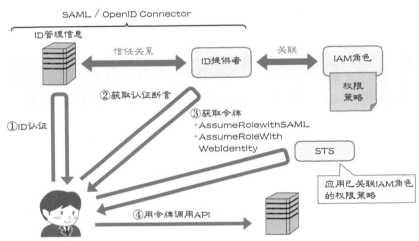

图 9.12　联合身份验证的机制

对应用程序而言，ID 极为重要。尤其是在开发以云 API 为核心的云原生应用程序时，从安全的角度来看，上述的联合身份验证是重点。由于不同云环境中与策略相关的配置步骤会有细微的差异，所以建议大家在使用时参考最新的手册。

9.4　认证资源组件的总结

最后我们用组件图来总结一下认证资源之间的关系。

在 OpenStack 和 AWS 中，组与用户的关系很简单，无须赘言，但其他资源之间的关系却多多少少有些差异。

OpenStack 中的令牌与角色为项目（租户）和用户的组合建立了关联，而策略要通过角色来定义（图 9.13）。

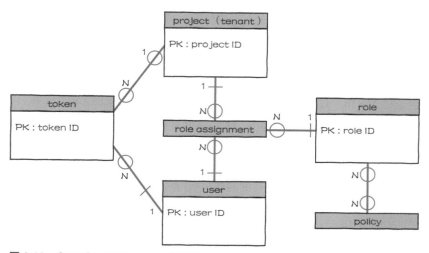

图 9.13　OpenStack Keystone 资源图

　　而在 AWS 中，我们可以单独创建策略，这就形成了策略与用户、组及 AWS 特有的 IAM 角色之间的多对多关系（图 9.14）。除此以外，相对于 OpenStack，AWS 的用户和角色都能生成令牌。

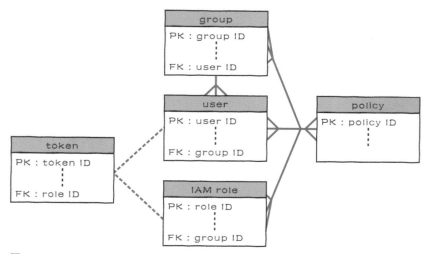

图 9.14　AWS IAM、STS 的资源图

在云环境中搭建大规模的复杂系统时，若要以对外公开的方式使用端点，就少不了有关认证的设计。

AWS 也在手册中介绍了 IAM 的安全最佳实践，为了在实际中更好地应用 IAM，建议大家都去读一读。

笔者曾指导过大规模的云项目。以 AWS 为例，可以说无论哪个项目，只要是在云中进行设计和控制，VPC、CloudFormation 和 IAM 都是缺一不可的三要素。因此，本书才会按照第 7 章网络资源、第 8 章编配、第 9 章认证机制的顺序予以讲解。凡是以云为本的项目都会涉及这三章所讲解的组件。另外，由于所有项目都能利用面向资源的架构进行设计，所以有时也会安排能兼管多个项目的管理员。

接下来的第 10 章到第 12 章将会讲解一些新的组件和概念。这些内容能够使现有系统进化成更加成熟的分布式或可伸缩的云原生环境。

控制对象存储的机制

本章所讲解的对象存储是云计算架构中颇具代表性的组件。

OpenStack 中的 Swift 和 AWS 中的 S3 都属于对象存储组件。所谓云原生架构，正是这种以分散部署的对象存储为基础数据存储区的系统架构。我们在第 2 章中简单介绍过对象存储的特性，本章将在此基础上，继续详细讲解对象存储与 REST API 的关系及其内部结构。

10.1 || 对象存储

10.1.1 从存储类型来看对象存储

存储类型大致有以下三类。

①**块存储**
②**网络存储**
③**对象存储**

①是第 6 章讲解过的块存储。从存储的角度来看，块存储中的数据只不过是一个个区块（block），需要借助操作系统上的文件系统才能将其识别成文件。块存储会被服务器识别成设备（device），主要用于本地磁盘和数据库。我们在联机处理过程中访问的大部分是块存储。

②是网络存储，其特点是服务器可以通过 TCP/IP 网络连接到存储。NFS 就是典型的协议（还有第 6 章结尾介绍的 NFS 服务）。由于使用网络存储时要在操作系统上挂载 NFS 服务，所以同样需要借助操作系统上的文件系统才能将其中的数据识别成文件。

③是本章将要讲解的对象存储，即以文件为单位管理数据的存储。其特点是访问时要使用 HTTP（HTTPS）协议。对象存储具备与文件系统相当的功能，大多数情况下无须挂载到服务器的操作系统上，而是作为一个独立的组件使用，算是一种出现时间较短、比较新颖的存储类型。对象存储不仅会以云服务的形式出现，有时还会以设备（appliance）或软件的形式提供给用户。在云计算架构中，对象存储的应用场景越来越广，所带来

的价值也越来越高。下面就结合其内部结构来讲解这一现象背后的原因。

10.1.2　对象存储的内部结构与最佳使用方法

　　在对象存储中，用户是基于 HTTP（HTTPS）协议来操作文件的，因此对象存储内置了 HTTP 服务器。这样一来，用户就可以通过这个 HTTP 服务器直接以网站的形式发布文件了。

　　使用服务器和块存储搭建网站时，需要在服务器的操作系统上安装 Apache、Nginx 或 IIS 等 HTTP 服务器，还要部署文件、挂载块存储等。而改用对象存储后，无须上述操作就能轻松发布网站。

　　图 10.1 对比了使用服务器加块存储搭建网站与单独使用对象存储搭建网站之间的差异。从中可以看到，由于对象存储内置了 HTTP 服务器、文件系统以及网络设备间的连接，所以配置起来更简单、更轻松。

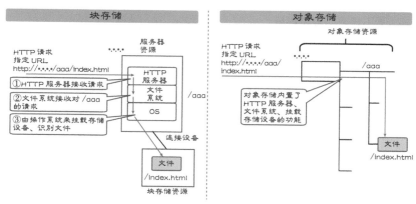

图 10.1　块存储和对象存储的差异

　　对于第 5 章和第 6 章讲解过的服务器资源和块存储，我们可以通过 API 来操作。但如果要操作文件本身，则只能执行操作系统上的命令，而不能调用 API。这是因为，只有借助服务器资源中操作系统上的文件系统才能识别出文件。与此相对，由于在对象存储中能够通过云来控制文件本身，所以可以通过 API 来操作文件。这一点体现了对象存储与传统存储之间的巨大差异。另外，由于可以直接采用第 3 章介绍过的 REST API 的概念，所以对象存储已经成为云原生应用程序的平台。

另外，对象存储中默认内置了将文件复制到多个位置的功能，因此也就无须我们另行设计备份方案了。使用块存储搭建系统时，则需要研讨备份方案——或是将文件同步到异地，或是创建快照。因此，就持久性方面而言，对象存储依然占有优势。

在对象存储中，我们甚至无须考虑服务端的总容量测算。使用块存储时，要事先在块磁盘端与服务器操作系统挂载块磁盘时指定好可用容量，并随时监控以预防已用容量超过总容量。而在对象存储中，完全没有必要关注总容量[①]。

下面来总结一下对象存储的特点。

①**使用 HTTP（HTTPS）协议访问文件**

②**可以使用 API 直接操作文件**

③**文件会被复制到多个地方**

④**不需要测算总容量**

鉴于上述特点，云中的对象存储常用于发布静态网站或大容量的视频文件，还可用于存放大数据分析专用的大量日志信息。这类信息的变动难以预料，随时可能呈爆炸式增长。

另一方面，由于对象存储不具备稳定的高性能 I/O 和带锁的数据一致性，所以在注重高性能 I/O 和数据一致性的场景中，人们往往还是继续沿用块存储。在云计算架构中，根据自身的特点灵活、合理地选用存储十分重要。

几年前，人们还是以间接使用对象存储为主，"操作系统将对象存储直接用作文件系统"的方法并不普及。而近年来，以对象存储为基础数据存储区，且与大数据分析、备份和灾难恢复相关的云服务或第三方软件层出不穷。用户只需将数据存储到对象存储中，再借助这些服务或软件就能轻松地使用和操作了，因此，对象存储也开始逐步被用作核心业务的数据存储区了。

---

① 不过，单个文件的大小还是有上限的，相关的解决方案将在 10.2.7 节中说明。

10.2 ‖ 与对象存储的基本操作相关的 API

本节将讲解对象存储资源的基础和用于操作对象存储的 API。

10.2.1 构成对象存储的资源

从表面上来看，对象存储的出现仅是源于"如何管理文件"这么一个朴素的想法，因此对象存储中的资源只有三种：账户、存储桶（容器）和对象。

这里的账户相当于第 2 章介绍的租户。在 AWS 中，我们往往留意不到预设的账户，但在使用第 9 章讲解的跨账户访问[①]功能时会留意到它。跨账户访问提供了在账户间共享存储桶的功能。

存储桶（容器）相当于文件系统中的顶层目录。OpenStack 将其称为容器；Amazon S3 则将其称为存储桶。

在 OpenStack 中，存储桶的名称只要在账户内是唯一的就没有问题。而在 Amazon S3 中，由于是以 FQDN 的形式在互联网上公开存储桶，所以存储桶的名称必须是全局唯一的。

> 由于"容器"（container）这种说法容易与 Docker 等容器虚拟化技术中的容器相混淆，所以本章将统一采用"存储桶"（bucket）这一说法。在讲解 OpenStack Swift 的篇幅中出现的"存储桶"就是指"容器"。

所谓对象，就是指存储在存储桶内的文件。虽然我们无法在存储桶内创建存储桶，但在存储对象时，只要加入前缀，就能在存储桶内形成层级结构。前缀相当于 Linux 中的目录路径或 Windows 中的文件夹路径，我们将包含路径前缀的绝对引用地址称为键。在 OpenStack 中，Account/

[①] 跨账户访问功能简化了与其他特定的用户共享文件的过程，并提供了一种借助云的特性实现文件联动的方法。（文件联动是一种实现系统联动的方法，先由源系统将待共享的数据输出到文件，然后将该文件传递给目标系统，最后由目标系统加载该文件中的数据。通过以上三步使多个系统联动起来，将各系统的功能组合到一起完成业务需求。——译者注）

Container/Object 构成了唯一的键名；而在 Amazon S3 中，唯一的键名是由 Bucket/Object 构成的。

　　账户、存储桶和对象这三种资源的关系如图 10.2 所示。账户位于最上层，它的下面是存储桶。由于能够在一个账户内创建多个存储桶，所以账户和存储桶是一对多的关系。存储桶下面是对象，由于能够在一个存储桶内创建多个对象，所以存储桶和对象也是一对多的关系。这样一来，账户和对象也形成了一对多的关系。从上述关系可以看出，没有账户就无法创建存储桶，而没有存储桶就无法创建对象。对照普通的文件系统就能想象出，只要存储位置不同，即使是相同的对象，也会被当作不同的资源处理。对象存储针对这些资源提供了能够执行 CRUD（创建、获取、更新、删除）的 API，我们可以使用这些 API 来操作这三种资源。

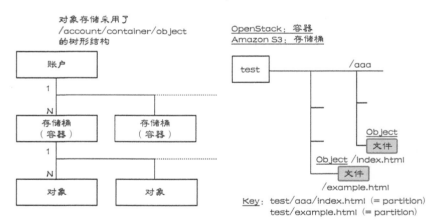

图 10.2　构成对象存储的资源间的关系

10.2.2　操作账户与获取存储桶列表

　　在 OpenStack Swift 中，通过向位于最顶层的账户[1]发送 GET 请求，即可获取该账户下的存储桶列表。下面给出一个用 curl 调用 API 的示例："curl -i {endpoint}/v1/AUTH_{account} -X GET -H "X-Auth-Token:$token""。

_____

[1]　在 Swift 中，出于一些历史原因，人们习惯上将租户称为账户。

这里的 {account} 是我们在 Keystone 上注册的账户 ID。除了存储桶列表，我们还能够获取账户中的各种元数据，包括账户上对象存储的配置以及已存储的对象数量和数据大小之类的统计信息等。使用 GET 方法可以获取存储桶列表和元数据，如果只想获取元数据则可以使用 HEAD 方法。而 POST 方法用于编辑账户的配置。

Amazon S3 虽然没有定义与最顶层的账户相对应的资源，但提供了 ListBuckets 这个用于获取账户内所有存储桶列表的 API。

10.2.3 创建存储桶与存储对象

下面来看一看如何使用 CLI 和 API 创建存储桶，并将对象放入到存储桶中。

图 10.3 演示了如何在 OpenStack 中使用 CLI 完成上述操作。我们只需执行创建存储桶的命令 "swift post < 存储桶名 >"，CLI 工具就会在内部向 Swift 的端点发送请求，调用创建存储桶的 API。

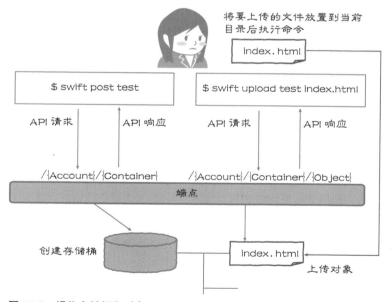

图 10.3　操作存储桶和对象

在本例中，创建好名为 test 的存储桶以后，我们就可以在里面存储对象了。只需通过 CLI 工具执行命令 "swift upload < 存储桶名 > < 文件名 >"，即可将本地文件存储到 Swift 中。命令一执行，CLI 工具就会在内部调用 API，本例中的文件 index.html 就会被上传到名为 test 的存储桶中。

除非查看 CLI 的规范或进行网络抓包，否则只靠执行命令是无法得知 CLI 工具在内部都调用了哪些 API 的。因此，下面我们就来具体看一看在内部调用的 API。

要创建存储桶，就要向隶属于现有账户的 URI "https://ObjectStorage/v1/account/container" 发送 PUT 请求（图 10.4）。使用 curl 时执行的命令为 curl -i $URI -X PUT -H "Content-Length:0" -H "X-Auth-Token:$token"，此时要用资源的 URI，而不是选项来指定存储桶名。这种方式正好与 REST API（第 3 章）所遵循的面向资源的理念相吻合。采用这套机制可以确保名称的唯一性，因为一旦指定了相同的存储桶名，就会产生资源重复的错误。

而要把文件存储到存储桶中，就要向隶属于存储桶的 URI "https://ObjectStorage/v1/account/container/object" 发送 PUT 请求。我们也可以不使用本地文件的名字，而是为对象另起一个名字。不过，由于在默认情况下，CLI 中的 swift upload 命令会直接用文件名作为对象名上传文件，所以内部的 API 最终会把文件名直接赋予对象资源。

上传到 Swift 中的文件若能被正常存储为对象，API 就会返回表示正常结束的 HTTP 响应码。更新对象时同样要把对象名放到 URI 中。由于对象其实就是文件，所以当 URI 重复时原有的对象会被覆盖，从而达到更新的目的。

上面这两个都是简单 API，它们请求的消息体部分不包含具体条件。

也许有些读者会觉得有点奇怪：明明是要新建资源，为什么不用 POST 方法，而用表示更新的 PUT 方法呢？这是因为对象存储的资源采用的是以账户为根的树形结构。也就是说，无论是新建操作还是更新操作，像这样一律处理为在相当于树根的账户下进行的更新操作，就能大幅简化 API。

另外，HTML 表单的规范规定只能使用 POST 方法上传文件，为此 Amazon S3 还提供了使用 POST 方法上传文件的 API，我们在调用时要将

Content-Type 这个 HTTP 消息头设为 multipart/form-data。

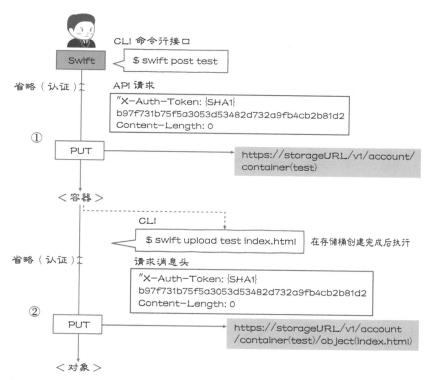

图 10.4　用于创建存储桶和对象的 API

10.2.4 修改存储桶和对象的配置信息

在 OpenStack 中，可以使用 POST 方法来更新存储桶或对象的配置信息（元数据）（图 10.5）。更新时要设置名为 X-Container-Meta-{name} 或 X-Object-Meta-{name} 的 HTTP 扩展消息头，其中的 {name} 是待更新的元数据的名称，所用的 URI 依然是存储桶或对象的 URI。新建配置信息时使用的也是 POST 方法。

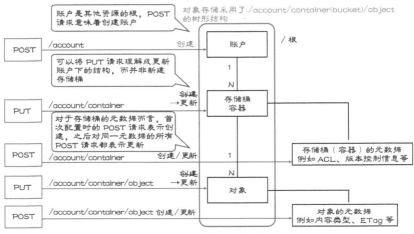

图 10.5 PUT 方法与 POST 方法在对象存储中的用途

那么，都有哪些具体的配置信息呢？就存储桶而言，ACL（控制访问列表）、版本控制信息以及网站功能等都属于配置信息。这些配置信息在内部都会被当作元数据来管理。

下面来看一个具体示例。假设我们要为存储桶添加一个 ACL，只允许 account1 这个特定用户写入数据（图 10.6）。那么只需在 CLI 中执行 swift post test --write-acl account1，CLI 工具就会在内部执行 curl -i $URI -X POST -H"X-Auth-Token:$token" -H"X-Container-Write: account1" 命令，以此来为存储桶 test 添加 account1 的"写入权限"。

最后，再来看一看如何只删除配置信息。由于存储桶及其配置信息共用同一个 URI，如果对存储桶的 URI 发送 DELETE 请求，实际上调用的是删除存储桶本身的 API。所以，我们不能使用 DELETE 方法删除配置信息，而是应该使用 POST 方法，并要设置表示删除的消息头 X-Remove-Container-Meta-Century，通过用空白的配置信息覆盖原有配置信息来达到删除的目的。具体来说，就是像下面这样调用 API。

```
curl -i $URI -X POST -H"X-Auth-Token:$token" -H"X-Remove-
Container-Meta-Century: x"
```

我们可以认为，收到 API 的调用请求后，Swift 还会保留配置信息的结构，只是将对应的值置为了 NULL。

在 Amazon S3 中，配置信息的种类繁多，且每种配置信息都有自己的 API。例如，更新 ACL 时使用的 API 为 PutBucketAcl。调用该 API 时，我们要在名为 x-amz-acl 的 HTTP 扩展消息头中指定 ACL 的名称，并通过形如 x-amz-grant-{control} 的 HTTP 扩展消息头指定读、写等权限。这里的 {control} 代表 read、write 等。在 Amazon S3 中，用于操作 ACL 的 API 也不支持 DELETE 方法，同样要通过更新来达到删除的目的，这一点与 Swift 很像。

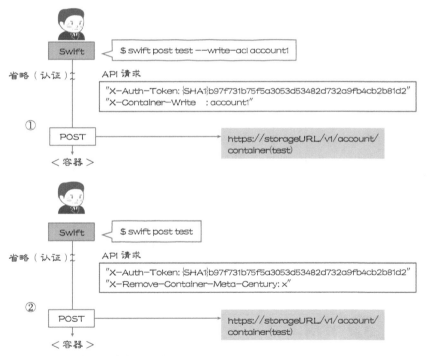

图 10.6 用于修改对象存储配置的 API

10.2.5　获取对象列表

在讲解账户时，我们举例说明了如何显示存储桶的列表。但在实际业务中，大多数情况下要显示的是对象的列表。

在 OpenStack 中，只需向 https://ObjectStorage/v1/account/container 这个 URI 发送 GET 请求即可获取对象列表的信息。

在 Amazon S3 中，列出存储桶内对象的 API 是 ListObjects。

但无论是 OpenStack 还是 Amazon S3，都只能显示数量有限的对象。在写作本书时，OpenStack Swift 最多只能显示 10 000 个对象，Amazon S3 则最多只能显示 1000 个对象。另外，由于在默认情况下，前缀以下的信息会全部显示出来，所以我们可以使用 Marker 选项指定对象名，使用 Prefix 选项指定前缀名，以此来筛选要显示的对象。

10.2.6　复制对象

对象的复制操作有别于 CRUD 中的任意一种操作，即与作为 HTTP 方法的 POST、GET、PUT 和 DELETE 均不匹配。

OpenStack Swift 提供了用于复制对象的 API。只需向 "https://ObjectStorage/v1/account/container/object" 这个 URI 发送 COPY 请求，即可像使用文件系统中的复制命令那样复制对象。

Amazon S3 则提供了 CopyObject 这个用于复制对象的 API。该 API 会在内部将通过 GET 方法获取的对象用 PUT 方法上传到目标存储桶。添加了名为 x-amz-copy-source 的 HTTP 扩展消息头后，PUT 方法即可用于复制对象。

10.2.7　分段上传

对象存储限定了用户能够操作的文件大小。随着文件大小的增加，传输单个文件的系统开销也会增大。于是为了提升吞吐量，就产生了先将大文件分割成小文件再进行并行处理的需求。

为了满足上述需求，对象存储提供了分段上传的功能。如图 10.7 所示，该功能由以下三步构成。

①将对象分割成片段

②上传片段

③将片段拼接起来，还原出原始的对象

在 OpenStack Swift 中，我们只需在用 PUT 方法对对象调用 API 时，指定 multipart-manifest 的查询参数，即可用一个 API 一口气实现上述三个步骤。

与此相对，Amazon S3 为每个步骤分别提供了一个 API。首先，我们要通过名为 CreatMultipartUpload 的 API 进行初始化处理，判断是否要对对象启用分段上传，该 API 执行后会生成上传 ID。接着，实际的上传处理由名为 UploadPart 的 API 完成，调用该 API 时需指定刚刚生成的上传 ID 以及用来表示片段的片段 ID。最后，拼接处理由名为 CompleteMultipartUpload 的 API 完成，我们只需指定上传 ID，该 API 就会按照片段 ID 的顺序，将各个片段拼接成原始对象，然后删除所有的片段。

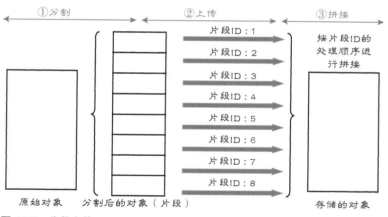

图 10.7　分段上传

10.2.8　Amazon S3 CLI

OpenStack 和 AWS 均会提供封装了 API 调用的 CLI。Amazon S3 更是

提供了两种 CLI，一种是以操作 Unix/Linux 文件系统的方式操作对象的
CLI，另一种是像其他服务那样与 API 对应的 CLI。使用与 API 对应的命
令时，要在命令前面指定 aws s3api。能像操作文件系统那样操作对象的命
令叫作高层 API，使用它时要在命令前面先指定 aws s3。

Unix/Linux 中的 ls 命令用于输出目录或文件列表，我们可以使用 aws
s3 ls 命令实现同样的功能（图 10.8）。调用时若未指定任何参数，则会显
示存储桶列表；若将存储桶或前缀指定为参数，就会显示其中的对象列
表。该命令会在内部调用名为 ListBuckets/ListObjects 的 API。

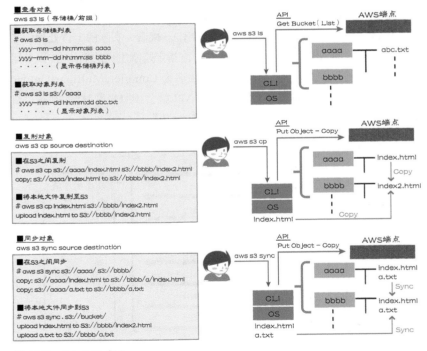

图 10.8　Amazon CLI

Unix/Linux 中的 cp 命令用于复制文件，我们可以使用 aws s3 cp 命令
实现同样的功能。只需指定好源文件与目标文件的路径，即可在这两个位
置之间进行复制。所指定的路径既可以是能从 CLI 环境访问的路径，也可
以是 Amazon S3 的前缀。该命令在内部会默认调用名为 CopyObject 的

API。其他与 Unix/Linux 命令类似的命令还有用于移动对象的 mv 命令、用于删除对象的 rm 命令、用于创建存储桶的 mb 命令，以及用于删除存储桶的 rb 命令。

aws s3 sync 是一个非常好用的功能，适用于工作现场或系统搭建。它并不是通过指定文件名来复制特定对象，而是只需在参数中指定好传输来源与传输目标的路径，AWS S3 就会把来源路径下的所有对象都同步至目标路径，非常适合想要同步所有对象的情况。需要注意的是，该功能与 Unix/Linux 中的 sync 有所不同，后者用于将内存中的数据刷到磁盘中。

cp、mv 和 sync 都是用于移动对象的命令。在调用内部 API 时，这些命令会根据文件大小等条件，合理地选择是使用 PUT 方法还是使用 Multipart Upload 方式。如果是直接调用 API，只有手动调整 API 命令，才能区别使用这两个 API。而使用 CLI 工具以后，该工具会根据在 CLI 中指定的条件，自动调整最适合在内部调用的 API。

AWS CLI 现已作为开源软件发布在 Github 上，想了解更多细节的读者可自行参考相关文档与源代码。

10.3 ‖ 变更对象存储的配置与相关 API

本节会挑选几个典型的对象存储的配置功能，介绍其概要与相关 API。大家可以从各云供应商提供的 API 参考手册获取最新功能的列表。

10.3.1 启用 ACL

前面提到过 ACL。它是一种典型的配置信息，提供了控制用户访问存储桶或对象的功能。从内部来看，活动者（actor）就是第 9 章介绍过的用户。我们可以利用 ACL 将这些用户放入到对象存储预定义的组中，然后分别为这些组赋予读写权限（如 10.2.4 节所述）。

在 OpenStack Swift 中，需要通过配置用户信息来进行认证。

Amazon S3 则提供了三个预定义的组，分别是带有管理权限、需要认证的 Authenticated Users 组，无须认证、带有一般访问权限并且可代表任何人的 Everyone 组，以及代表管理日志的用户的 Log Delivery 组。

10.3.2 版本控制与生命周期

◉ 版本控制

一旦启用了版本控制功能，我们就可以存储对象的历史版本。版本控制是针对整个存储桶配置的选项。处于版本控制下的对象会带有版本 ID。使用 GET 方法默认获取的是最新版本的对象，若要获取历史版本的对象，则需指定版本 ID。

启用了版本控制功能以后，即便最新版本的对象被删除了，历史版本 ID 所对应的对象也依然存在。若要删除历史版本的对象，则需指定相应的版本 ID。

在 OpenStack Swift 中，只需向 "https://ObjectStorage/v1/account/container" 这个 URI 发送 PUT 请求，并在名为 X-Versions-Location 的 HTTP 扩展消息头中设置相应的值，即可启用版本控制功能。

在 Amazon S3 中，则可通过名为 PutBucketVersioning 的 API 启用版本控制功能。

◉ 生命周期

如果需要隔一段时间就将对象物理删除，那么可以利用生命周期功能来指定删除规则。

在 Amazon S3 中，可通过名为 PutBucketLifecycle 的 API 启用生命周期功能。

如果把版本控制和生命周期功能搭配起来使用，还可控制历史版本的存续时间。我们不仅可以将对象的键名指定为生命周期的起点，还可以将最新版本作为生命周期的起点。

图 10.9 中的示例以周为单位更新文件，并添加了一条于 10 天后归档的规则。由于 Amazon S3 还提供了归档功能，所以我们可以把生命周期起点（键名和版本）的设置与删除和归档这两种操作组合起来，从形成的四种搭配中选择基本规则。

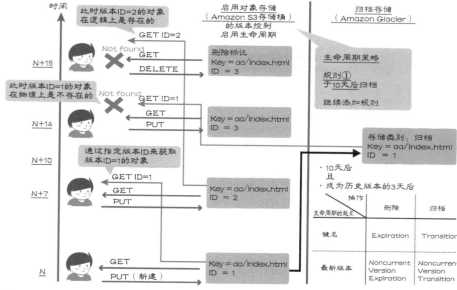

图 10.9 版本控制与生命周期

10.3.3 加密

随着越来越多的人将重要数据存储到对象存储中，加密功能也受到了更多的重视。以 Amazon S3 为例，对对象存储进行加密的思路有以下两种（图 10.10）。

①服务器端加密
②客户端加密

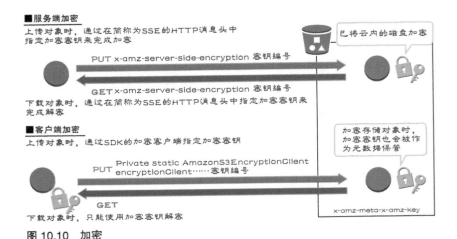

图 10.10 加密

● 服务器端加密

服务器端加密是针对整个存储桶配置的选项。当数据写入磁盘时，服务器端会在对象级别上对数据进行加密，并在用户访问数据时进行解密。因此，无论对象是否经过加密，只要用户拥有访问权限与密钥信息，就能直接访问对象。

服务器端加密适用于想要在云内部安全地管理对象的场景。Amazon S3 提供的密钥或自定义密钥均可用作服务器端加密的密钥。Amazon S3 既没有提供专门用于启用服务器端加密的 API，也没有提供相应的选项，而是要由用户在调用 PutObject 或 GetObject 的 API 时，使用名为 x-amz-server-side-encryption 的 HTTP 扩展消息头来配置加密密钥。

若打算使用自定义密钥，则可以通过另一个 HTTP 扩展消息头 x-amz-server-side-encryption-customer-algorithm 来指定 AES256 等加密算法，并通过 x-amz-server-side-encryption-customer-key 这个消息头来指定密钥。

● 客户端加密

所谓的客户端加密是指在用户上传对象时，由客户端对对象本身进行加密的过程。在云内部，加密密钥被作为元数据保管，即便有人下载了这个对象，该对象也仍然处于加密状态。

客户端加密适用于不想依赖云而想自行加密的场景。由于文件是在客户端加密的，所以我们无法选用 Amazon S3 提供的密钥，只能使用自定义的密钥。与服务器端加密一样，Amazon S3 同样没有为客户端加密提供专用的 API，我们也无法通过 REST 的 HTTP 扩展消息头来指定密钥，只能在调用 Put Object 的 API 时，通过典型的加密客户端为 SDK 指定加密密钥，以此来实现客户端加密。

10.3.4 网站功能

对象存储还可用于搭建网站。由于对象存储原本就是通过 HTTP 协议访问的，所以如果是 HTML 文件，只需为相应的对象赋予公开权限，并使用 HTTP（HTTPS）协议指定带有 FQDN 的 URL，就能将其作为网页显示。

而网站功能的特点在于不仅能控制访问权限，还具备常用 Web 服务器所提供的基本功能，如文档根目录[①]、自定义的错误页面和重定向等（图 10.11）。如果我们仅仅为对象赋予了公开权限，但用户却没有在路径中一直指定到该对象的名称，那么结果自然是访问失败。而启用了网站托管以后，只要用户指定了 FQDN，就会跳转到文档根目录的路径。此外，在发生 HTTP 错误时，网站功能不仅提供了返回自定义错误响应（页面）的配置，还支持处理的重定向。

在 OpenStack Swift 中，只需向 "https://ObjectStorage/v1/account/container" 这个 URI 发送 PUT 请求，并将 HTTP 扩展消息头 X-Web-Mode 设定为 true，即可启用网站功能。

在 Amazon S3 中，则需调用名为 PutBucketWebsite 的 API 启用网站功能。

---

① 这里的"文档根目录"实际上就是"索引文档"（index document）。索引文档有时也称为默认页面，是在用户请求网站的根或任意子文件夹时 Amazon S3 返回的网页。——译者注

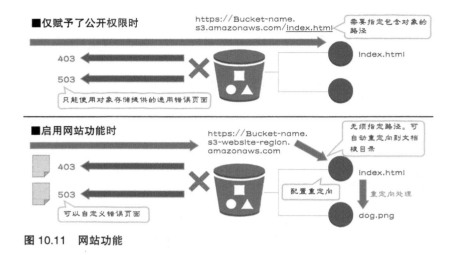

图 10.11 网站功能

10.3.5 CORS

将对象存储用作静态网站时，需要考虑跨来源的问题，即跨域的 XMLHttpRequest 访问受限的问题。例如，将 Amazon S3 用作静态网站或链接的目标位置时，里面的资源会被赋予形如 bucket-name.s3-website-region.amazonaws.com 的域名。这样一来，我们将 CSS 样式表、图片或脚本文件等存储到 Amazon S3 中以后，一旦需要从外域的网站通过 XMLHttpRequest 发送 HTTP 请求来请求这些文件，就会违背同源策略（same-origin policy）。

为了解决这个问题，我们可以在 Amazon S3 中对存储桶启用 CORS（Cross Origin Resource Sharing，跨来源资源共享）的配置。只需调用 PutBucketCors 这个 API，并在请求的消息体中定义好 CORS 的配置，即可启用 CORS。

CORS 的配置以 <CORSConfiguration> 元素开头，我们可以在该元素中用 <CORSRule> 元素并列定义多条允许规则。<AllowedOrigin> 元素用于指定允许的来源域名，<AllowedMethod> 元素用于定义允许使用的 HTTP 方法。在 <AllowedHeader> 元素中，可通过 Access-Control-Request-

Headers 消息头指定允许在先导请求（preflight request）中使用的 HTTP 消息头。而在 <MaxAgeSeconds> 元素中则可以以秒为单位，指定先导请求的响应能够在浏览器上缓存多长时间。

此外，我们还可以通过 <ExposeHeader> 元素来指定允许应用程序访问的 HTTP 响应消息头。如图 10.12 所示，图中对来源站点 index.com 指定了以 x-amz 开头的通配符，这样 index.com 中的应用程序就能访问所有 Amazon S3 特有的 HTTP 消息头了。

先导请求的作用是确认能否进行跨域访问，而是否支持先导请求取决于浏览器。只需用 Option 方法向含有对象路径的 URI 发送请求，调用 API，即可确认是否支持。

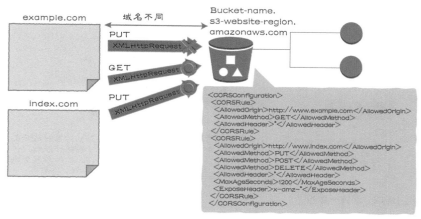

图 10.12 CORS

10.4 对象和 API 的关系

10.4.1 最终一致性

由于对象存储是基于 HTTP 协议访问文件的，并且重视持久性，所以

API 调用后的对象状态有一致性和最终一致性两种特性。

顾名思义，一致性是指原样返回指定的对象信息。在文件系统和关系型数据库中也有一致性的概念。但在对象存储中，一致性只适用于通过 PUT 方法新增对象的场景。严格来说，这里的一致性确保的是写入后的读取一致性。

与此相对，最终一致性是指我们在获取指定的对象信息时，可能会得到老版本的对象。这是分布式对象存储特有的性质。当通过 PUT 方法覆盖对象或通过 DELETE 方法删除对象时，就会体现出最终一致性（图 10.13 ）。

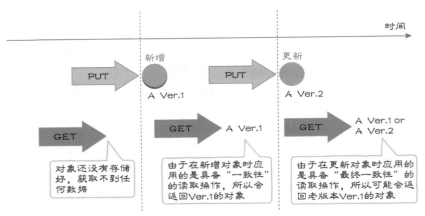

图 10.13　最终一致性

另外，如果对现有对象执行了两次 PUT 操作，那么时间戳较新的对象可能会被时间戳较旧的对象覆盖。这里的时间戳并不是客户端执行 PUT 操作时的时间戳，而是经过网络传输后对象存储端的时间戳。由于这个时间戳在对象存储端，所以当多个客户端之间有较大延迟[①] 时，也可能会发生后执行的 PUT 操作反而被先执行的 PUT 操作覆盖的情况。也就是说，这个过程中并没有锁的机制。因此，当需要用到锁的时候，我们需要调用 API 来实现控制逻辑。

也许有人不太理解为什么说 DELETE 操作同样具备最终一致性。简

---

① 指从请求数据开始到返回该数据为止所消耗的时间。

单来说，这是因为 DELETE 操作只会在内部临时进行逻辑删除，其行为实际上更接近于更新操作。有关 DELETE 操作的细节将在稍后讲解。至于为什么要临时进行逻辑删除，这就要从 REST、幂等性的理念以及对象存储的复制架构说起了，所以稍后我们将结合对象存储的内部结构予以说明。相信大家读完本章后，就能理解这套机制的奥秘了。

10.4.2 用 ETag 确认对象

既然对象存储采用了最终一致性的架构，那么怎样才能确保对象确实已经存储好了呢？

答案是使用在基于 HTTP 协议的应用中常用的 ETag。ETag 是实体标签（entity tag）的简称。作为 HTTP 的消息头之一，它会返回用 MD5 散列算法计算对象后的结果。只要 HTTP 响应又返回了同一个 ETag 值，就证明对象存储对 HTTP 的处理和对对象的处理都已顺利完成，且正确生效了。

这里有两点需要注意。一是进行自定义加密时，有时使用的是散列算法以外的算法；二是在使用分段上传时，需要以对象片段为单位进行确认。

10.4.3 对象存储与 REST API 的关系

我们在第 3 章中学习了 REST 的四条原则。对象存储是无状态的，具备地址可见性且提供了基于 HTTP 协议的统一接口，可以说是一种忠实体现了 ROA 的服务。但是，对象存储之间唯独缺乏的就是表示外部链接性的连通性。（不过组件间还是具备连通性的，比较有代表性的就是 S3 事件通知功能[1]。）

虽然我们能为存储桶配置重定向，也能为对象赋予公开权限并附上 URL，但存储桶之间或对象之间都无法直接链接。

尽管如此，对象存储与其他的服务之间还是具备连通性的。例如，其他服务只需通过 Amazon S3 的 URI，就能直接访问并使用资源，而且还能与 S3 事件通知等服务产生交互。

---

[1] 例如，当发生新对象创建事件时，Amazon S3 可以将该事件发布到 Amazon SQS 队列和 Amazon SNS 主题，或将其发布到 AWS Lambda 来调用 Lambda 函数。——译者注

10.4.4 与幂等性的关系

幂等性是 SOA 和 REST 的基本理念,旨在简化"无论执行多少次处理,都能得到相同结果"这一处理过程。也就是说,要想满足幂等性,就不能像在程序中用循环处理累加那样,通过同一变量传递执行结果来把数据加到一起。

在 OpenStack Swift 和 Amazon S3 中,GET 和 HEAD 方法自不必说,就连 PUT 和 DELETE 方法也满足幂等性。请大家回忆本章开头提到的内容——为什么新增和更新对象时都要使用 PUT 方法。总之,不管对同一个对象执行多少次 PUT 操作,都不会改变该对象已被存储的状态;且不管对同一个对象执行多少次 DELETE 操作,该对象已被删除的状态也不会改变。通过共同遵循"覆盖最新版本的对象"这一标准,就能实现简单的最终一致性。

10.5 对象存储的内部结构

接下来以 OpenStack Swift 为例介绍对象存储的内部结构,看一看在 API 内部都发生了什么。如图 10.14 所示,Swift 的架构大致上分为前端和后端两部分。

①前端——接收 HTTP 请求的访问层
②后端——将对象作为数据存储的存储节点

下面我们来具体看一看这两部分。

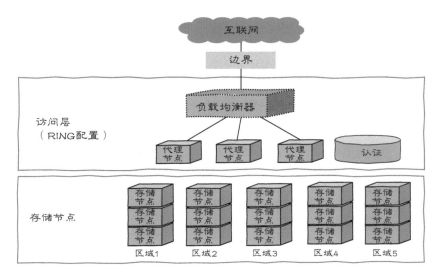

图 10.14　Swift 的架构

10.5.1 访问层的架构

对象存储是基于 HTTP 协议访问文件的，因此在 OpenStack 中，我们在访问层配置了代理节点。与其他可扩展的 Web 系统一样，为了弹性处理 HTTP 访问，这里还采用了负载均衡器。

由于现实中应用的大都是 HTTPS 协议，所以 SSL Termination 也会在访问层处理。除此以外，在找不到相应对象、访问超过上限或认证失败时，我们还需要一种能够返回 HTTP 错误的机制。因此，这一层还发挥了一定的控制作用。

我们将对后端存储节点进行访问控制的配置称为 RING。RING 作为 Swift 的核心组件，为存储节点定义了副本数、分区和磁盘信息这三种信息。

账户、存储桶和对象都有各自独立的 RING，里面存储着静态的散列表。Swift 通过 MD5 散列算法来控制分区（partition）与作为存储节点集群的区域（zone）的映射关系，并将文件分散部署到对应的区域。

在 OpenStack Swift 中，由于通过 RING 配置的是静态的散列值，所以多个分区与存放副本的多个区域之间的映射关系是固定的，具体的工作方式如图 10.15 所示。因此，在增减存储节点的同时，还需要重建 RING，通过散列算法进行再均衡（rebalance），以减少从现有节点移动对象的次数。

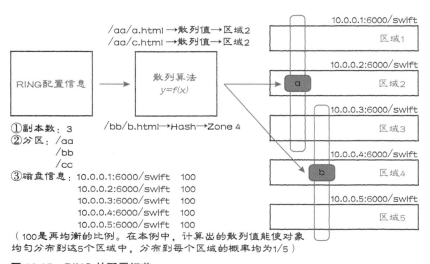

（100是再均衡的比例。在本例中，计算出的散列值能使对象均匀分布到这5个区域中，分布到每个区域的概率均为1/5）

图 10.15　RING 的配置细节

10.5.2　存储节点的架构

实际用来存储对象的存储节点的集群称为区域（图 10.16）。考虑到持久性，我们需要从物理上隔离各个区域。Swift 会根据配置在 RING 中的副本配置项决定将文件分散部署到哪些位置，并分别复制对应于账户、存储桶和对象的文件。

复制由“确认”与“复制”两个过程构成。存储节点内部运行的复制器（replicator）就是用于同步文件的进程，由该进程负责复制的工作。

为了确保文件的副本确实存在于我们在 RING 中指定的区域，复制器会定期检查各分区，并且通过确认散列值和时间戳这两个数据来对比其他区域中的副本。

如果直接对比大对象，区域间的 TCP 连接等处理就会带来额外的开销。而通过对比以元数据的形式在内部管理的散列值和时间戳，就能忽略对象的大小与种类，减少额外的开销，实现合理且标准的传输控制。

在 RING 中配置的分区数也是决定分散部署粒度的元素。分区数越多，散列值就越多，从而有助于减少分布不均匀的情况。稍后将详细说明这个机制。

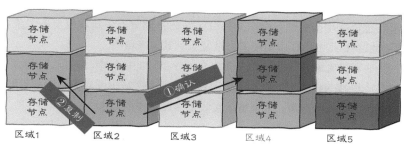

图 10.16　区域复制

RING 配置中的磁盘信息包括区域、IP 地址、磁盘名称（挂载点）等。

10.5.3　读操作和写操作

下面来看一看对对象的读操作（用 GET 方法调用 API）和写操作（用 PUT 方法调用 API）（图 10.17）。

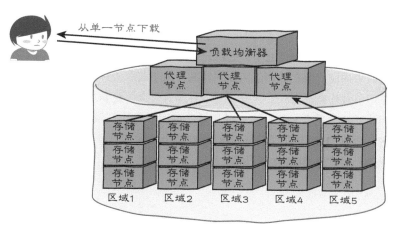

图 10.17　读操作与写操作

对象虽然分布在多个区域中，但在发送 GET 请求执行读操作时，请求经过负载均衡后，用户只会从某一个区域获取对象。这与一个 API 请求经过负载均衡后只会被分配至某一个区域的机制有关。也就是说，如果用户多次调用了 GET 请求，那么获取对象的区域就有可能不同。

执行写操作时的情况大致相同。在用户发送 POST 或 PUT 请求时，请求经过负载均衡后，只会在某一个区域的存储节点中新增或更新对象。随后对象会根据 RING 中的配置，被复制到其他区域中。

从这套机制来看，写操作只会向 RING 指定的区域中写对象，而读操作则会从与 RING 指定的副本配置项对应的所有区域中读对象，因此只要代理节点没有成为瓶颈，应该就能接收更多读操作的请求。

例如，在写作本书时，Amazon S3 官方文档指出在正常情况下，S3 能够支持每秒 100 次的 PUT/LIST/DELETE 请求和每秒 300 次的 GET 请求。即使超过此上限，也可自动或通过申请进行扩容。S3 能够将对象复制到 3 个以上的位置中，因此按这个架构也就不难理解为什么说 S3 能够处理的 GET 请求量至少是 PUT 请求量的 3 倍了。在实际的系统中操作文件时，虽然也取决于具体的使用场景，但多数情况下是读操作的次数大于写操作的次数，由此可以看出 S3 的架构的确很符合实际情况。

10.5.4　分布式复制与最终一致性的关系

从技术角度来看，要实现 10.4.1 节提及的最终一致性还需要采用分布式复制的机制。在这套机制中，更新处理由"处理 PUT API"和"内部复制"这两步构成，而在处理使用频率较高、用于获取资源的 GET API 时，则会采用负载均衡的方式。因此，对象存储有时会将更新前的数据作为结果返回，而这也符合最终一致性的理论。返回的是否是最新版本的数据，与网络上的 HTTP 响应时间及负载均衡到哪个区域有关。该架构与数据在各时间点上的状态如图 10.18 所示。

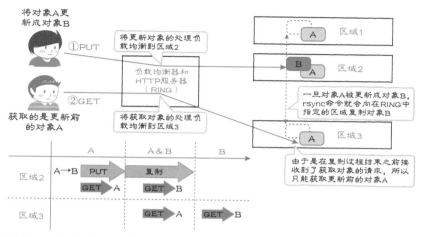

图 10.18 分布式复制和最终一致性的关系

10.5.5 分区和时间戳的关系

OpenStack Swift 会使用散列算法来计算分区和区域的映射关系。散列值在内部是根据分区编号计算出来的。说得更具体一点就是，这个散列值是根据对象的键名计算出来的。因此，在使用 PUT 方法更新文件时，由于键名不会改变，所以散列值也不会改变。由于复制器是根据散列值和时间戳来进行复制处理的，所以当键名没有改变时，就只会对比时间戳来确认对象是否发生了变化。在 OpenStack Swift 中，由于文件是以时间戳命名的，所以只需用 rsync 命令操作文件即可实现数据同步。

各种元数据、散列值和复制之间的关系如图 10.19 所示。

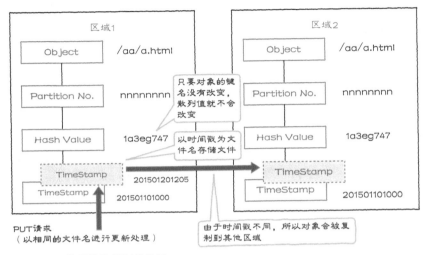

图 10.19 散列值和复制的关系

从这个机制可以看出，删除对象时会出现问题。为此，OpenStack Swift 是通过与删除文件联动来实现对象删除的，即采用了所谓的逻辑删除的方法，而这正是在 DELETE 操作中确保幂等性的关键。

10.5.6 前缀与分布的关系

前面讲解了读写操作会被分布到各个区域上执行，如果我们能通过设计来优化计算出的 MD5 散列值，就能使各区域的访问量接近平衡。

散列值是根据分区编号计算出来的，而分区编号则是根据前缀产生的，所以重点在于前缀的设计。

对于给定的信息，MD5 算法会输出一个 128 位的 16 进制数。由于对象存储从开头部分读取若干字符作为前缀，所以只要这些字符是随机分配的 16 进制数，就能形成分区分布得最为均匀的设计。例如，在 Amazon S3 中，当希望通过将对象存储的 I/O 均匀分布至后端区域来达到最佳性能时，就建议大家按照 16 进制数即 "1~f" 的顺序排列前缀中的前 3~4 个字符。具体示例如图 10.20 所示。

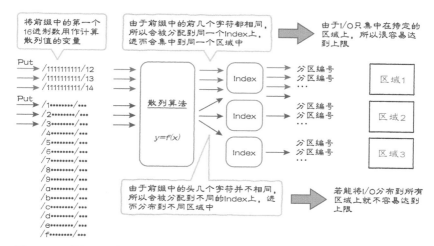

图 10.20 前缀和分布的关系

10.6 | 对象存储资源组件的总结

最后，我们用组件图来总结一下对象存储资源之间的关系。对象存储中的基本资源包括账户、存储桶（容器）和对象。OpenStack Swift 的特点在于通过参数为存储桶和对象这两种主要资源赋予配置信息（图 10.21）。而在 Amazon S3 中，则是将各种配置信息分别定义为与存储桶和对象相关的资源（图 10.22）。

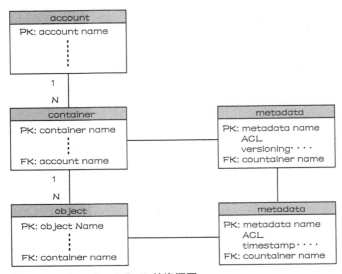

图 10.21 OpenStack Swift 的资源图

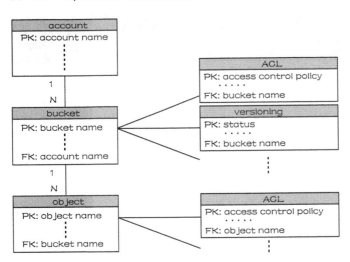

图 10.22 Amazon S3 的组件图

第 11 章

多重云

本章的主题是多重云和生态系统。将私有云所代表的本地部署环境和公有云环境连接到一起形成的是混合云，而多重云是指多个云环境的组合。

随着云的普及，大型 IT 供应商也都纷纷转变成了云服务供应商。在展望未来的云系统时，多重云正是重要的研讨事项之一。因此，本章先来介绍用于实现多重云的技术要点。这部分内容在下一章中介绍不可变基础设施时也会用到。

另外，云提供了所谓的软件市场（marketplace）机制，使使用户能够按量支付许可费用或以 BYOL（Bring Your Own License，自有许可）的方式使用各种软件。为了打造能够轻松使用软件的云环境而不断进行完善，不仅有利于云供应商和软件供应商，用户也能从中受益。因此，本章的最后还会介绍一下云生态系统的理念和技术要点。

11.1 || 多重云

11.1.1 配置多重云的目的

人们在研讨多重云的配置时，主要会考虑以下两点。

① 不想在价格或功能上受制于特定的云，希望在多种云之间无缝地进行相互调用
② 不同云中的组件各有优劣，希望无论何时都能用上最合适的组件

第①点要求可移植性和兼容性，因此我们应该尽量使用多种云中共有的组件资源。将现有环境迁移到另一种云中时，一旦作为迁移目标的云中缺少对应的组件资源，就无法搭建出相同的环境。

不过，即便是同一种资源，由于每种云提供的 API 和端点不同，所以还是需要考虑兼容性。相关细节将在 11.4 节说明。

第②点并不要求可移植性，因此就算使用了各种云中特有的组件资源，也没有问题。

组件资源的从属关系可参考图 11.1 中的集合。目的不同，所选择的组件自然也不同。

11.1.2 多重云的兼容性涉及哪些因素

如图 11.1 所示，显然只有云提供的组件才涉及多重云的兼容性。由于差异体现在 API 或云提供的组件上，所以我们需要一种机制来抹平组件在不同云环境中的差异。

而运行在云环境上的操作系统、容器、中间件和应用程序都是与云分离的，所以无论在哪种云环境中，我们都能直接使用 Chef、Docker Hub、Git 等管理工具或管理脚本。如果只使用特定的云环境，那么管理时无须太在意组件上的差异，但在多重云中就必须明确意识到这些差异。

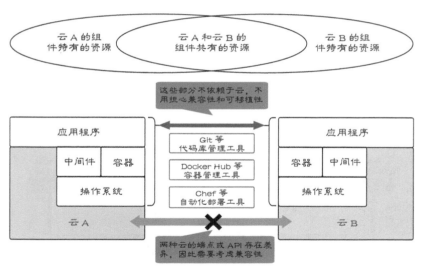

图 11.1　多重云的范围

11.1.3 设计多重云时需要研讨的事项

设计多重云时需要研讨的事项大致包含以下两个方面。

①云之间的网络连接

②API 的兼容性

第①点说的是云之间的网络连接方法。每种云环境都有自己的数据中心，若没有网络连接，这些云环境就无法互相通信。除了可以在私有网络中使用专线或 VPN，我们还可以使用后述的内容传递网络（CDN）进行网络连接。

第②点说的是 API 的兼容性问题。从概念上来看，各种云提供的组件与作为现行标准的 AWS 或 OpenStack 提供的组件十分类似，但从各自的功能或版本上来看，多少还是存在一些差异，并不能完全兼容。因此，要想抹平这些差异，形成统一的配置，就需要一种机制来把差异隐藏起来。

对于不依赖云的中间件层和应用程序层来说，则不需要考虑 API 的兼容性问题，因此能否辨别出它们就成为了非常重要的一点。只要克服第①点的网络问题，云之间就能通过 API 通信进行交互，因此我们只需在一个云环境上配置好另一个云环境的 API，就能控制后者了。还有一点比较容易忽略，那就是在考虑网络连通性的路径时，还需要考虑双方 API 的通信路由（图 11.2）。

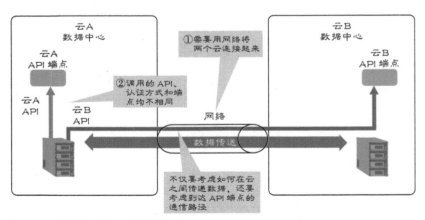

图 11.2　设计多重云时的注意事项

11.1.4 多重云的模式

从使用多重云就是"使用多种云环境"的定义来看，多重云会出现下列这些组合（图 11.3）。

①使用配置在另一个 IaaS 上的 SaaS

②使用配置在 IaaS 上的软件

③使用配置在另一个 IaaS 上的 PaaS

④不同的 IaaS 之间的无缝连接

下面就来逐一介绍这些模式。

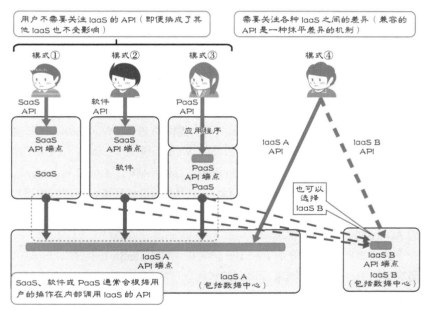

图 11.3　多重云的模式

①使用配置在另一个 IaaS 上的 SaaS

SaaS 的示例应该是最容易理解的。在线影片租赁服务巨头 Netflix 和文件分享服务巨头 Dropbox 均已公开表示采用 AWS 作为后端的平台。但用户在使用这些服务时，无须关注后端 AWS 的 API。SaaS 会在内部操控 IaaS 的 API，使 IaaS 的 API 对用户来说是透明的。虽然从用户的角度来看，配置在另一个 IaaS 上的 SaaS 并不算是多重云，但从内部来看它的确是多重云，而且我们还可以考虑为 SaaS 选择其他的 IaaS。

②使用配置在 IaaS 上的软件

在大多数情况下，配置在 IaaS 上的软件内部会内置用于控制云的机制。例如，为了便于在云中使用，集群软件或负载均衡器软件都是以软件的形式提供的，但要实现故障转移或负载均衡的逻辑，还要在软件中内置用于调用云 API 的机制。软件会按照配置条件调用 IaaS 的 API，因此用户无须关注 IaaS 的 API。另外，有一些软件是由软件市场（将在 11.5 节中说明）提供的。虽然从用户的角度来看，配置在 IaaS 上的软件并不算是多重云，但从内部来看它的确是多重云，而且我们还可以考虑为软件选择其他的 IaaS。

③使用配置在另一个 IaaS 上的 PaaS

Pivotal 公司（前身是 VMware 公司）提供的 Pivotal Web Services 算是一个比较易于理解的 PaaS 示例。Pivotal Web Service 在 AWS 上提供了基于开源软件的 PaaS，名为 Cloud Foundry。除了 AWS，Cloud Foundry 还可以将 VMware 或 Oracle 的虚拟机环境作为基础设施环境，不过需要用户自行管理后端的 API。在使用 Pivotal Web Service 时，用户无须关注后端的 AWS API。

其他知名的 PaaS 还有 Red Hat 公司提供的 OpenShift 及 Salesforce 公司提供的 Heroku。这两家公司也都宣称自己的 PaaS 运行在 AWS 上。与 Pivotal Web Service 一样，用户在使用这两种 PaaS 时也无须关注后端的 AWS API（使用 Heroku 时可指定 VPC）。也就是说，PaaS 会在内部操控 IaaS 的 API。虽然从用户的角度来看，配置在另一个 IaaS 上的 PaaS 并不算是多重云，但从内部来看它的确是多重云，而且还可以考虑为 PaaS 选择其他的 IaaS。

④不同的 IaaS 之间的无缝连接

前面三种模式是不同的层与 IaaS 的组合，它们的数据中心都依赖于 IaaS 所在的数据中心，使用的是 IaaS 提供的网络。正因为如此，用户才无须关注 IaaS 的 API。

与此相对，"④不同的 IaaS 之间的无缝连接"则需要用户关注每个 IaaS 环境中的数据中心与网络，自然也需要关注其中的 API。因此，要实现无缝连接的互联云（intercloud）还是有些难度的，此时上一节开头提及的多重云的两个设计重点"①云之间的网络连接""② API 的兼容性"也就显得更加重要了。

本书主要讲解的是基础设施和 API，所以本章就主要针对模式④中的这两个设计重点来讲解相关的技术要素。

11.2 ‖ 专用网络

为了在各个 IaaS 之间配置多重云，最先要研讨的事项自然是"云之间的网络连接"，而连接的关键在于云环境中的区域和可用区的物理位置。

例如有两个云环境，一个位于东京，另一个位于南美的圣保罗。在连接这两个云环境时，有诸多方面的事项需要研讨，出现较长时间的网络延迟也在所难免。用网络来连接云的方法大致可分为如下两种。

①通过电信运营商或云供应商提供的专用网络连接
②通过互联网连接

在讲解这两种连接方法之前，我们先来看一看广域网的基础知识。

11.2.1 BGP 和 AS

广义上的广域网包括互联网和专线，由称为 AS（Autonomous System，自治系统）的网络群组成。每个 AS 都有唯一的 AS 编号。既然是大规模的网络，就需要使用 BGP 协议（Border Gateway Protocol，边界网关协议）

在这些 AS 之间进行路由，以此来建立通信路径（图 11.4）。这样的连接方法有时也称为对等连接。

路由协议可分为内部路由协议（IGP）和外部路由协议（EGP），而 BGP[①] 属于外部路由协议。如果数据中心位于不同的云中，那么考虑到物理上的距离，原则上会使用 BGP 协议进行连接。

由于 BGP 支持 CIDR，所以在一个云环境中定义的网络的 CIDR 可以广播到另一个云中。

和 IP 地址一样，AS 编号也分为公有编号（1~64511）和私有编号（64512~65535）。虽然对于接入互联网的服务（如 Amazon S3），我们不能使用私有 AS 编号进行对等连接，但对于使用私有 IP 地址配置的服务（如 Amazon VPC），则可以为其赋予私有 AS 编号。

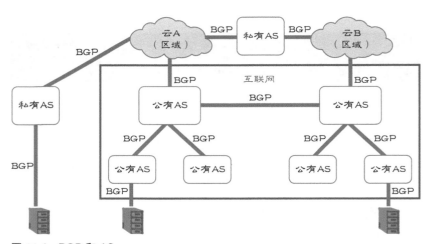

图 11.4　BGP 和 AS

11.2.2　专线

用专线连接云的步骤大致可分为以下两步。

---

① 想要了解 BGP 细节的读者可以去读一读书末的参考文献 [19]。虽然出版至今已有一段时间，但该书详细记述了 BGP 的基本内容。

①选择专线的种类，如果是新建专线，则要进行线路铺设和物理布线
的工作

②使用 API 在专用网络和云的网关之间进行逻辑布线

如果还没有将云连接起来的专线，需要从头进行物理布线，那么我们
就不得不先用线缆将设备连接起来。这就意味着单凭 API 无法实现云之间
的互联。在这种情况下，我们只能先从线路铺设和物理布线开始。

◉ 线路的选择和物理布线

专线的种类大体可分为以下两种，我们可以从中按需选择。

①网络节点间的专线连接

②接入广域以太网的连接

在开始铺设线路前，首先要做的是选择线路运营商。此时需要确认以
下两个事项。

确认事项1　运营商能否在各个物理网络节点的所在地铺设线路

能够铺设物理线路的区域取决于线路运营商。日本有些线路运营商的
业务范围只限于关东或关西地区，而有的线路运营商不支持与国外的连
接，所以需要事前先同线路运营商确认。

确认事项2　运营商是否经过云服务端授权

公共的云服务供应商有时会指定专线运营商。

而有的公有云供应商虽然以区域的形式指定了地理位置，却没有公开
具体的地址。这时我们就只能将专线铺设到云服务供应商指定的连接点
上。例如，AWS 为每个区域都指定了连接点，在写作本书时，它将正在
东京区域开展全球性数据中心业务的 Equinix 公司的数据中心指定为了连
接点，因此我们可以要求运营商将线路铺设到那里[1]。

在这些先决条件的基础上，我们还要根据需求，考虑带宽、价格、技
术支援和质量等因素，看一看是在网络节点间进行专线连接，还是接入广

---

① 最新的 AWS Direct Connect 地理区域列表可在 AWS 官网上的"产品—联网和内容
分发—AWS Direct Connect"中查看。

域以太网。都考虑清楚以后最终选定一家线路运营商（图 11.5）。

"①网络节点间的专线连接"只适用于需要在两个网络节点间进行对等连接的情况。如果日后需要连接的网络节点增加了，我们就又要铺设线路。而每次都铺设新线路势必会导致成本增加，因此能支持未来发展的设计很重要。

"②接入广域以太网的连接"是以现有的广域以太网（也有的运营商称之为 IP-VPN 网络）为中介，将网络节点和云连接起来的方式。广域以太网之间的通信控制采用了先划分 AS 再通过 BGP 路由的方式。

①地理位置上距离较近的两个网络节点间的连接

②地理位置上距离较远的多个网络节点间的连接

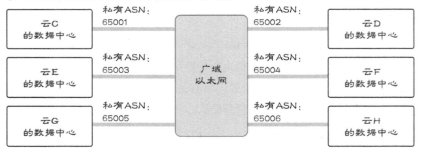

图 11.5　物理布线的示意图

● 逻辑布线

完成物理布线后，接下来要进行逻辑布线。如果两个环境是通过私有网络连接的，那么我们就要在虚拟网络（第 7 章）的私有网关之间进行连接。当然，在设计时最好避免使用重复的私有 IP 地址[①]。

---

① 虽然在路径中的某个路由器上启用 NAT 也能解决 IP 地址重复的问题，但这会导致结构变得很复杂。而且，正如第 7 章提及的那样，由于 NAT 的使用有时会受到云中虚拟网络的限制，所以设计时应尽量避免使用 NAT。

云提供了支持用户通过 API 进行逻辑布线的专用组件。比如 AWS、Microsoft Azure 和 IBM SoftLayer 这三个遍布全球的云服务，它们提供的组件分别是 Direct Connect、Express Route 和 Direct Link。

在 AWS 中，虚拟接口构成了逻辑布线的单位，我们需要基于连接^① 来建立作为 API 资源的虚拟接口（图 11.6）。虚拟接口由私有 AS 编号、VLAN 编号、双方的 CIDR 和私有网关 ID 等属性构成，并与连接相关联。对 AWS 的 Direct Connect 组件的端点（directconnect.region.amazonaws.com）发送请求，调用名为 CreatePrivateVirtualInterface 的 API 即可建立虚拟接口。接着调用名为 AllocatePrivateVirtualInterface 的 API 就能完成逻辑布线。

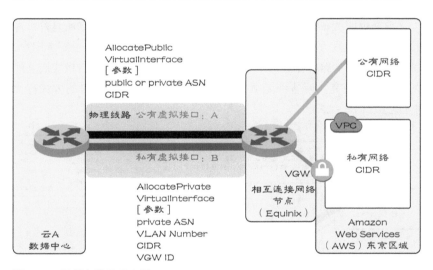

图 11.6　逻辑布线的示意图

前面的讲解都是以私有网络之间的连接为前提，但在 AWS 中，有些服务只对公有 IP 地址开放。虽然接入互联网就能使用这些服务，但考虑到带宽、路由和安全方面的因素，有时还是要根据需求选择专线连接。具体来说，就是要使用公有 AS。AWS 提供了使用公有 AS 编号建立虚拟接口的 API，我们只需先调用名为 CreatePublicVirtualInterface 的 API，再调用名为 AllocatePublicVirtualInterface 的 API，即可通过公有 AS 编号等信

① 这里的连接指的是通过以太网光纤电缆连接 AWS 区域连接点的物理连接。——译者注

息完成逻辑布线。

建立好对等连接以后，可别忘了还要配置第 7 章介绍过的路由。在各环境的虚拟路由器上配置好以各网络节点的 CIDR 为目标地址的路由后，网络节点之间的路径就建立好了。

在 AWS 中，由于虚拟私有网关（VGW，Virtual Private Gateway）就是接口，所以当网络节点的 CIDR 被指定为目标地址时，我们只需配置指向虚拟私有网关的路由即可。

11.2.3 互联云

前面说明的布线过程针对的是物理网络节点位于固定的场所且首次连接的情况，但在大规模的公有云服务供应商之间通信时，无论哪个用户，都要经过相同的路径在数据中心之间进行通信，因此使用现有供应商之间的线路效率更高。而这种无须关注网络，无缝地使用云环境的方式称为"互联云"（图 11.7）。

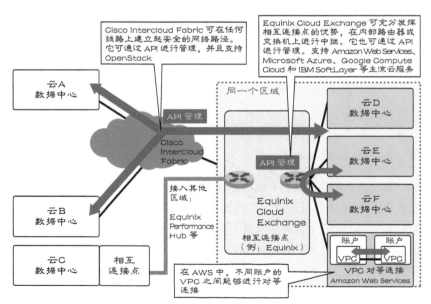

图 11.7　互联云的示意图

从技术层面上来看，Cisco 公司发明的 Intercloud Fabric 较为出名。但从实际情况来看，如果是同一区域中的不同云环境，那么通常都是由 Equinix 公司的数据中心来担任公有云入口的。因此，用户可以使用 Equinix Exchange 服务，通过 Equinix 公司的网络设备进行中继通信。虽然需要事先确认带宽、QoS[1] 等条件，但我们可以利用 Equinix 产品的 API 管理功能。当与其他区域连接时，还可以使用 Equinix 公司提供的全球网络。由于是利用 IP 地址通信，所以即便在相互连接时，最终也还是需要逐一配置路由。

希望同一个云服务内的租户（账户）之间能够相互通信时，如果这些租户选择了同一个区域，那么数据中心自然也是同一个，这样就免去了物理布线。希望在接入公有网络的服务之间建立连接时，只需要相互认证，但希望与其他租户的私有网络建立连接时，就需要建立对等连接了。

我们在第 7 章中也曾提过，AWS 提供了 VPC 对等连接的功能。通过该功能，即便是在不同账户的 VPC，只要位于相同的区域，就能建立对等连接。我们只需先指定好连接来源的 VPC ID，以及连接目标的账户 ID 和 VPC ID，然后调用名为 CreateVpcPeeringConnection 的 API 即可建立连接 ID。而在作为连接目标的账户中，只需先指定相当于资源的连接 ID，然后调用名为 AcceptVpcPeeringConnection 的 API 即可建立对等连接。最后要配置路由，由于对等连接等同于网关（PCX[2]），所以只需配置当其他 VPC 的 CIDR 被指定为目标地址时指向 PCX 的路由。

11.2.4 互联网 VPN

前面讲解的都是通过专线进行连接的示例。除此以外，在远程访问等对性能要求不高的场景下，我们还可以选用互联网 VPN。它通过充分利用廉价的互联网线路来构成虚拟的封闭网络。典型的 VPN 有 IPsec VPN 与 SSL-VPN 两种。

要建立互联网 VPN，就少不了 VPN 路由器，但将设备搬入云环境中

---

[1] QoS 是 Quality of Service（服务质量）的简称，表示在网络上提供的服务的质量。
[2] Peering Connection Gateway（对等连接网关）的简称。

比较困难，因此人们通常会采用在服务器上配置 VPN 软件的方法。

在 AWS 中，由于刚刚介绍过的虚拟私有网关（VGW）能够支持主流的 VPN 路由器供应商的 IPsec 通信，所以我们也可以通过 VGW 建立 IPsec VPN 通信。很多人还会使用名为 CloudHub 的配置（图 11.8），通过 VGW 中继通信路径，因为这样就能够建立多个 IPsec VPN 通信。

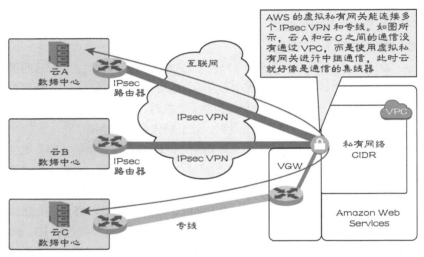

图 11.8　互联网 VPN 和 CloudHub 的示意图

11.3 ‖ CDN

关于多重云的网络，前面的讲解都是以某个区域附近的封闭网络为前提，但在连接散布于多个区域中的多个云环境时，往往要使用 CDN（Contents Delivery Network，内容传递网络）。HTTP 通信主要用于通过互联网分发 Web 内容，而 CDN 是最适合 HTTP 通信的网络。

下面先来简单复习一下。第 3 章讲解了作为云核心技术的 DNS，之后第 10 章中说明了对象存储。随着视频文件等大容量文件的日益增加，云计算架构会利用 DNS，为存储在对象存储中的文件优化路由控制。当下所面临的问题是，来自一般用户或移动应用的访问量突然暴增的情况越来越多。鉴于此，在 DNS 与对象存储或负载均衡器之间加入 CDN 的配置越来越常见。CDN 最适合进行 HTTP 通信，且具备基于最近边缘站点（数据中心中的服务器）实现的缓存功能、网络路由功能和安全功能，因此能在云中配置全球系统时形成亲和性极高的配置。

较为有名的 CDN 供应商包括 Akamai、Amazon CloudFront、EdgeCast、Limelight 和 CDNetworks 等。本书将主要说明作为 CDN 现行标准的 Akamai 和由 AWS 提供的 Amazon CloudFront。

将 CDN 定义为云虽然存在争议，但从某种意义上来讲，由于 CDN 既能通过 API 加以控制，又能通过互联网访问，还经常与云搭配使用，其中的资源也已经过抽象化处理，所以不妨认为 CDN 的概念十分接近于云的概念。本节先来说明构成 CDN 的基本组件和 API，然后再来介绍 CDN 在多重云中的重要性。

11.3.1 从互联网的机制来看 CDN 的基本架构

CDN 首先是一种使用互联网的线路提升互联网访问速度的技术。也就是说，CDN 没有通过物理线路，而是通过逻辑线路提升了互联网的访问速度，正是因为如此我们才能利用 API 加以控制。互联网也属于使用前述的 BGP 在 AS 之间路由的网络。不过，随着 AS 数量的膨胀，出现了与多个 AS 保持连接、具有完整路由的 AS 群。这些 AS 群称为 Tier 1，而更小规模的 AS 群则依次称为 Tier 2 和 Tier 3。为了便于理解，可类比第 3 章介绍的 DNS 的树状结构来理解这三个 Tier 之间的关系。就路径而言，跨多个 AS 进行通信时，经过带有完整路由的 Tier 1 的概率会上升（图 11.9）[1]。

互联网是路由器的集合，我们不妨认为 CDN 是由分布在这些路由器附近、能完成复杂控制的服务器构成的。为了提升互联网的访问速度，这些服务器发挥着 DNS、存储路由信息与缓存数据等作用，CDN 则会根据这些信息选择最佳的路由。

---

[1] 有些读者也许听说过"Tier1 供应商"这个词，这是指运营 Tier1 的公司。在以对等连接的方式通信的互联网中，Tier1 供应商借助这种通信机制的特性握有很大的主导权。

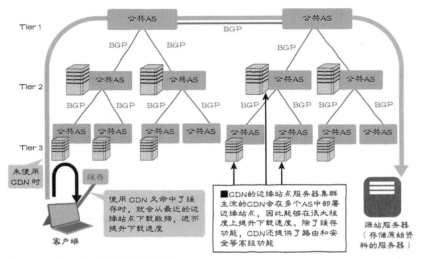

图 11.9　Tier 和 CDN 的基本架构

　　下面，先来说明构成 CDN 的组件，然后再来讲解 CDN 与 DNS 的关系、有无缓存所产生的不同行为，以及路由功能。

11.3.2　边缘站点

　　在 CDN 中，我们将带有缓存服务器的数据中心称为边缘站点（edge location），而非区域。边缘站点遍布在世界各地。CDN 的机制是根据请求的源 IP 地址将其路由到最近的边缘站点，以此来沿着最优路径返回 HTTP 响应。因此从性能的角度来看，重点在于是否存在靠近请求发送方的边缘站点。鉴于此，为了有别于竞争对手，各 CDN 服务都在不断增加边缘站点的数量和部署位置。

11.3.3　源站

　　CDN 既然是一种网络，那就少不了存储原始内容的服务器，我们将这种服务器称为源站。CDN 是基于 HTTP 通信的，因此源站需要由 HTTP 服务器构成。由于部分动态网站会在 Web 服务器前面部署负载均衡器，所以对于动态网站，源站主要由 HTTP 负载均衡器构成，而对于静态网站，源站主要由内置了 HTTP 服务器的对象存储构成。

11.3.4 分配

CDN 存在于 DNS 与源站之间，用户通过 URL 访问网站时，很难感知到 CDN 的存在。CDN 具有用于定义规则的逻辑单位，以此来控制最佳边缘站点。这个逻辑单位在 Amazon CloudFront 中称为分配（distribution），在 Akamai 中称为边缘主机名，它会被关联到源站上。本书则将其统称为分配。

由 CDN 定义的一个 CNAME 记录会被关联到分配上，它对应于多个边缘站点的 IP 地址。这就是 CDN 的核心机制，稍后将具体讲解。

以 Amazon CloudFront 为例，有两种类型的分配可供用户选择，分别是 Web 分配（Web distribution）和串流分配（streaming distribution）。这两种分配被定义为不同的 API 与资源。在前面介绍的包括 Direct Connect 在内的组件中，区域的域名均已包含在端点中，而 CloudFront 的端点，即 cloudfront.amazonaws.com 不包括区域的域名，这是因为作为具体目标资源的分配是跨多个区域定义的。

只需向 "cloudfront.amazonaws.com/yyyy-mm-dd/distribution" 这个 URI 发送 POST 请求即可创建 Web 分配并生成分配 ID。以这个分配 ID 为资源向 "cloudfront.amazon.aws.com/yyyy-mm-dd/distribution/distributionID" 发送 GET 请求，即可获取该分配的元数据。若调用时将 GET 换成 DELETE 则能够删除该分配。

与第 10 章说明的 CORS 的配置方法一样，分配的定义也要放置在 HTTP 请求的消息体的 <DistributionConfig> 中。配置信息包括用于定义源站的 <Origin> 元素、用于定义缓存配置的 <CacheBehavior> 元素，以及用于启用访问日志输出的配置 <Logging> 元素等。

创建串流分配时要向另一个 URI "cloudfront.amazonaws.com/yyyy-mm-dd/streaming-distribution" 发送 POST 请求。而 GET 请求与 DELETE 请求依然分别用于获取元数据和删除分配。

11.3.5 缓存行为

对于分配而言，缓存行为就是从分配到源站的分发功能。分配负责 FQDN 的部分，而缓存行为则相当于 URI 的路径。当该路径指定好以后，我们不仅能控制面向指定源站进行分发的基本操作，还可以指定允许的 HTTP 方法和面向缓存的 TTL 定义，以及对缓存数据分发到哪些边缘站点加以限定（图 11.10）。

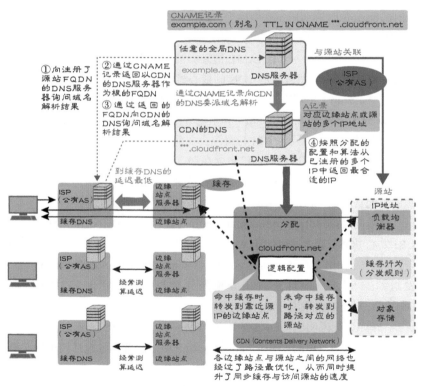

图 11.10　边缘站点、源站、分配与缓存行为的关系

缓存行为配置在 <CacheBehavior> 元素中。以 Amazon CloudFront 为例，由于大多数情况下是在为已创建好的分配增加或变更配置，所以 AWS 定义了专用于管理配置的资源。要想使用该资源配置分配，我们可

以向 "cloudfront.amazonaws.com/yyyy-mm-dd/distribution/distributionID/config" 这个 URI 发送 PUT 请求。由于之前的配置信息会被覆盖，所以在禁用配置信息时不需要使用 DELETE 方法，只需用 NULL 覆盖原有配置信息即可。此外，我们还可以使用 GET 方法获取配置信息。

11.3.6 白名单、致歉页面和自定义证书

CDN 是专为 HTTP 设计的网络，因此不是在第三层，而是能在 HTTP 协议所在的第七层进行控制。

例如，在 Amazon CloudFront 中，我们既能通过配置以白名单（允许的条件）的形式指定 HTTP 消息头，又能根据 HTTP 的错误码将请求重定向至致歉页面（图 11.11）。

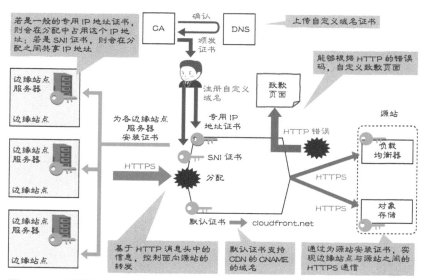

图 11.11 致歉页面、证书和消息头筛选器

此外，CDN 还提供了具备 Web Application Firewall（Web 应用程序防火墙）功能的服务。鉴于 CDN 是基于 HTTP 协议的服务，所以该服务日后定会成为 CDN 的主要服务。

第 9 章中曾经提到，实际的通信往往采用的是 HTTPS 协议，所以在

使用 CDN 时，有时也需要配置自定义域名证书。由于 CDN 是与域名相关的统一入口，所以也可将其视为配置证书的最佳场所。虽然可以将证书上传至分配并加以配置，但由于自定义域名对应着多个边缘站点的 IP 地址，所以也可以将证书发放到对应的边缘站点中。

证书可分为两种：一般的证书和支持多个 CNAME（虚拟主机）的 SNI 证书。从机制上来看，如果是一般的证书，那么一个边缘站点的 IP 地址就会被特定分配的 CNAME 占用，而如果是 SNI 证书，就可以在多个分配的 CNAME 之间共享边缘站点的 IP 地址。

11.3.7 云私有网络

CDN 能够在分配与源站之间配置私有网络。这样一来，源站就只能通过 CDN 访问，而无法直接从互联网（ISP）访问。此外，对于 HTTP 层，通过将其他云环境定义为源站，即能够以 CDN 为入口实现云之间的切换或通信。

该功能在 Amazon CloudFront 中叫作私有内容。在写作本书时，可在源站为 Amazon S3 的场景下选用该功能（图 11.12）。

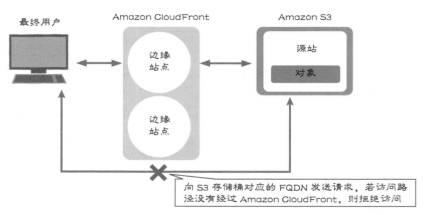

图 11.12 私有内容

相应的功能在 Akamai 叫作 Site Shield，该功能支持将多种云作为源站，并负责管理各边缘站点，确保请求一定会被路由到边缘站点。

另外，Equinix 还提供了使用 Performance Hub 的私有 CDN。

11.3.8 CDN 中的缓存控制机制

作为 CDN 核心的缓存控制取决于 HTTP 消息头与分配中的各种配置值（图 11.13）。

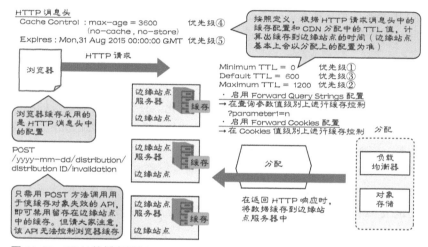

图 11.13　CDN 的缓存控制

用于控制缓存的 HTTP 消息头有两个：Cache-Control 和 Expires。若同时配置了这两个消息头，则以 Cache-Control 中的配置为准。

Expires 用于配置缓存有效期的截止时间，Cache-Control 则用于配置缓存的有效期长短（以秒为单位），我们可以根据设计规则选择使用。此外，我们还能在 CDN 的分配上配置用于控制缓存的 TTL。

若同时配置了 HTTP 消息头和分配，则对边缘站点服务器的缓存控制基本上以分配上的配置为准[①]（图 11.13）。而浏览器缓存只采用 HTTP 消息头中的配置值。

想要根据 URI 中的查询参数值来判断有无缓存时，可启用分配中的配

---

① 详细的规则较为复杂，请大家自行参考《管理内容保留在边缘缓存中的时间长度（过期）》这篇文档。

置 Forward Query Strings，以此来定义更为细致的缓存条件。而想根据 HTTP 消息头中的 Cookie 值来判断有无缓存时，则可启用另一个配置 Forward Cookies。

Amazon CloudFront 还提供了用于手动禁用存储在边缘站点服务器中的缓存数据的 API，只需向 "cloudfront.amazonaws.com/yyyy-mm-dd/distribution/distribution lD/invalidation" 这个 URI 发送 POST 请求，并在 XML 格式的请求消息体中通过 <InvalidationBatch> 元素指定相应路径，即可禁用缓存数据。

11.3.9 CDN 的路由

前面讲解的都是如何使用缓存来进行优化。时至今日，大部分的网络流量依然用于获取大量文件。从这个特点来看，除了对更新处理不太有效以外，CDN 仍然是行之有效的优化手段。

随着近几年 CDN 在视频分发和移动应用等方面的广泛应用，有些 CDN 供应商已经打破了 ISP 之间的界限，开始面向构成互联网的成千上万的 ISP 部署服务器。其结果是与跨众多供应商、由 AS 之间的 BGP 交换形成的路径相比，由 CDN 供应商计算出的路由才是最佳路径（图 11.14）。例如，Akamai 的 Sure Route 服务可在多个边缘站点之间建立起虚拟网络，以此来选择最佳路由。

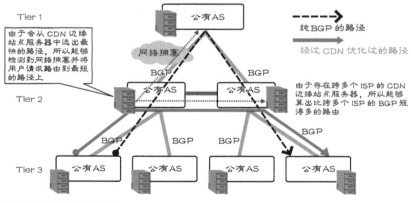

图 11.14 CDN 的路由

总之，如果是用于传统的缓存功能，那么 CDN 主要以提升 HTTP 的 GET 处理的响应速度为核心目的；如果是用于增强安全性和优化网络，那么 HTTP 的 PUT 和 DELETE 方法也能从 CDN 中受益。

11.3.10 CDN 在多重云中的作用

CDN 这种机制原本是为了在使用视频等大容量内容前先将其缓存起来而建立的。以 AWS 为例，一般的配置是先将大容量的文件存储至作为对象存储的 Amazon S3 中，然后在 Amazon S3 的前面部署 Amazon CloudFront，并对 HTTP 请求的 GET 方法启用缓存。除此以外，CDN 还具备安全和路由的功能，并支持 HTTP 的 POST 或 PUT 方法。特别是在近几年，人们还在 CDN 中开发了安全和视频转码处理等扩展功能[①]。从网络方面来看，CDN 广泛用于移动网络或企业 WAN，在 Equinix 中还能使用私有 CDN。

特别是在云环境中，CDN 广泛应用于 Web 系统。由于可以通过 Web API 加以控制，所以用户基本上都是通过 HTTP 协议与 CDN 通信的。"在全球范围内部署好系统后，在系统之间进行切换与同步""在多重云中，将服务器资源与对象存储部署到不同的云环境中"……在诸如此类的应用场景中，传输延迟和数据区的共享都是问题。之所以说 CDN 是极为重要的组件，是因为 CDN 具备在 HTTP 层面上优化数据中心之间的网络这一特点。

11.4 API 的通信路径和兼容性

在配置多重云时，我们需要考虑两种云在 API 上的差异。因此，下面就来说明 API 的通信路径和兼容性这两个经常需要研讨的事项。

11.4.1 API 的通信路径

云之间的通信路径发挥着数据通信的作用，但我们需要事先为跨云调

---

① AWS 提供了名为 Elastic Transcoder 的服务。

用 API 建立通信路径。建立过程中的重点是 DNS 与认证。下面就以从 OpenStack 环境调用 AWS 环境中的 API 为例介绍这两点。

◉ DNS

路径

在设计路径时，首先要考虑各服务的 API 端点位于何处，其次要考虑如何对端点与服务的 FQDN 进行域名解析。

例如，AWS 提供的服务端点是 amazonaws.com 的子域，对应着公有 IP 地址。

而使用 OpenStack 能在自己的公司中搭建环境，所以我们能依照自己公司的需求进行定制化的配置，搭建出更具弹性的云环境。结合用途选择环境很重要，为此我们需要了解 API 的使用方法，并从概念上理解 API。用上述的封闭私有网络将两个云环境连接起来后，就形成了如图 11.15 所示的配置。虽然从 OpenStack 环境接入互联网没有问题，但出于安全方面的考虑，我们还是来看一看如何配置才能只允许从 AWS 这一侧访问互联网。

首先，需要从封闭的 OpenStack 环境解析作为端点的域名 amazonaws. com。如果是在 AWS 的环境内部，那么 VPC 中默认就能够对 amazonaws. com 进行域名解析的机制；但若从其他云环境使用 AWS 的端点，由于命名空间不同，就需要先解决域名解析的问题。

具体的做法是，当目标地址为 amazonaws.com 时，最好在 OpenStack 的 DNS 服务器上加上转发（forward）到 AWS 的 DNS 服务器的配置。这样一来，随后的域名解析就都能在 AWS 内部处理了。

不仅在访问端点时需要这套适用于 AWS 的域名解析机制，在使用 AWS 的托管服务时这套机制同样不可或缺。例如，虽然本书没有涉及，但在负载均衡器服务 Elastic Load Balancing 和数据库服务 Relational Database Service 中，都要通过以 amazonaws.com 开头的 FQDN 来访问目标地址。

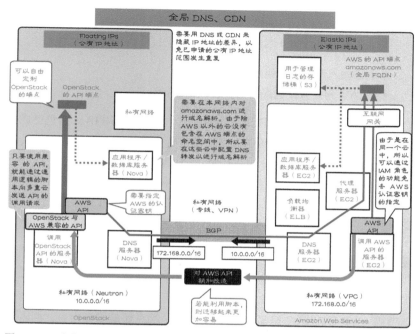

图 11.15　在多重云之间调用 API 的注意事项

路由

　　下面再来看看路由。如图 11.15 所示，由于 BGP 的对等连接只会广播[①]邻近 VPC 的 CIDR，所以从 OpenStack 来看，只有目标地址属于 AWS VPC（172.168.0.0/16）的请求才能通过专线，因此我们需要通过 AWS 端的 CLI 配置代理，使用代理服务器将请求送达拥有公有 IP 地址的 AWS 端点。

　　假设出于安全方面的考虑，我们在代理服务器上配置了只允许目标地址为 ap-northeast.amazonaws.com 的请求通过，此时，由于有些 AWS 服务并不属于特定的区域，所以与这些服务的 API 通信就会因无法通过配置在代理服务器上的筛选条件而被拦截。因此，我们需要先确认端点与服务的 FQDN，再通过代理灵活配置允许通信的条件。

────────────

① 也称为公布（advertise），意为将 CIDR 告知对方。

◉认证

接下来还要考虑第 9 章讲解过的认证。认证有以下两种方式。

- **直接输入用户的密钥信息**
- **将 IAM 角色分配给服务器，在内部进行认证**

例如在 AWS 中，出于安全方面的考虑，近几年使用 IAM 角色已成为了主流，但由于只有在相同的云中才能进行内部认证，所以我们每次从 OpenStack 的环境调用 AWS 的 API 时，都必须输入密钥信息。

在多重云中，由于我们总是要针对各种云环境的端点调用不同的 API，所以为了隐藏多重云之间的差异，最好能借助 API 兼容工具来简化管理。下一节我们就来具体看一看 API 的兼容性。

11.4.2 API 的兼容性

除了认证密钥，云环境之间的差异有时还类似于组件之间的差异。可以类比 AWS 中的 EC2 和 S3 的差异，无论是端点还是服务内容，两者都没有共通之处，所以自然也就没有相同的资源与命令。云环境之间也有这样的差异，而这种差异比组件之间的差异更难处理。

例如，Amazon EC2 和 OpenStack Nova 都能够处理服务器资源。而为了让用户"忽略云之间的差异，完全无缝地"操作这两种资源，API 就要尽可能统一，这样才能便于管理，于是能够使 API 兼容的工具就出现了。而为了让多种云环境的 API 能够相互兼容，自然就要遵从某一种云的 API 规则。由于 AWS 被普遍认为是最先诞生并取得了长足进展的云环境，所以其他云环境的 API 大都会遵从 AWS 的 API 规则。但从实际情况来看，在对资源有不同考量的云环境中，要维护具有兼容性的 API 还是非常困难的。因此，人们在操作多重云环境时，一般会通过引入 jclouds、Ansible 或 Teraform 等代码库或工具，对具体的操作进行抽象处理，以此来统一操作。下面就来看将会介绍一个使用 jclouds 来统一操作的示例。

除了直接调用 API，我们还可以通过 CLI、SDK 或 Console 间接调用 API。下面就来看一下这四种调用方法在 AWS 和 OpenStack 之间的兼容性（图 11.16）。

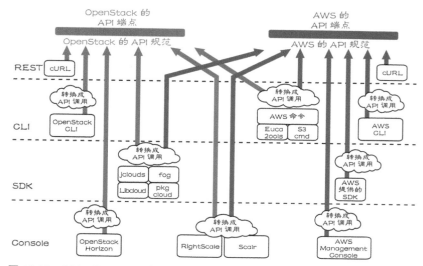

图 11.16 API、CLI、SDK 和 Console 的兼容性

◉ API

由于是直接调用 API，所以不存在所谓的兼容工具层，也很难隐藏这两种云环境的差异。

◉ CLI

OpenStack 中的 CLI 支持以 Amazon EC2 和 S3 为核心的兼容套件。例如，euca2ools 兼容 Amazon EC2，而 S3cmd 兼容 Amazon S3。但这些工具都需要 AWS 的标准密钥信息（访问密钥与秘密访问密钥）。

兼容CLI

- euca2ools
- S3cmd
- Terraform

使用第 9 章介绍过的命令 keystone ec2-credentials-create 在 OpenStack 中创建好 AWS 的标准认证密钥后，只需配置环境变量，或是在调用命令时通过选项指定认证密钥，就可以用 OpenStack CLI 的命令操作 AWS。严格来说，由于使用了兼容工具，所以在使用 euca2ools 时，要将 aws ec2 describe-regions 改写为 euca-describe-regions，而在使用 S3cmd 时，则要将 aws s3 ls 改写为 s3cmd ls。不过，API 的部分是兼容的。

　　OpenStack 的 AWS 标准认证密钥不同于 AWS 本身的认证密钥，因此要在同一个环境中交替操作这两种云时，就必须在每次执行命令时用命令选项指定对应的认证密钥，或者通过配置文件（profile）指定。这样看来，虽然这些 CLI 兼容工具早就存在了，但并没有得到实质性的发展。

　　最近，人们开始使用 Console 来完成需要人为判断的、没有规律的处理，因此 CLI 的主要用途就变成了将有规律的处理自动化。这样一来，一方面只要配置好环境，即便多种云之间又出现了新的差异，我们也可以轻松应对；而另一方面，在升级改造时，同样会遇到兼容工具未能及时支持各种云的最新 API 的问题。比起使用命令本身，现在人们更多是使用类似于 Terraform 那样的，能够在多重云中跨云完成编配和配置管理（第 8 章）的工具。

◉ SDK

　　而为了提升涉及复杂逻辑时的生产率和可管理性，SDK 对多重云的支持日渐加强。典型的工具有用 Java 编写的 Apache jclouds、用 Python 编写的 Libcloud、用 Ruby 编写的 fog，以及用 Node.js 编写的 pkgcloud。这些工具都同时支持 AWS 和 OpenStack。

多重云的兼容SDK

- jclouds（Java）
- Libcloud（Python）
- fog（Ruby）
- pkgcloud（Node.js）

　　下面就以用于 Java 的兼容 SDK "jclouds" 为例，列出分别使用自定义 API 和兼容 API 编写的 Java 示例代码（图 11.17）。

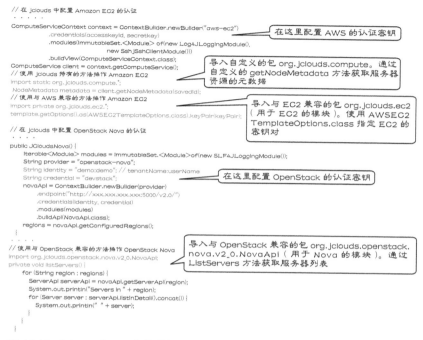

图 11.17　jclouds（Java）提供的兼容 API 和自定义 API 的示例

认证密钥支持各种云服务自定义的密钥配置，云自定义的方法名和与 API 兼容的方法名都能定义与 API 对应的处理方法。某种云自定义的方法名虽然与 API 不兼容，但通过整合代码，就能让用户意识不到两者之间的差异。若"无论何时都想使用最适合的组件"，那么即便使用云自定义的方法名也无妨。兼容 API 的问题可通过导入用于兼容各种云的模块来解决。以 jclouds 为例，Amazon EC2 使用的模块是 org.jclouds.ec2，OpenStack Nova 使用的模块是 ofg.jclouds.openstack.nova.v2_0.NovaApi。

通过 fog（Ruby）搭建多重云环境的示例如图 11.18 所示。图中给出了根据参数条件用同一段代码启动 OpenStack Nova 和 Amazon EC2 的 Ruby 示例代码。与前面的代码相比，我们在这里同样需要导入用于兼容各种云的模块，但由于启动时所需的资源信息在 OpenStack 与 AWS 之间有所不同，所以需要花精力修改部分参数的定义[1]。

---

① 书末参考文献 [2] 详细介绍了如何使用 fog（Ruby）部署多重云。

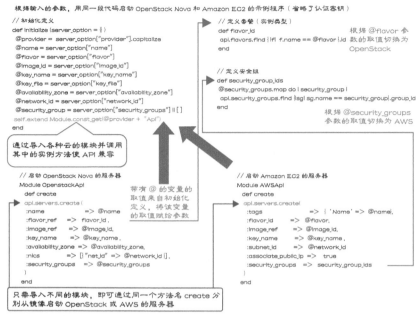

根据输入的参数，用同一段代码启动 OpenStack Nova 和 Amazon EC2 的示例程序（省略了认证密钥）

图 11.18 使用 fog（Ruby）兼容 API 的示例

● Console

Console 提供了将页面操作转换成 API 调用的功能。由于其在可视化与可操作性上表现十分出色，所以市面上相继出现了多款 Console 工具。RightScale、Scalr 等都是著名的 Console 工具。最近作为开源软件的整合管理工具 Hinemos 也开始崭露头角。

11.4.3 将环境与数据迁移到云中的难易程度

前面主要说明了 API 的兼容性，但如果部署多重云的目的是"进行无缝地相互操作"，那么我们就还需要衡量将环境与数据迁移到云中的难易程度。典型的迁移方案中，由 Gartner 公司提出的五种迁移策略"5R"[1] 较

---

[1] 原文标题为 *Gartner Identifies Five Ways to Migrate Applications to the Cloud*。除了 Rehost 以外的四种策略适用于面向 PaaS 或 SaaS 的迁移。

为有名，其中还包含了向 PaaS 或 SaaS 迁移的策略。在五种策略中，只有 Rehost 策略适合在 IaaS 间进行迁移时使用，因此下面就来深入讲解这个策略。图 11.19 总结了每一层的迁移难易程度。

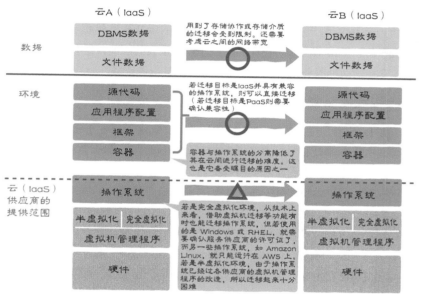

图 11.19　迁移环境与数据

◉ 迁移数据的难易程度

虽然云环境与传统的本地部署环境没有什么明显不同，但有几点需要特别注意。

其一是数据的存储副本或安装存储介质受限的问题。在相同的云之间，我们只需使用快照副本，就能解决数据迁移的问题；但在不同的云之间，快照缺乏兼容性会导致存储功能无法使用，所以在迁移数据时，原则上只能以文件为单位，而不能以块为单位。

另外，根据所选择的线路，有些云之间只有有限的网络带宽，因此当要迁移大量数据时，需要事先考虑迁移所需的网络吞吐量。在实际迁移的过程中，由于首次全量迁移的数据量较大，花费的时间也较长，所以可以将迁移分为两个阶段：先进行预迁移，然后在每天凌晨增量同步尚未迁移的少量数据。

将在本地部署环境中使用的存储介质拆卸下来，用卡车运送到迁移目的地的数据中心，并在那里重新安装——这种"原始"的方法往往不适宜在物理环境被隐藏起来的云中使用。例如，AWS 虽然提供了 Import/Export Snowball 服务和将存储介质当作设备接收的服务，但只有指定的区域才支持这两种服务，而且用户还得自行附带电源设备。

◉ 迁移环境的难易程度

在 IaaS 中，位于容器层之上的那些层只依赖于独立于云的操作系统环境，所以如果迁移目标具备兼容的操作系统环境，那么直接迁移即可。由于位于虚拟机管理程序之下的各层都是由云提供的，所以无法迁移，不过好在这几层也无须太过关注。

在这几层中，最麻烦的实际上是操作系统层。在 IaaS 中，操作系统是归用户负责的。操作系统的命令不受云环境的影响，该怎样使用就怎样使用。不过 Microsoft Windows 或 Red Hat Enterprise Linux 等操作系统的许可证或订阅费的报价大多采用了云服务的报价模型，一般都包含在云的使用费中。

另外，操作系统还依赖于其与虚拟机管理程序的组合，也就是说会依赖于云提供的虚拟机管理程序。若操作系统是在半虚拟化（paravirtualization）模式下运行的，那么由于已经过虚拟机管理程序的改造，所以无法迁移到运行在其他虚拟机管理程序上的云环境中。

如果操作系统是在完全虚拟化模式下运行的，那么虽然没有经过改造，但由于虚拟机管理程序的类型或版本限制了能够运行的操作系统的版本，所以我们还是会遇到无法直接迁移的情况。例如，虚拟机管理程序不支持旧版的 Windows 或 RHEL 的情况时有发生，而且像 Oracle Solaris 或 IBM AIX 这种强烈依赖于自定义 CPU 和虚拟机管理程序的 Unix 操作系统，以及只能在 AWS 环境中运行的 Amazon Linux 也都属于无法直接迁移的操作系统。此外，在完全虚拟化模式中，为了能像在半虚拟化模式下那样使 I/O 高速运转，人们有时会安装 PV 驱动程序 [1]。这种驱动程序同样依赖于虚拟机管理程序，所以在迁移时也不得不重新配置。而对于从物理环境通过 P2V [2] 搭建的虚拟环境而言，是否需要确认其兼容性则取决于操作系统或虚拟机管理程序的版本。

虽然迁移操作系统非常麻烦，但具体的迁移方法却是最基本也最直截了当的——只需使用 VM Export/Import 功能导出导入镜像即可。不过，从之前提及过的兼容性问题来看，在实际情况中使用这种方法迁移时，往往会受到一些条件的限制。

这样看来，在 IaaS 云之间迁移时，主要研讨的内容包括通过网络迁移大量数据的方法，以及迁移操作系统的方法。在迁移大量数据时，可以考虑使用能提升文件传输速度的软件，如 IBM 的 Aspera 等。而在迁移操作系统时，则可先将精力放在寻找与版本匹配的操作系统上，然后通过云提供的镜像来启动新的操作系统，再使用 Chef 等配置管理功能搭建出软件包的运行环境。

此外，近年来 Docker [3] 等容器虚拟化技术备受瞩目。与虚拟机管理程序或云环境紧密相关的操作系统的存在，使得迁移的复杂性大大增加了。而 Docker 作为一种能够提升可移植性（portability）的方法，能够将人们从繁杂的工作中解放出来。使用该技术不仅能降低迁移至 IaaS 的难度，还能降低迁移至 PaaS 的难度。

11.5 ‖ 软件市场和生态系统

对于 11.4 节提到的多重云的模式之一 "②使用配置在 IaaS 上的软件"，除了使用传统的方法，即从已激活的二进制安装包将软件安装到运行在服务器资源上的操作系统中外，我们还能采用一种新方法，即先从云

---

[1] 用于在完全虚拟化环境中改善性能的驱动程序。改善后的性能接近于半虚拟化环境的性能。

[2] Physical to Virtual 的简称，用于将运行在物理机上的系统迁移至虚拟机。

[3] 将在第 12 章中讲解。大家可以从书末参考文献 [13] 和 [14] 中了解更多有关 Docker 的详细功能和使用方法。

提供的软件市场选择镜像，然后直接启动已安装好软件的服务器。安装软件的步骤本来就不属于与云相关的操作，而将调用云特有的 API 的配置放在软件里实现也很麻烦。为此云提供了软件市场的机制，让用户能够以镜像形式使用已通过云平台配置并安装好软件的环境。

软件市场会为每款软件制作专属的页面，页面上会列出软件支持的实体类型、详细的版本信息，以及配置步骤等内容。这样一来，就精简了软件的说明手册。而更明显的特征在于软件市场中的软件是按使用量付费的，并可按照实体的规模定义并收取使用费。否则，即便云环境的资源按使用量付费，只要安装在其上的软件还是按照传统方式购买，最终也无法发挥云带来的成本优势。

在 SaaS 或 PaaS 中，将付费体系和使用费的收取靠近 PaaS 或 SaaS 以后，就能通过内部的 API 掌握 IaaS 的使用时间，从而进一步管理使用费的明细；但在 IaaS 中，由于购买软件并不算是使用服务，所以无法从软件上判断 IaaS 的使用时间。软件市场所做的正是让付费体系和使用费的收取靠近 IaaS 端，以此来轻松实现使用软件时按使用量付费的机制。这样一来，独立软件供应商（ISV，Independent Software Vendor）还能省去管理或采购许可证的麻烦，从中受益。

为了便于理解，下面以 AWS 的软件市场 AWS Marketplace 为例进行讲解。①

AWS Marketplace 的首页中列出了软件的列表。我们既可以搜索软件，也可以从分类中选择软件。选好软件后，就会进入如图 11.20 所示的详细页面。该页面列出了软件的版本、支持的实体类型和区域，以及每小时的使用费（也有些软件是按年收费的）。接下来，只要按下 Continue 按钮，就会进入启动实体的配置页面。随着实体的启动运行，就会以小时为单位收取软件的使用费。

---

① OpenStack 的 Murano 项目用于提供应用程序目录（application catalog），使用该项目即可搭建出软件市场。

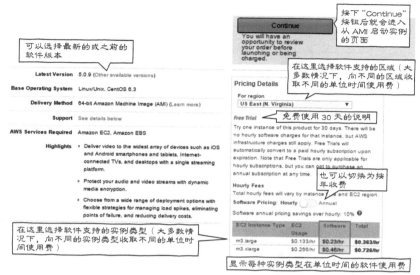

图 11.20　AWS 软件市场的示例

　　虽然软件市场的功能还有待完善，但随着云的普及，它所支持的软件一定会越来越多。对独立软件供应商而言，支持更多的云中的软件市场，将自己的软件列在多个软件市场里，就能因成为用户选择云时的候选而受益。而软件市场对云供应商而言同样有益，因为它支持的独立软件供应商越多，吸引到的用户就越多。

　　在 IT 界，供应商之间通过结成互惠关系形成了"生态系统"，而生态系统是结盟的基础。从这个角度来看，软件市场可谓是在独立软件供应商与云供应商之间形成的生态系统（图 11.21）。今后，软件市场很可能会成为在云中使用软件时的标准平台。

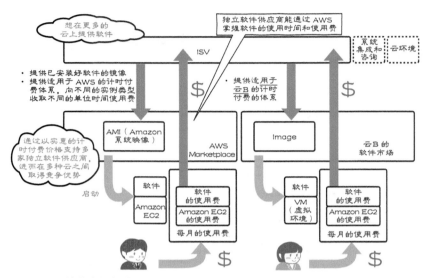

图 11.21　软件市场与生态系统

　　从目前来看，即便使用云搭建出了具有可扩展性的基础设施，上层的应用程序因许可证体系或功能方面的制约而无法扩展的情况也还是随处可见。因此，今后的软件市场应该会提供更多集成了云 API 且具有高度可扩展性的软件。相信到那时，软件之外、包含网络在内的服务或服务交付（咨询）同样能够通过软件市场实实在在地提供给用户。

第 12 章

不可变基础设施

前面的章节讲解了如何在云中搭建基础设施环境，以及使用云 API 搭建各种系统组件的机制。本章将揭示通过拼装系统组件搭建出的系统与传统系统之间的显著差异。换句话说，本章将要讲解的是能够随意丢弃、并可按照应用程序的生命周期进行管理的"不可变基础设施"。

12.1 传统的基础设施搭建方法和其中存在的问题

第 4 章曾经对比过在传统基础设施中搭建环境与在云中搭建的异同。我们可以看到，在云中操作步骤得到了简化，进而提升了环境搭建的效率。本章将重点关注应用程序和底层基础设施环境的生命周期，指出传统的环境搭建过程中存在的问题。

12.1.1 传统系统的生命周期

传统的环境搭建，即以本地部署的方式搭建环境时，所配置的硬件或软件的保修期是系统生命周期中的重要因素。

在系统搭建的计划阶段，企业的系统部门会根据该系统所能实现的业务流程或服务，来决定系统的投资额及使用年限。企业的初衷自然是控制系统投资额，只要业务流程或服务在日后没有太大变动，就尽可能延长现有系统的使用期限。但现实未必会如此理想，传统的 IT 系统往往会受制于硬件或软件的生命周期，不得不每隔几年就变动一次。

假设我们要搭建一套使用期限为 10 年的企业系统。如果这是一套能满足中型业务流程的系统，那么时间上的安排大致是先花半年左右的时间制定计划，再花一年半左右的时间完成系统搭建，最后发布代码（图12.1）。若从发布后算起还要使用 10 年，那就等于从开始制定计划到系统下线总共要经历 12 年的时间。硬件的保修期通常是按 5 年左右的折旧期限来估算的，谁也无法保证同一套硬件能连续使用 12 年。此外，硬件自身也会更新换代，耗电率会逐年降低，计算能力会不断提升。这样来看，即便 12 年后仍然不更换硬件也未必能节约成本。

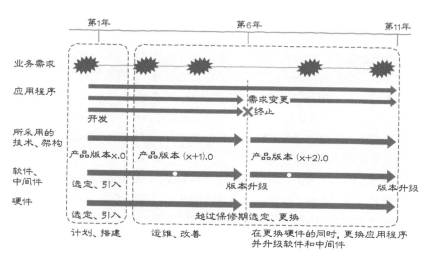

图 12.1 传统系统的生命周期

下面再来看看软件部分。在 12 年间，操作系统通常会进行 3 至 5 次重大的版本升级。作为构成系统的核心软件，数据库与应用程序服务器也会经历若干次重大的版本升级。即便打算一直使用最初引入的版本，无奈软件也有保修期，过了保修期官方就不再提供最新的安全补丁，导致安全上缺乏保障。

除此以外，还要考虑应用程序的架构和开发方法。只是回顾近十年的变化就可以看出，主流架构已从 COBOL、C++ 转移到了基于 Java 的企业架构。最近又不断涌现出使用更为轻量级的 Rails 搭建的 Web 系统，以及 SaaS 云服务等各种各样的架构。架构和软件的发展变化还会影响工程师所掌握的技能。例如，聘请年轻的工程师去给遗留系统添加新功能，结果是这些工程师已经不会用 5 年前甚至 10 年前的旧技术来更新系统了。

硬件、软件与架构的生命周期会直接影响系统的生命周期。即便系统所提供的业务流程或服务不需要进行大规模的改造，系统负责人也还是会受制于这些生命周期，不得不在三五年间进行大规模的系统改造并增加系统投资额。也就是说，在传统的基础设施搭建过程中，最大的问题在于，本应该按照业务流程或服务的业务生命周期来进行系统投资，但系统的生命周期却受制于硬件或软件的生命周期。

在传统的基础设施搭建过程中，另一个重要的问题在于用文档来管理系统配置会增加维护成本。基础设施环境搭建好以后，要经常面对不断变化的需求，如安装新的应用程序、修复安全漏洞、提升性能，以及升级软件版本等。当应用程序新增的功能依赖于只有新版本的 Java 才能提供的功能时，我们就需要研讨如何升级当前基础设施环境中的 Java 版本；当有超过预期的大量交易涌入系统时，我们又需要同时修改数据库或应用程序服务器等软件的多个配置项。

另外，如果发现正在使用的软件，如 Tomcat 或 Apache 等存在严重的安全漏洞，我们就要尽快修复。在传统的基础设施环境中，往往要根据设计文档来搭建系统，因此在变更系统时还要同时更新设计文档和环境配置。不过，用文档来管理的基础设施的配置信息与实际搭建的环境是否一致，完全取决于管理员的决定。相信大家都有这样的经历：当遇到紧急情况时，会绕过设计文档，直接更新基础设施的配置。

12.2 ‖ 何为不可变基础设施

在云中搭建基础设施环境时，我们可以通过 API 来轻松搭建、添加或删除虚拟服务器。这样一来，是不是就没有必要像上一节说明的传统系统那样，考虑系统的生命周期和维护成本的问题了呢？

在云中，人们渐渐改变了对系统生命周期和维护成本的看法。

12.2.1 贴合业务需求的系统生命周期

企业系统若能不受制于硬件和软件的生命周期，只按照系统所提供的业务流程或服务的生命周期来计划从开始搭建到下线的方方面面，就再理想不过了。

假设有一家企业正在计划开展在线销售业务。服务的企划、应用软件的开发、软件许可证和服务器、网络等硬件的采购都是必不可少的初期投资。企业很可能还会制订 5 年的硬件折旧计划。即便该业务未能顺利开展，仅仅 2 年就退出市场，也依然会造成 5 年的资产浪费，所以没办法说放弃就放弃。在业务要靠速度取胜的今天，这种陷入僵局的状态只会成为绊脚石。对于那些初创企业，或是产品的开发周期和流行时间都比较短的在线游戏公司来说更是如此。能够立刻将服务上线并根据需求扩充服务，不必浪费任何资产就能使业务退出市场——能支持这种业务生命周期的系统环境才是人们想要的。

12.2.2　不可变基础设施的生命周期

下来就来看看何为不可变基础设施。

"不可变基础设施"一词最早出现在 LivingSocial 的前资深副总裁 Chad Fowler 于 2013 年 6 月 23 日发表在自己博客上的文章 "Trash Your Servers and Burn Your Code — Immutable Infrastructure and Disposable Components" 中。一提到"不可变基础设施"，或许有些读者会联想到本地部署的传统基础设施环境。这种环境的确无法轻易变更，但文章的标题同时使用了 Disposable Components（一次性组件）和 Trash Your Servers and Burn Your Code（丢掉服务器和代码）两个短语，可见这篇文章是在暗示一种新的方法：自动搭建好基础设施环境后，当需要变更系统时，不是在已搭建好的环境上进行变更，而是要丢弃已搭建好的环境并重新搭建新环境。文中虽未直接提及搭建不可变基础设施的方法和步骤，但"不可变"一词正如函数型编程语言的代码所输出的结果不会变化一样，暗示着"要利用代码来生成并维护基础设施环境"。

下面就来看一看不可变基础设施的生命周期（图 12.2）。首先，我们会注意到系统的生命周期已能够贴合业务的需求。增加新业务或所提供的业务内容发生变化时，应用程序都会随着新需求的内容进行变更。此时，我们要探讨的是如何调整现有的基础设施，才能使其满足用于实现业务的非功能性条件。除此以外，还可以探讨如何通过升级软件来引进之前的基础设施环境中无法实现的功能。发布代码时，则是将更新后的应用程序部署至全新的基础设施环境中。

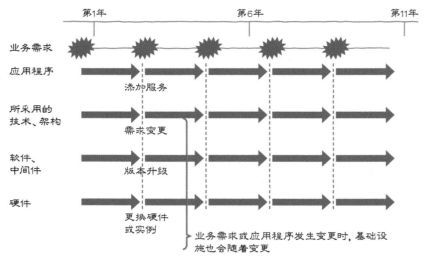

图 12.2 不可变基础设施的生命周期

正如前文所述，在云中我们可以等到需要的时候再申请服务器资源。包含 AWS 在内的一般公有云采用的都是按使用量付费的计费方法，因此我们只需按照服务器资源的运行时长付费。一旦停止使用线上环境中的资源，就不用再为其继续支付任何费用。这样一来，就无须考虑初期投资或折旧的问题了。

除此以外，升级硬件也很容易。以 AWS 为例，我们只需先停止 Amazon EC2 实例，指定好新的实例类型后再重启实例，就能随时在最新的硬件上申请虚拟实例了。也就是说，从硬件的投资成本及硬件的升级这两方面来看，硬件的生命周期不会再影响系统的生命周期了。

而且升级软件与修复安全漏洞也能与代码发布同步进行。此外，AWS 等公有云不仅以按使用量付费的方式提供了直接就能使用的数据库和应用程序服务器等软件，还提供了全托管的 PaaS 云。因此，我们只需在发布代码时将软件升级到最新版本即可。对于架构来说也是如此，当应用程序的开发者需要将适用于开发的架构迁移至新架构时，也只需先丢弃现有的环境，再迁移到新环境即可，从而减少了变更架构的障碍。

12.3 ‖ 不可变基础设施与基础设施即代码

那么，该如何确保基础设施环境的可维护性呢？

为此，我们需要先将基础设施环境的配置信息定义成代码，然后通过自动化构建的机制使配置生效。在虚拟化技术已经普及但尚未进入云时代的那段时间，已经有人讨论过这样的概念了。那就是基础设施即代码。

我们可以将 Chef、Puppet、Ansible，以及用于对搭建好的环境进行单元测试的 Serverspec 等工具结合起来实现自动化构建的机制。这些工具都会调用之前讲解的云 API。对于实现基础设施即代码来说，云 API 是必不可少的要素。公有云供应商也提供了与这些工具作用相当的服务。第 8 章讲解的编配工具，如 OpenStack 中的 Heat、AWS 中的 CloudFormation 都属于能提供自动化构建的服务。使用这些工具以后，我们不但能够将传统基础设施环境的设计文档转化成记录着基础设施环境配置信息的代码，通过代码进行管理从而提升可维护性，还能够在基础设施环境发生变化时，通过先更新代码，再由代码搭建环境，然后用新环境替换旧环境的方法来时刻保持设计信息与环境的一致性。

另外，AWS 提供了 Elastic Beanstalk，它能够将从 Web 应用程序运行环境的搭建到应用程序的部署都隐藏在 PaaS 中。使用 Chef、Heat 或 CloudFormation 搭建的基础设施环境的管理范围，包括虚拟化层（IaaS 层）、包含 Tomcat 或 Apache 以及 Java 或 Python 等应用程序的运行环境，以及待部署的代码库和应用程序本身。而 Elastic Beanstalk 提供的是已将虚拟化层隐藏起来的 PaaS。用户只需选择运行环境并指定待部署的应用模块，Elastic Beanstalk 就会自动管理容量分配（capacity provisioning）、负载均衡、自动扩容、缩容（auto-scaling）和应用程序状态的监控等。

只要使用了 Elastic Beanstalk，用户就无须关注 IaaS 层，只通过配置（代码）即可搭建和管理基础设施环境。既然本书的主题是 IaaS，下面就不再展开讲解 Elastic Beanstalk 了。AWS 等公有云都在努力发展无服务器（serverless）的 PaaS 服务，尽可能使用于实现功能的基础设施配置变得透明。

12.4 蓝绿部署

不可变基础设施的理念是当基础设施环境发生变化时，先丢弃当前环境再搭建新环境。如果是企业内部使用的系统，倒是可以等到节假日等没有用户使用的时候，把系统停机几个小时，趁机切换成新环境。但是，对于那些在互联网上广泛使用的系统，比如电子商务等网站而言，系统的停机时间会给用户带来不便，甚至会导致网站的销售额下降。

下面就来介绍一种能够尽可能减少系统停机时间的切换环境的方法。

一般来说，更新当前正在运行的应用程序有两种常用的方法。

一种方法叫作原地更新，是指将新的应用程序模块发布到正在运行的环境中（图 12.3）。原地更新的缺点是服务器暂时无法接收请求。另外，由于我们无法在代码发布前确认应用程序的真实行为，所以就算存在会导致性能下降的问题，也只有在应用程序开始接收请求之后才能发现。而且，这种方法也不支持通过切换到全新的运行环境来发布应用程序。

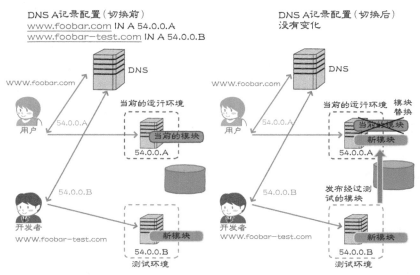

图 12.3　传统的部署方案

　　在以本地部署的方式搭建的环境中，由于需要沿用已有的基础设施环境，所以人们一般会采取原地更新的方法。如果有多台 Web 服务器，虽然通过逐一发布代码也能够防止一时间所有服务器都无法接收请求的情况出现，但有时这样做又会导致同时存在新旧两个版本的内容，造成显示上的不一致。

　　另一种方法是在更新应用程序或运行平台时，针对每个运行环境单独部署一套新版本的应用程序，待包括验收测试的所有步骤都完成后，与当前的环境交换 URL，使请求依然处于可被接受的状态（图 12.4）。这种方法需要交替使用两个相当于线上环境的环境，故而被称为蓝绿部署（bluegreen deployment）。

　　蓝绿部署一词最早出现在 Martin Fowler 于 2010 年 3 月撰写的博客文章 "BlueGreenDeployment" 中，比 "不可变基础设施" 一词出现得还要早。采用这种方法时，只要充分检查过新环境的行为，就可以在丢弃当前环境后切换到新环境。切换到新环境以后，通过在一段时间内保留之前的旧环境，就能够在新环境出现问题时轻松切换回旧环境。后面这种切换方法是采用不可变基础设施进行平台管理的基础。

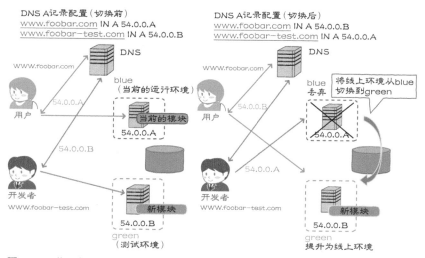

图 12.4　蓝绿部署

12.5 ‖ 不可变基础设施和应用程序架构

前文讲解了不可变基础设施的实现方法及系统的生命周期。但由于种种限制，并不是所有 IT 系统平台都适合直接套用不可变基础设施的概念。实现不可变基础设施的关键，在于变更前后的基础设施环境要采用没有共享组件的"零共享"（shared nothing）结构。

下面我们从典型的 Web 三层架构来剖析 Web 应用程序。从接近客户端的层级开始看起，这三层依次是"表现层"（presentation layer）、"应用层"（application layer）和"数据层"（data layer）。

表现层和应用层通常会被分别部署在 Web 服务器和应用程序服务器上。这两层往往会随着所提供的业务需求的变更而频繁变更，而且还会经常受到来自外部网络（包括互联网在内）的恶意访问的威胁，因此一旦发现安全漏洞就必须立刻修复。正如前文所述，这两层对不可变基础设施的需求较为强烈。

一般来说，表现层和应用层提供了处理请求的功能，并会带有会话信息。会话信息中存储的是来自同一个用户的多个请求中的数据（图 12.5）。大家对会话信息的应用场景应该并不陌生，比如用户登录购物网站后将若干商品放入购物车，然后进入结算页面的过程，正因为使用了会话信息，才使得页面跳转后用户仍处于登录状态。

虽然我们能够将会话信息存储在一台应用程序服务器上，或是为了提高稳定性将其复制到多台应用程序服务器上，但在这种情况下，一旦通过蓝绿部署切换了服务器，就会发生类似购物车被自动清空的情况。此外，虽然人们也想到了其他方法，如停止接收新请求，直到所有会话都结束以后再迁移到新环境，但这样做又会失去蓝绿部署的优势，无法在切换环境的同时保持系统在线。也就是说，如果使用不可变基础设施来实现表现层和应用层，就得研讨会话信息的存储问题——会话信息不能存储在应用程序服务器本地内存中的会话存储区中，而是要存储在类似 AWS DynamoDB 这样的键值对存储型的外部存储空间中。

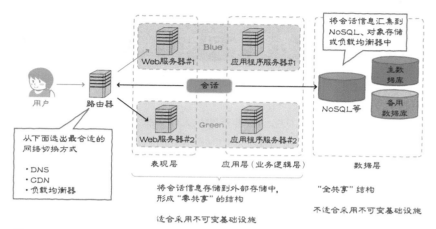

图 12.5   不可变基础设施和应用程序架构

　　下面再来看一看数据层。数据层一般由关系型数据库构成，数据库中存储着交易数据和主要数据（master data），可供多个应用程序使用。首先，禁止变更前后的基础设施环境共享数据层并不现实；其次，虽然具体时间取决于数据量的大小，但将所有数据从一个关系型数据库迁移到另一个关系型数据库势必会非常耗时。综上所述，被多个应用程序所共享的、可持久存储数据的数据层很难采用不可变基础设施来配置。好在我们一般不会在数据库上部署应用程序，也不会将其部署到暴露在互联网上的外部网络中，因此并不需要频繁地为其修复安全漏洞，也不需要频繁地维护。这样看来，数据层不属于要求不可变基础设施的基础设施环境。

　　总之，在配置 IT 系统时，为了打造出便于维护的系统，我们可以将能够采用零共享结构的表现层和应用程序层作为不可变基础设施，而将数据层看作稳定的基础设施平台。虽说如此，数据层也没有必要完全沿用传统基础设施环境的生命周期。如果能将应用程序使用的数据看作仅在一次交易中使用的临时数据，而并非永久性数据，那么通过将其存储到云提供的对象存储或键值存储型的数据库中，就能构成可忽略存储空间生命周期的数据层。应用程序的架构也可采用与云亲和性较高的技术，通过改用云原生架构来进一步享受云所带来的优势。

12.6 微服务和不可变基础设施

下面来看一看应用程序需要具备哪些特征才能有效利用不可变基础设施。

应用程序的规模往往会随着业务的扩大而膨胀。除了要考虑到添加或更新的功能有大有小，添加或更新的时机有先有后以外，我们有时候还要考虑通用功能或应用程序框架的更新。

假设有一个系统采用不可变基础设施实现了应用程序的运行平台，而现在我们要更新应用程序的模块，同时还要为基础设施平台安装安全补丁。这一切都完成以后，需要检查应用程序的所有模块能否在安装过安全补丁的基础设施平台上正常运行。如果应用程序中包含很多功能，那么每次更新基础设施平台时都要重新检查所有功能能否正常运行是不现实的，同时也说明了系统的可维护性较低。此外，就算程序员想要使用采用了全新技术的基础设施平台，可一想到升级后恐怕会影响现有的应用程序模块，就很难放心大胆地更换基础设施平台。

那么，将其规模控制在多大才算是可维护性较高的应用程序呢？

下面我们就带着这个问题来看一看近年来备受注目的微服务（microservices）。James Lewis 与 Martin Fowler 合著的文章中提及了微服务的概念。所谓微服务，就是通过能够独立部署的服务设计出的应用程序。虽然从应用程序架构的角度来看，微服务没有准确的定义，但人们往往将其定义为具备一系列特征的应用程序。这些特征包括关注业务执行力的开发团队、搭建及部署过程的自动化、简单的端点定义、数据的非集中管理等，涉及了团队、架构，乃至开发周期的方方面面。

基于这篇文章的内容，我们用表格整理出了微服务和非微服务之间的差异（表 12.1）。

表 12.1 微服务的特征

	微 服 务	非微服务
组件化	定义为服务 公开的接口	定义为代码库 调用内存中的函数
服务接口	REST/HTTP	Web 服务等
数据管理	单独管理各服务的数据库	统一管理服务间共用的数据库
更改应用程序	使服务进化	发布代码时全部更改
灾难恢复方案	假定失败机制（Design for failure）	彻底冗余
搭建基础设施环境	自动搭建、自动部署、自动测试 用独立的进程运行服务	整体进行搭建、测试和部署 用一个进程运行多个服务
服务治理	分别治理各服务 可以为各服务选用不同的技术	集中治理 整个应用程序使用统一的技术
团队	由跨功能团队负责搭建、管理每个服务	按功能划分团队，如 DBA 团队、UI 专家团队或中间件专家团队等 整个应用程序由一个团队管理
团队存续时间	服务、商品的生命周期	直到项目结束为止

从表 12.1 可以看出，以服务为单位的微服务架构和不可变基础设施具有良好的兼容性。管理微服务的团队可自行选择所使用的技术及应用程序的执行环境，并肩负着治理服务、管理团队乃至改善服务的责任。也就是说，由于中小规模的团队管理的是可自行管理的范围，所以在维护基础设施平台时，能够在更换基础设施平台前充分评估可能会对应用程序造成的影响。

12.7 容器虚拟化技术和不可变基础设施

接下来讲解以 Docker 为代表的、与不可变基础设施和微服务关系密切的容器虚拟化技术。

采用虚拟机管理程序的虚拟化技术将子操作系统安装到每台虚拟服务器上，以此来构成一台台独立的服务器。而容器虚拟化技术能够在同一个主操作系统上构成多个相当于独立虚拟服务器的"容器"（图 12.6）。

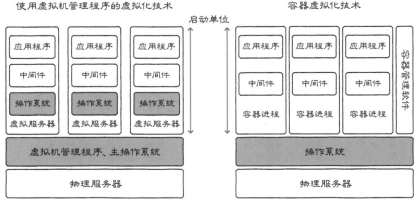

图 12.6　容器虚拟化技术

　　由于在一个容器中可以将应用程序的执行环境打包，所以基础设施管理员能够将操作系统以上的层级和功能分别打包。

　　若不使用容器虚拟化技术，应用程序的开发者就必须关注虚拟服务器、操作系统甚至是物理网络层，还要设计物理服务器之间的 TCP/IP 通信，以及为所有虚拟服务器分配资源等。但只要使用了容器虚拟化技术，就只需要关注会对应用程序的实际运行造成直接影响的运行环境，从而简化管理。这就好像是在 Java 中，只需要将重点放在上层的 Java 运行时环境上一样。

　　在通过容器虚拟化技术实现不可变基础设施时，就基础设施环境而言，也可以不把操作系统纳入到值得关注的范围中。Java 出现以后，应用程序运行时的可移植性得到了提升，能在不同操作系统之间轻松移植。管理微服务的团队无须关注应用程序运行环境底层的配置，只需要以 URL 的形式为管理容器的机制开放服务端点，管理容器的机制就能为其提供服务注册、服务发布与服务发现的功能。从这个角度来看，容器虚拟化技术与微服务之间具有良好的兼容性。

　　此外，相对于第 8 章讲解的用编配工具搭建服务器栈，容器虚拟化技术不需要启动操作系统，所以能在极短的时间内搭建并启动应用程序的运行环境。

使用 AWS 的 CloudFormation 或 OpenStack 的 Heat 等编配工具实现不可变基础设施时，搭建新环境的流程如下所示。

① 启动编配工具
② 搭建从虚拟机到操作系统的栈并启动、配置操作系统
③ 结合 Chef 等工具按照基础设施配置的代码搭建出应用程序的运行环境，并部署应用程序
④ 通过切换网络或将请求打到负载均衡器来启用线上环境

而采用容器虚拟化技术后的环境搭建流程如下所示。

① 通过注册到容器管理软件中的容器镜像，在已配置好的操作系统上启动新容器
② 结合 Chef 等工具部署应用程序的最新模块
③ 通过切换网络或将请求打到负载均衡器来启用线上环境

使用容器虚拟化技术后，由于省去了启动操作系统层与配置操作系统的过程，所以我们能够在非常短的时间内启动应用程序的运行环境。

如果能提前将应用程序运行环境的镜像打包，那么接下来就只剩下将所依赖的代码库模块升级到最新版本并部署应用程序了。这样就进一步缩短了应用程序的启动时间。另外，只要考虑好包的更新周期，它就不会阻碍不可变基础设施的实现。

12.8 ‖ Docker 和容器集群管理框架

最后再来讲一讲 Docker 及其相关技术。Docker 由 Docker 公司开发，是一款典型的容器管理开源软件，使用了 Linux 系的容器虚拟化技术。

12.8.1 构成 Docker 的技术

Docker 借助下面几个标准的 Linux 内核技术实现了容器虚拟化。

◉ Namespaces

借助 PID（进程运行空间）、MNT（文件系统挂载点）、IPC（System V IPC 和 POSIX 消息队列）、NET（网络设备、协议栈和端口等）和 UTS（主机名和 NIS 域名）这五种命名空间，将用户使用的空间彼此隔离，使用户感觉像是拥有了独享的全局资源。

◉ cgroups

负责控制经过分组的进程资源，包括 cpu（CPU 的利用率）、cpuset（CPU 的核心数）、memory（内存上限）、和 device（可使用的设备）等。

◉ Storage

支持可插拔的（pluggable）存储驱动器。在 Docker 中，可供选择的存储驱动器包括 device mapper、btrfs、aufs、overlay 和 vfs。

◉ Networking

借助 veth（通过创建成对的网络设备来进行容器和主机间的通信）、bridge（通过实现虚拟网桥来进行容器间的通信）和 iptables（决定是否允许容器间进行通信）等来控制容器内进程的网络通信。

◉ Security

借助 Capability（管理进程的特权，限制容器能够使用的特权）、SELinux（将容器内进程的行为控制在容器内）、seccomp（限制进程能够调用的系统调用）等来控制容器内进程的行为。

大致浏览了一遍 Docker 所使用的 Linux 内核技术后便会发现，Docker 只不过是结合主机上的 Linux 内核技术隔离了 Linux 主机上的进程，而并没有像虚拟机管理程序式的虚拟化技术那样，在主机和进程之间形成特别的软件层。由于容器没有子操作系统，只是作为主机操作系统上的进程启动，所以启动速度更快。

Docker 不仅能对运行在同一个操作系统上的进程进行隔离，还能够将包含相关进程的容器制成镜像，迁移到其他操作系统上的 Docker 环境中运行。这种高度的可移植性也是 Docker 的特性之一。

例如，将已搭建好的本地部署的环境用作线上环境时，就可以先借助搭建在 AWS 上的 Docker 容器的镜像来测试新应用程序，然后将通过测试的 Docker 镜像导入到线上环境的 Docker 中运行。只要使用容器就可以轻松完成迁移，无须关注硬件的变化或云中虚拟实例的变更。简而言之，由 Docker 实现的容器虚拟化技术能够使我们完全忽略基础设施环境当中的硬件层。

12.8.2 Docker 的生命周期

我们可以通过命令行接口来管理 Docker 的整个生命周期（图 12.7）。

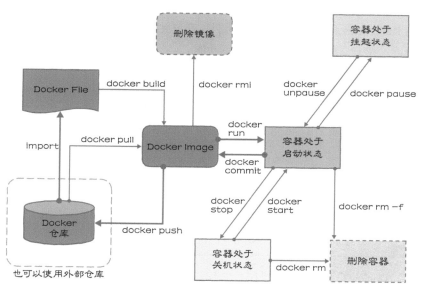

图 12.7　Docker 容器的生命周期和命令

在上述生命周期中，存储 Docker 镜像的 Docker 仓库也可以部署在多台主机上。Kubernetes 和 Docker Swarm 等框架利用这个特性，用多台主机构成集群，使容器能够在集群中自由运行。通过使用 Docker 集群来充分发挥

Docker 容器的高度可移植性这一特点，就能更有效地使用多节点的资源。

　　Docker 与 Docker 容器集群因其丰富的功能和瞩目程度，促使工程师们开始着手将相应的功能引入到 AWS 与 OpenStack 中。AWS 于 2014 年的 AWS re:lnvent 大会上发布了用于管理 Amazon EC2 实例集群的 EC2 Container Service，而 OpenStack 相继于 2015 年 5 月的 OpenStack 峰会上发布了 Magnum 项目。该项目旨在将 Kubernetes、Docker Swarm 等支持 Docker 的现有容器集群功能集成至 OpenStack 中。

12.8.3　容器集群功能

　　本节以 AWS 的 EC2 Container Service（ECS）为例，讲解容器集群功能的用途。

　　ECS 是支持 Docker 容器的 Amazon EC2 实例的托管型集群，无须借助 Kubernetes 和 Docker Swam 等软件，即可在 AWS 上搭建、管理 Docker 集群。表 12.2 整理了 ECS 所提供的功能。

表 12.2　Amazon ECS 的功能

功　能	概　要
集群管理	将特定 AWS 区域中的多个 EC2 实例作为 Docker 集群来管理。ECS Agent 会被安装到各容器实例中，并根据用户或调度器的请求启动、停止并监控容器。此外，集群可跨多个可用区部署，可包含不同的实例类型与规格
任务定义	用于描述如何在 ECS 集群上通过多个容器达到一个目的。通过指定容器的镜像、内存与 CPU 的分配、端口映射等信息来运行容器
调度器	决定将容器部署到集群内哪个 ECS 实例中。ECS 提供了服务调度器（确保有一定数量的容器在持续执行预定义的任务）、任务调度器（将指定好的多个任务依次分配给尚有执行能力的实例）和自定义调度器（用户可以自定义）
ECS 容器仓库	存储、管理、发布 ECS 所使用的 Docker 容器镜像的仓库

　　Docker 只是一个在主操作系统上实现容器虚拟化的软件，因此并没有提供划拨出分配给某个容器的资源，或是使多台主操作系统上的容器协同工作的功能。

　　通过使用 ECS 或 OpenStack Magnum 等容器集群管理框架，我们便能掌握构成集群的实例集合的资源使用情况，并能够在必要时以高效的细粒度容器来执行必要的任务（图 12.8）。

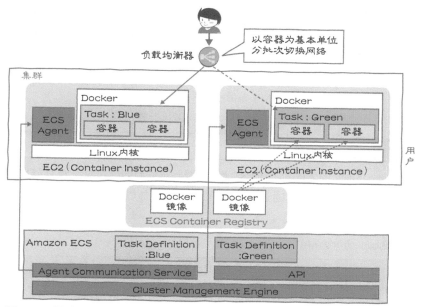

图 12.8　通过 Amazon ECS 切换

使用 ECS 或 Magnum 时，用户可将容器所实现的功能作为任务来管理。在管理过程中无须操作 Docker 的 CLI，通过控制任务与集群的 API 即可管理系统。

12.9 ‖ 总结

本章着重讲解了搭建在云中的基础设施环境的生命周期，介绍了不可变基础设施是如何指导业务应用程序的开发者在必要时机搭建所需的应用程序运行环境，并按照业务应用程序的生命周期进行维护的。

通过使用搭建在云中的基础设施，我们能够无成本地轻松丢弃不再使用的环境，同时按照应用程序及其所实现业务的生命周期来管理基础设施环境。此外，还可以利用容器虚拟化技术实现硬件资源的有效利用，并在不可变基础设施中实现独立于硬件层的生命周期。

具有代表性的 API

最后大体介绍一下 OpenStack 和 AWS 中具有代表性的 API。详情可以通过这两种云最新版的 API 参考手册来获取 [①]。

 OpenStack

OpenStack 的 API 都是 REST API，因此对资源的操作对应着 HTTP 方法，资源间的关系可以通过 URI 中的路径部分加以确认。具有代表性的 API 如下表所示。

OpenStack 的主要 API

方　　法	URI（不包括域名和组件名部分）	功　　能
GET	/{tenant_id}/servers	显示服务器列表
POST	/{tenant_id}/servers	创建服务器
DELETE	/{tenant_id}/servers/{server_id}	删除服务器
POST	/{tenant_id}/volumes	创建卷
GET	/{tenant_id}/volumes/{volume_id}	获取卷的详情
POST	/networks	创建网络
PUT	/networks/{network_id}	更新网络
POST	/subnets	创建子网
PUT	/subnets/{subnet_id}	更新子网
POST	/{tenant_id}/stacks	创建栈
PUT	/{tenant_id}/stacks/{stack_name}/{stack_id}	更新栈
GET	/users	显示用户列表
DELETE	/users/{user_id}	删除用户
POST	/groups	创建组
PUT	/groups/{group_id}	更新组
POST	/auth/tokens	发送令牌信息
PUT	/{account}/{container}	创建容器
PUT	/{account}/{container}/{object}	创建、更新对象

---

① 最新版的 API 参考手册网址可在图灵社区本书主页的相关文章处查询（参见文前说明）。——编者注

API AWS

　　具有代表性的 API 如下表所示。AWS 中的 API 既有 REST API 又有查询 API，下表中只有 Amazon S3 使用的是 REST API。

AWS 的主要 API

方法	URI（不包括域名和组件名部分）	功　　能	API 名
GET	/?Action=DescribeInstances	显示服务器列表	DescribeInstances
POST	/?Action=RunInstances	创建服务器	RunInstances
GET	/?Action=DescribeInstances& instance_id=**	获取服务器的详情	DescribeInstances
POST	/?Action=CreateVolume	创建卷	CreateVolume
GET	/?Action=DescribeVolumes& volume_id=**	获取卷的详情	DescribeVolumes
POST	/?Action=CreateVpc	创建 VPC	CreateVpc
POST	/?Action=ModifyVpcAttribute& VpcId=**	更新 VPC	ModifyVpcAttribute
POST	/?Action=CreateSubnet	创建子网	CreateSubnet
POST	/?Action=ModifySubnetAttribute& SubnetId=**	更新子网	ModifySubnetAttribute
POST	/?Action=CreateStack	创建栈	CreateStack
POST	/?Action=UpdateStack& StackName=**	更新栈	UpdateStack
GET	/?Action=ListUsers	显示用户列表	ListUsers
POST	/?Action=DeleteUser& UserName	删除用户	DeleteUser
POST	/?Action=CreateGroup	创建组	CreateGroup
POST	/?Action=UpdateGroup& GroupName	更新组	UpdateGroup
GET	/?Action=GetSessionToken	获取令牌	GetSessionToken
PUT	bucket.	创建存储桶	CreatBucket
PUT	bucket.**/object	创建或更新对象	PutObject

参考文献

[1] 中井悦司，中島倫明. オープンソース・クラウド基盤　OpenStack 入門 [M].
東京：KADOKAWA/ アスキー・メディアワークス，2014.

《开源云平台 Stack 入门》，尚无中文版。从这本书中我们能够掌握
OpenStack 的历史、开发和使用方法等一系列基础知识。

[2] 日本 OpenStack ユーザー会. OpenStack クラウドインテグレーション　オ
ープンソースクラウドによるサービス構築入門 [M]. 東京：翔泳社，2015.

《OpenStack 云集成：使用开源云搭建服务入门》，尚无中文版。这本书
会带领我们从命令行入手确认 OpenStack 的基本组件在实际应用中的操作步骤。

[3] 玉川憲，片山暁雄，鈴木宏康，等. Amazon Web Services クラウドデザイン
パターン設計ガイド　改訂版 [M]. 東京：日経 BP 社，2015.

《Amazon Web Services 云设计模式设计指南 修订版》，尚无中文版。从这
本书中我们能够学到基于 AWS 云的基本设计模式。

[4] 舘岡守，今井智明，永淵恭子. Amazon Web Services 実践入門 [M]. 東京：技
術評論社，2015.

《Amazon Web Services 实践入门》，尚无中文版。这本书会带领我们从命
令行入手确认 AWS 的基本组件在实际应用中的操作步骤。

[5] アロマネット株式会社 中村義和. Amazon Web Services クラウドサーバ構築
ガイド　コストを削減する導入・実装・運用ノウハウ [M]. 東京：翔泳社，
2015.

《Amazon Web Services 云设施搭建指南》，尚无中文版。这本书介绍了加
强使用 AWS 时不可或缺的成本意识的窍门。

[6] NRI ネットコム株式会社 佐々木拓郎，林晋一郎，小西秀和，等. Amazon Web
Services パターン別構築・運用ガイド [M]. 東京：SB クリエイティブ，2015.

《Amazon Web Services 不同模式的搭建及运用指南》，尚无中文版。这本

书介绍了各种 AWS 设计模式的构成方法和实现步骤。

[7] 山崎泰史，三縄慶子，畔勝洋平，等. 絵で見てわかる IT インフラの仕組み [M]. 東京：翔泳社，2012.

《图解 IT 基础设施》，尚无中文版。这本书里介绍了本书没有涉及的物理基础设施和相关技术的基础知识。

[8] 小田圭二. 絵で見てわかる OS/ ストレージ / ネットワーク ～データベースはこう使っている [M]. 東京：翔泳社，2008.

《图解 OS、存储、网络：DB 的内部机制》，尚无中文版。这本书从平台的角度介绍本书涉及的服务器、存储和网络。

[9] 株式会社アンク. 絵で見てわかる Windows インフラの仕組み [M]. 東京：翔泳社，2015.

《图解 Windows 基础设施》，尚无中文版。这本书不同于大多数基于 Linux 讲解基础设施的书籍，大家能够从中学到 Windows 和 Azure 的知识。

[10] 小田圭二，樽松谷仁，平山毅，等. 图解性能优化 [M]. 苏祎，译. 北京：人民邮电出版社，2017 年.

大家能够从这本书中学到有关基础设施和云性能方面的知识。

[11] 松村慎，大久保洋介，武田智道，等. 絵で見てわかる Web アプリ開発の仕組み [M]. 東京：翔泳社，2015.

《图解 Web 应用开发》，尚无中文版。这本书以热门的 PHP 和 Node.js 为例讲解了在云上开发应用程序的基础知识。

[12] 萩原正義. アーキテクトの審美眼 [M]. 東京：翔泳社，2009.

《架构审美观》，尚无中文版。这本书以架构师的角度学讲解了 ER 模型的设计技巧。

[13] 中井悦司. Docker 実践入門　Linux コンテナ技術の基礎から応用まで [M]. 東京：技術評論社，2015.

《Docker 实践入门：Linux 容器技术的基础及实践》，尚无中文版。这本书能够让大家学会用 Docker 技术配置不可变基础设施。

[14] WINGS プロジェクト阿佐志保，山田祥寛. プログラマのための Docker 教科書 インフラの基礎知識 & コードによる環境構築の自動化 [M]. 東京：翔泳社，2015.

《写给程序员的 Docker 教材——基础设施的基础知识与用代码实现环境搭建的自动化》，尚无中文版。

[15] 上野宣. 图解 HTTP [M]. 于均良，译. 北京：人民邮电出版社，2014.

HTTP 是互联网技术的基础，这本书适合想从 HTTP 的基础入门的读者阅读。

[16] 山本陽平. Web を支える技術——HTTP、URI、HTML、そして REST [M]. 東京：技術評論社，2010.

《支撑 Web 的技术：HTTP、URI、HTML 和 REST》，尚无中文版。这本书讲解了 HTTP 和 Web API 中的技术要素。

[17] 民田雅人，森下泰宏，坂口智哉. 実践 DNS DNSSEC 時代の DNS の設定と運用 [M]. 東京：アスキー・メディアワークス，2014.

《DNS DNSSEC 时代的 DNS 的设置与运用》，尚无中文版。这本书是由日本域名注册服务股份有限公司编写的 DNS 教程，书中记述了大量最新动向。

[18] Jez Humble，DavidFarley. 持续交付：发布可靠软件的系统方法 [M]. 乔梁，译. 北京：人民邮电出版社，2011.

这是一本广受好评的持续集成教程。

[19] Jeff Doyle. TCP/IP 路由技术（第二卷）[M]. 夏俊杰，译. 北京：人民邮电出版社，2009.

作者介绍

● 平山毅（执笔第3章、第5章至第11章，审校全书）

毕业于日本东京理科大学理工学院。专业是计算机科学与统计学，主攻方向电子商务研究。在 Amazon Web Services 兼任过架构师与顾问（截止至 2015 年年底是首位同时担任这两项职务的日本人）。获得过 AWS Certified Solutions Architect-Professional 和 AWS Certified DevOps Engineer-Professional 等多项技术认证。在多个颇具难度的尖端企业客户的全球化项目中，按照云原生的原则主导了多个定制化的项目，并将培养云架构师作为目标。在与互联网相关的服务供应商和广告公司中掌握了互联网基础技术，之后在东京证券交易所和野村综合研究所负责尖端核心证券系统的开源迁移，并亲身挑战了开源技术的实际应用。从 2016 年 2 月开始，作为架构师顾问主要致力于推广全球化服务、认知计算、API 经济和金融科技。最尊敬的工程师是前 Sun 公司的比尔·乔伊（Bill Joy）。与他人共同著有《图解性能优化》（人民邮电出版社）、《写给 RDB 开发者的 NoSQL 指南》（尚无中文版）和《服务器 / 基础设施全攻略》（尚无中文版）。

Twitter:@t3hirayama

● 中岛伦明（执笔第4章至第7章）

2012 年起开始担任日本 OpenStack 用户协会会长、一般社团法人云利用促进机构技术顾问；2014 年起开始担任国家信息学研究所 TOPSE 项目讲师；2015 年起担任日本东京大学外聘讲师。在日本国内进行 OpenStack 与云技术的推广与人才培养。目前就职于伊藤忠技术解决方案（CTC）公司，从事以开源软件为主的新一代云技术的开发与策划工作。与他人共同著有《开源云平台 OpenStack 入门》（尚无中文版）、《OpenStack 云集成：使用开源云搭建服务入门》（尚无中文版）。

●中井悦司（执笔第1章和第2章）

辞去补习班讲师的工作后成为外资供应商，负责以 Linux 和开源软件为核心的项目，同时撰写了大量技术指南与杂志文章。之后就职于红帽股份有限公司，致力于推进 Linux 和开源软件在企业系统中的应用。与他人共同著有《开源云平台 OpenStack 入门》（尚无中文版）、《OpenStack 云集成入门》（尚无中文版）和《Docker 实践入门：从 Linux 容器技术的基础到应用》（尚无中文版）。

●矢口悟志（执笔第12章）

工学博士，工商管理学硕士（MBA）。2007 年进入野村综合研究所，任高级技术工程师和认证 IT 架构师。目前在与 IT 平台技术相关的研发部门，从事云技术的研发及 Amazon Web Services 企业部署的业务开发工作。

●森山京平（执笔第8章）

毕业于日本奈良先端科学技术大学院大学，工学硕士。目前就职于日本惠普公司。作为惠普 OpenStack 产品 Helion OpenStack Professional Services 的技术专家，为亚洲各国的互联网与云服务供应商实施 OpenStack 的整合，并为使用了 OpenStack 的 IaaS、PaaS 云服务提供支持。此外，还结合之前累积的知识与经验，设计并搭建出使用了 OpenStack 的网络功能虚拟化（NFV，Network Function Virtualization）。最早接触的操作系统是 MS-DOS，第一台计算机是 NEC PC-9801。高中时接触过 Fedora Core 5 和 FreeBSD，因 UNIX 与 Linux 中开源的力量而兴奋不已，从那以后就开始接触各种开源软件，并致力于 Linux 内核调优与有关网络栈的问题排查。另外，因痴迷于互联网技术，从中汲取了从物理层（电源和设备）到应用层的广泛知识。现在每天都在夜以继日地研究云用户的需求以及云的本质。

●元木显弘（执笔第7章）

就职于日本电气股份有限公司（NEC）的 OSS 推进中心。作为 OpenStack 服务 Neutron 和 Horizon 的核心开发者，在开发工作之余，运维着使用

OpenStack 搭建的私有云，并为云项目提供支持。先后从事过路由器、广域以太网络设备及反垃圾邮件设备的研发工作，从中积累了丰富的经验，是一名从 FPGA 到云均有所涉猎的工程师。工作之余喜欢骑行和翻译 OpenStack 和 Linux 的文档。写代码时要搭配好喝的啤酒。与他人共同著有《OpenStack 云集成：使用开源云搭建服务入门》（尚无中文版）。

版 权 声 明